普通高等教育新工科·智能制造系列规划教材

智 能 制 造

——模型体系与实施路径

赖朝安　编著

机 械 工 业 出 版 社

本书探讨智能制造系统的体系结构与业务模型创新问题，论述智能制造系统的规划、实施和管控的理论技术与方法，分析智能制造系统的五个层级、生命周期的五个阶段、制造智能的五种深度，以及一种包括五个阶段的结构化、工程化实施方法。本书强调理论与实践相结合，重视理论模型的讲述，并将企业实践案例与对应的视频（可扫书中二维码观看）相结合，以系统的观点将理论模型方法进行层次化、步骤化、工程化的分解，培养读者根据当前复杂的、不确定性的环境下的生产需求制定解决方案并实施的应用能力。

本书不仅适合机械制造相关学科专业的本科生、研究生学习使用，也适合制造行业中致力于信息化建设的从业人员阅读，还可作为相关人员学习和了解"智能制造"与"工业4.0"的参考书籍。

图书在版编目（CIP）数据

智能制造：模型体系与实施路径/赖朝安编著 . —北京：机械工业出版社，2019.12（2025.1 重印）

普通高等教育新工科·智能制造系列规划教材

ISBN 978-7-111-64102-5

Ⅰ. ①智… Ⅱ. ①赖… Ⅲ. ①智能制造系统 – 高等学校 – 教材

Ⅳ. ①TH166

中国版本图书馆 CIP 数据核字（2019）第 242165 号

机械工业出版社（北京市百万庄大街 22 号 邮政编码 100037）
策划编辑：王保家 责任编辑：王保家 王勇哲
责任校对：肖 琳 封面设计：张 静
责任印制：常天培
北京机工印刷厂有限公司印刷
2025 年 1 月第 1 版第 4 次印刷
184mm×260mm · 15.75 印张 · 390 千字
标准书号：ISBN 978-7-111-64102-5
定价：48.00 元

电话服务　　　　　　　　网络服务
客服电话：010-88361066　机 工 官 网：www.cmpbook.com
　　　　　010-88379833　机 工 官 博：weibo.com/cmp1952
　　　　　010-68326294　金 书 网：www.golden-book.com
封底无防伪标均为盗版　机工教育服务网：www.cmpedu.com

前 言

　　智能制造是新一轮工业革命的核心技术，是"中国制造2025"的主攻方向。习近平总书记在"十九大"报告中指出"加快建设制造强国，加快发展先进制造业，推动互联网、大数据、人工智能和实体经济深度融合"。本书与"十九大"报告呼应，深入探索互联网、大数据、人工智能等新一代信息技术与制造业融合发展的新模式，推动"制造"向"智造"转型升级，希望这一新型教材能指导广大在校学生以及制造行业从业人员的学习与实践。

　　本书的特点在于理论与实践相结合：

　　1. 理论性

　　理论性体现在以下三个方面：一是对复杂产品的生产计划与排产优化算法、数据分析与人工智能在制造业中的应用、基于专利挖掘的产业技术预见等领域的分析论述；二是基于智能制造成熟度模型的三个维度进行深入讨论；三是针对不确定性复杂系统提出观点，阐述产品生命周期维度上设计与制造、销售、服务的并行集成，生产系统的仿真优化与运行控制的结合，系统空间层级维度上底层设备控制与顶层企业协同的一体化设计，同时解决个性化定制、多品种小批量生产带来的各种问题。

　　2. 实践性

　　首先，对智能制造系统进行层次化分析，将系统分为设备层、控制层、车间层、工厂层、协同层五个系统层级；智能制造生命周期维度的设计、生产、物流、销售、服务共五个阶段；资源要素、互联互通、系统集成、信息融合、新兴业态共五种深度的智能特征；通过层次化的分析并组合众多案例让读者能对复杂的智能制造系统产生清晰的、感性的认识。

　　其次，强调系统实施的多阶段工程化方法，基于以上三个维度的集成视角，将智能制造系统的实施划分为系统规划与生产改善、标准化与数字化、互联集成与网络化、大数据与知识管理、人工智能与协同创新共五个阶段，分析各阶段之间的逻辑关系与关键内容，并通过工程化方法的学习及实际案例的研讨增强读者的实践能力。

　　最后，本书通过二维码链接提供与案例文字配套的视频，以及部分图的彩色图，形成"文字+电子"形式的立体化的内容，便于形成多维的交互及深度的学习，以直观地掌握前沿实践。

　　本书是作者多年智能制造研究与实践的一次书面总结，在撰写过程中得到了学校的大力支持。感谢华南理工大学提供优越的科研、教学与写作环境，感谢广州大学副校长孙延明教授多年来的理论方法指导与项目协调，以及张振刚教授在写作方法上的指导，感谢企业界的刘鸣坤董事长、林一松博士等在工程实践方面的数据支持，感谢在智能制造方向共同协作努力多年的周驰、曹建新、刘飞、凌彬、黄辉、李晚华、马继、林艾芳、吕荣华、俞国燕、黄跃珍、陆广明等各位老师、同行，感谢金宝力精细化工装备、汇专科技、SAP 及其合作伙伴广州工博、广汽、集泰化工、广电运通、华为、美的集团、埃意咨询等企业的信息化负责人在调研访谈或项目实施中的协作，感谢侯延行、李贤婷、龙漂、文雄辉、赖思润等做了大量的资料整理工作。本书的撰写也受到广东省自然科学基金项目（2018A030313079）、科技革命与技术预见智库建设项目（2016B070702001）、广州市哲学社会科学发展"十三五"规划2018 年度课题（2018GZYB16）的资助。

赖朝安

于华南理工大学

目 录

第1章

智能制造诞生的背景、理论与方法

启发案例：华为的全面云化

华为数字化转型这一变革是一个长期的过程。华为技术有限公司从2002年开始，先是引入IBM的集成产品开发（Integrated Product Development, IPD）开始转型，到后来引入西门子制造技术，由埃森哲进行了整个流程的变革（包括对人力资源的变革）等。20世纪末，中兴通讯和UT斯达康依靠小灵通业务的兴起而高速发展。但是总裁任正非认为这只是个短暂的机会，他把大量的投资放在了当时在全球还没有商用的3G业务上。由于以上决策，在2001年的行业寒冬时，华为在大概两三年的时间内没有增长。后续发展表明，正是华为避开了小灵通这种暂时的机会，而在3G等主流技术上巨大的、持续的投入挽救了华为。在此之后公司进入一个快速增长的阶段，在公司销售收入达到200亿时，任正非提出了一个问题：如果公司能做到500亿，公司高管是否有能力管理这样的公司？答案是否定的，而当时的业界巨头IBM有这个能力，所以华为以它为标杆进行学习与变革。由IBM指导的IPD研发流程变革就是要保证华为整个研发流程的可靠性。华为审视研发流程后认为，IBM的IPD可能是一套比较缓慢且笨重的研发管理体系，却基本符合华为"稳"的特性，所以一直在坚持实施但又不断变革。华为一直在思考如何适应互联网变革浪潮，促进CT（Communication Technology, 通信技术）与IT（Information Technology, 信息技术）融合，以及IPD的调整，所以华为现在运行的IPD和十多年前实施的IPD已经完全不一样了。

这只是华为整体数字化转型变革中的一个例子，数字化转型变革只有起点没有终点。根据华为发布的全球联接指数（GCI）2017年研究报告显示，全球的数字经济进程正在加速，整体GCI分值相比2015年上升了4%。而不同国家数字化发展水平的不均衡性也在持续扩大，处于领跑阶段的国家提升越来越快。而GCI指标之间的相关性分析发现，云是关键引擎之一。任正非的初衷是如果不做华为云，就要去买亚马逊云或阿里云。那时华为具备了所需的全部技术能力，而之前没做云是因为自建云平台会与运营商的业务重合而导致利益冲突，而运营商们是华为的"衣食父母"。但基于"关键技术不能受制于人"的理念，最终决定公司整体全面云化与全面优化，计划用3~5年时间，打造出一个数字化华为。

华为首先要实现自己关键业务流程的数字化，才能更好地帮助各行业的公司完成数字化转型。企业内部的数字化就是业务流程的打通，从最开始的营销到研发、生产、服务、财务、人力资源整个流程的打通。华为现在的应用系统，包括生产和办公领域的信息系统，目前有600多个信息系统。这类似一个车间里有600多个处于孤岛状态的烟囱，烟囱之间的流通阻力消耗了大量能源，因此必须推动从"烟囱"到"管道"的转变，形成从设计到生产的连续信息流。任正非指出"IT变革要聚焦"。信息流的速度和质量就等于利润。每增加一段流程，就要减少两段流程；每增加一个评审点，就要减少两个评审点。虽然华为一直在做信息化改造，但从来没有像全面云化这么坚决。

根据2017年的统计，华为销售收入是5216亿元，在全球500强里排名第83，在全球170个国家有20多个运营中心，包括研发中心、创新中心的生产体系遍布全球，公司一直强调用全球视角与经验去变革。简单地说是围绕这两句话来转型：一是"多打粮食，增加土地肥力"；二是"要致富先修路"。第一句是指销售收入要增长，并且要给下一个销售团队作铺垫。第二句是指整个IT体系能力要提升，公司未来五年销售收入有可能会突破1万亿。为了构建这一体系，首先要有全球的资源池这一概念，例如5G研发项目确定后，在全球几十个研发中心组织研发队伍资源，成功研发并主导5G承载网架构国际标准的制定，项目完成后，资源释放回资源池；其次是统一的数据平台，统一的数据平台要做到全面、全流程的数据同源，构建一个数据底座。通过构建这样一个底座去支撑上层的各种应用，各种应用调用的数据来自同一个数据源，故不会有数据的偏差；然后基于研发云、终端云、物流云、协同办公云、制造云等，这是一个端到端的智能化的作业，所有的应用都在云这一个统一的数据平台上。

华为云中第一个是研发云。它用于支持软件开发以及系统CAD/CAE。研发云是把华为30年来积累的软件开发能力外溢。这最早开始于2008年，研发云的第一个目的是为了保证软件代码不被泄露，因为公司每年都会发生这种代码泄露的情况。在研发云实施之前，去华为的参观者的电脑会贴上封条，保密区域有蓝区、红区、黄区之分，所有带入的手机都不能有摄像头，进出要经过"不人道"的搜身，但即使这样还是出现了很多代码泄露事件，例如某个研发部门的人员自主创业，生产类似的产品。后经过云化，所有的代码就无法复制带走。研发云的第二个目的就是提高效率。在迭代开发模式下，软件每一天的迭代次数是以前无法想象的数量级，这对编译过程的效率要求很高。如果每一个部门都自建服务器，效率会很低，因为单一服务器没有云的弹性与计算能力支撑。因此基于安全和效率这两方面考虑，华为构建了研发云，基于相同的原因还构建了测试云、设计云、仿真云等。现在，华为八万多研发人员的办公室里，所有研发人员只有一个屏幕，没有主机，全部连到云上，在桌面云上做开发。

华为云中第二个是有代表性的终端云。最初电子商城不愿意放到云上，因为华为云刚起步，商城在每周一、三、五的早上10点会做促销活动，这时候会有抢购出现，常有大量的并发，这首先对网络、其次对后端系统的冲击都很大。传统的办法是扩容，这种自建的方式难以实现弹性伸缩，并发冲击易造成系统停运。终端云可以利用云特有的可扩展性和敏捷性来承受不确定的冲击。所以后来将商城的终端业务放到云平台上，这就是华为终端云。目前华为正开始智能化、定制化的工作，例如在商城订的手机都可以去标上自己的名字，后续要做到大规模的个性化，实现超柔性制造。

华为云中第三个是物流云。在物流领域，大数据和AI（Artificial Intelligence，人工智能）的应用非常多。首先是利用大数据以及人工智能算法去优化整个物流的线路。华为在2017年有370万单的发货，有7万条的物流路径，怎么利用数据去优化路径很关键。在云化之前，只利用了华为内部的数据，没有引入外部的数据，比如港塞位置、意外事件、天气情况等没有引入，所以算法的预测效果很差。把外部的数据引入去优化算法之后，通过云平台的数据分散采集与集中分析，物流云就支撑了每年370万单的发货，支持了全流程的运输货物管理，实现了智能化的运营。在物流部门，有一个大屏幕显示每一单货的状态，清晰地显示货物到哪个港口，以及根据物流大数据预测会有什么事故风险以及该事故会影响送货时间多少天。这样最直接的好处是空运少了，海运多了，成本就降下来了。2017年仅海运这一项就节省了1700多万美元。

华为云中第四个是协同办公云。目前在华为只用一台手机就完全可以解决所有的办公问题，实现所有要素的连接。首先是员工之间连接，不同的国家之间的员工交流时，大家可以利用协同办公云的翻译功能实现直接的交流。其次是业务的连接，华为的所有业务都会对应很多个app。而一个WeLink（华为协同办公平台）融合邮件、消息、会议、知识、视频、待办审批等办公场景，解决了所有业务的连接而不需要满手机屏的app。华为业务遍布世界各地，跨国的沟通成本日渐增长。目前通过WeLink视频会议，只需点击一个链接，华为员工、客户及供应商就可以通过手机、平板电脑、个人电脑等终端进入视频会议，实时建立"面对面"的沟通体验。再次是连接知识，所有新的知识除了支持看，还都支持听，这类似于喜马拉雅、知乎等支持听的app。最后是连接设备，华为的大量设备遍布在全球，很多实验室的设备大量闲置，而有的地方又没有设备。现通过办公室的WiFi就可接入，在每个设备装上RFID（Radio Frequency Identification，无线射频识别）的标签，加上位置信息并回传，这样所有的设备情况在华为内部就可以一览无余，以前的资产管理员现在只剩两三个了。这就是华为连接内部的生态应用。

华为云中最后一个是制造云。华为非常强调质量，整个端到端的质量是通过制造云这一个大平台支撑的。在华为的"大质量观"形成过程中，德国、日本企业的标杆分析起到了重要作用。借鉴德国的"标准为先，建设不依赖人的质量管理系统"以及日本的"以精准生产理论为核心，质量不好是浪费，减少浪费以及员工自主的、持续的改进循环"这两种截然不同的理论体系，华为慢慢形成了"零缺陷"质量文化以及客户导向的质量闭环。借鉴、应用德国的工艺流程与工业软件，把日本的"做一个、传送一个、检查一个"没有断点的一个流的精益生产模式与质量管理方法嵌进去，达到98%直通率的顺畅流动。云上有MES（Manufacturing Execution System，制造执行系统）、ERP（Enterprise Resource Planning，企业资源计划）等系统。在松山湖研发中心的一个大屏幕上显示出华为全球五大供应中心、15个OEM（Original Equipment Manufacturer，原始设备制造商，也称代工制造商）、ODM（Original Design Manufacturer，原始设计商）工厂的产能的实时情况，包括质量的情况与数据。从供应商回传过来的数据全在这上面显示。对于在国外的工厂，如华为手机Mate10/Pro的新生产线远在拉丁美洲而非深圳、东莞基地，这时工艺、原材料等所有生产相关的能力如何远程导入是一个关键问题。华为是通过数据同源，使得所有生产线数据可以监管，对一线资源实现远程调配与远程控制。

华为自身全面云化之后，首先要帮助运营商数字化转型，开辟新市场。华为帮助运营商发展视频业务，同时以云服务的方式，使垂直行业数字化，向企业和政府客户提供计算、存储、网络、企业通信、企业连接和IoT（物联网）等服务，参与未来十年内15万亿美元的行业数字化市场。

其次是依托垂直行业产业联盟，构建行业数字化转型新生态。华为将持续加大在产业联盟、商业联盟、开源社区和开发者平台等领域的建设和投资，与生态圈共赢。华为计划在未来五年中，在研发、销服、供应等业务领域要率先实现ROADS（Real time, On demand,

All online, DIY, Social, 即实时, 按需定制, 全在线, 自助服务, 以及社交分享) 体验。ROADS 体验成为最终用户需求标准的核心体验。用户体验的第一个指标就是供应交易过程的准确率。供应最主要的一个问题就是不确定性, 要管的供应是在两端, 第一是供货商, 也是原料的来源; 第二是客户端。一线项目经理根据销售预测要求制造部门按预测销售量备货, 但真实的客户需求可能会发生较大波动。"要货的准确率"这么一个简单的要求尚不能通过传统的预测方法满足, 需要转向基于大数据的分析。2017 年存储器价格大涨, 华为未能预测到这个风险, 所以在成本竞争上非常被动。用户体验的第二个指标是互联网治理水平。华为加大网络安全重视程度, 公司内部建有安全能力中心, 严格保障华为推出的产品和解决方案的自身安全。加大在新威胁技术和防御方案的研究、威胁情报建设以及安全应急响应方面的投入, 以期更好地服务用户并保障客户网络安全。

Open ROADS Community (开放 ROADS 社区) 倡导以"开放"的态度来与各方合作, 群策群力, 真正落实通信产业的发展和利益。华为承诺了四个开放, 即向所有行业开放、向生态合作伙伴开放、向行业组织开放和开放云实验室用于创新孵化验证。

在中国石油天然气集团有限公司, 华为建成了全亚洲最大的数据中心, 可以对油气勘探、储运、炼化、销售等环节的生产过程及其产生的海量数据进行分析处理。早在 2013 年, 中国石化集团公司就启动了智能工厂的建设工作。华为联合石化盈科信息技术有限责任公司共同打造中石化智能工厂。目前, 四家试点企业的先进控制投用率、生产数据自动化采集率均达到了 90% 以上, 外排污染源自动监控率达到 100%, 劳动生产率也提高了 10% 以上。到 2018 年为止, 全覆盖西北油田 1870 口油井的数据采集, 实现了 600 多口重点井和 125 座站点工艺参数的自动采集和视频监控, 19 座站库实现了无人值守。西北油田油气井数在比 2011 年增加 600 多口的情况下, 外部用工总量却减少 1000 多人。

思考练习题

1. 华为的智能制造经过了哪些阶段? 目前正进入哪一阶段? 华为在每一阶段的主要工作成果是什么?

2. 华为进行了哪些业务变革? 利用了哪些使能技术? 业务与技术哪个是根本驱动力?

3. 怎么理解集成产品开发 (IPD) 将产品开发、零部件寻源、生产起步集成在一起? 产品开发流程有哪些环节?

4. 试分析华为针对石油行业提供的产品服务的层次性。

5. 产品技术标准化对于华为的智能制造实施以及企业发展有何意义?

引　言

智能制造是在什么样的社会变革时代背景下产生的? 它的驱动力来源于哪里? 它应具有什么内涵、目标和评价度量? 它的实施可以依据哪些参考架构模型? 智能制造在实施时应遵循哪些准则? 以上问题的分析对于智能制造相关从业人员树立正确的系统观点及把握核心的模型思想至关重要。本章将对这几个问题进行解答。

1.1 背景

1.1.1 我国制造业发展形势

中国的近代工业起源于 1861 年曾国藩成立的安庆内军械所。1862 年，中国人自主设计制造的第一台船用蒸汽机正式诞生，意味着中国工业步入了近代。新中国成立后，经过 70 年的发展，尤其是改革开放的 40 年，在 500 种主要工业品中，中国有 220 种产品的产量位居全球第一，成为全球制造业第一大国。门类齐全、独立完整的产业体系有力地推动了工业化和现代化进程，显著增强了综合国力，支撑中国的世界大国地位。

改革开放以来，中国制造业主要靠大规模、低成本取得成功，低端制造业迅速发展。但经过 2008 年的金融危机，以往制造业发展模式的两个前提发生了变化，一是随着如图 1-1 所示的产品生命周期的普遍缩短、个性化定制导致的产品与物料种类的增加[1]，规模效益的优势被削弱。如果一家企业对市场与客户接触没有话语权与主导权，也不具备大规模生产的优势，则会对利润造成巨大压力。二是人口红利优势逐渐消亡，各种要素成本上升，中国制造的低成本优势极大缩小。这两个前提的变化意味着传统制造模式已经开始失效。

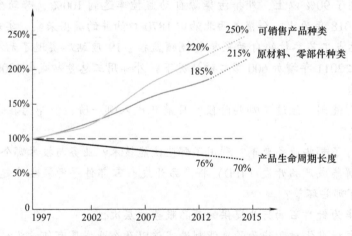

图 1-1　产品生命周期的普遍缩短和产品与物料种类的增加

与低端制造业产能过剩形成鲜明对比的是，我国高端制造业严重匮乏。如国产大型客机 C919 预计在 2020 年之后才会进入运营，国产发动机预计于 2025 年才会交付。相对而言，同型号的波音 737 在 50 年前就已投入运营，2017 年波音公司的订单已排到 7 年后。我国大陆的 ICT（Information Communications Technology，信息通信技术）核心元器件产业技术也远离世界第一梯队。例如，截至 2017 年，中国大陆的芯片自给率仅为 27%，中芯国际的 28nm 工艺芯片的良品率只有 40%，而台积电（台湾积体电路制造股份有限公司）已经在同年试产 7nm 工艺的芯片，两者之间的技术水平差距已有两代。制造业的转型升级已经与国家和民族的命运及未来捆绑在一起。我国缺乏的是"制器之器"，就是制作各种器物的软硬件机器，即工业母机，具体包括：工业软件、超高精度数控机床、制作芯片的光刻机、耐1800K以上高温的复合材料等，以及由这些基础设备所生产的大涵道比发动机、5nm工艺芯片、重载高速精确的工业机器人及其减速器等，这些都是被别国"卡脖子"的核心技术。习近平总书记于2018年在全国网络安全和信息化工作会议上强调"核心技术是国之重器。要下定决心、保持恒心、找准重心，加速推动信息领域核心技术突破"。

2008年世界金融危机后，发达国家纷纷实施"再工业化"战略，竞相将制造业复兴提升至战略的高度。东南亚国家也在积极承接全球制造业的转移与布局。2009年起，美国相继发布了《先进制造伙伴计划》《先进制造业国家战略计划》和《美国创新新战略：确保美国经济增长与繁荣》，提出"国家制造创新网络""先进制造2.0"等方案。GE（通用电气公司）于2014年联合AT&T、Cisco（思科）、IBM和Intel（英特尔）等企业宣布联合成立工业互联网联盟。2013年德国发布了《实施"工业4.0"战略建议》《德国2020高技术战略》《德国"工业4.0"标准化路线图》，德国政府在"工业4.0"建议书中宣称，在制造领域，这种资源、信息、物品和人相互关联的赛博物理系统（Cyber-Physical Systems，CPS）可以被定义为"工业4.0"。CPS支持从存储系统、智能机器、生产设施到智能工厂的纵向集成，从入厂到出厂整合整个制造和物流过程的横向集成，实现数字化和基于信息技术的端对端集成。

在其他发达国家，2012年英国发布了《制造在大不列颠》计划，法国推出了《新工业法国》计划，2015年日本发布了《2015年版制造白皮书》，提出"工业价值链"方案。2017年美国通过30年来全国最大规模的、规模达1.5万亿美元的高端制造业减税方案，并引发大国竞相减税。美、英、法、德、日这些国家颁布的一系列政策意图使高端制造业向发达国家回流，遏制我国制造业的转型升级。

习近平总书记说，在过去，我们要解决的是"有没有"的问题，现在是要解决"好不好"的问题。"有没有"的问题的解决经历了一个个台阶、一代代排浪式消费的过程，先是解决自行车、缝纫机的问题，然后是电视机、电冰箱的问题，再是解决房子、小汽车等问题，现在逐渐进入个性化、多样化、小批量的需求阶段，这就需要供给侧结构性改革，需要智能制造转型升级。

当前我国制造业面临着严峻的竞争环境，我国制造业亟待转型升级，其路径主要有三个方向：寻求新的成本优势、培养与建立差异化的能力和实现商业模式创新。第一个方向是保持成本优势。这需要通过把产能向我国西部或者东南亚等低成本地区转移，但这受到管理能力、资本力量、产业配套、战略规划的限制。需要拥有在效率驱动基础上新的成本竞争能力，这种效率驱动不是简单地通过机器换人、自动化、无人工厂来实现的，而是通过系统的、多维度的、全价值链的数据与应用集成而提高效率。第二个方向是培养建立差异化的能力，向高端制造转型。这需要缩短产品与服务的开发周期并提高质量，推动产品智能化与技术差异化，这需要漫长的积累、投入才能厚积薄发。第三个方向是商业模式创新，要创造以用户为中心的新的经营模式，以更高效率把产品传递给用户，给用户带来新的价值。这三个方向也是智能制造的目标。

利用互联网、大数据及人工智能提升制造业水平，使"中国制造"转变为"中国智造"，既能应对国际竞争，也有助于解决人民日益增长的美好生活需要和不平衡不充分的发展之间的矛盾。互联网是驱动产业变革的主导，也是促进制造业转型升级的主要推动力。互联网在我国从无到有、从小到大、从大到强，全方面渗透社会经济发展的各个领域，成为重要的新型基础设施和创新要素，推动产业深刻变革。2015 年 3 月，李克强总理在政府报告中提出，要实施"中国制造 2025"，两个月后正式推出《中国制造 2025》行动计划，它被广泛认为是中国版的"工业 4.0"，涵盖了五大工程和十大重点领域，其中智能制造工程是《中国制造 2025》的第二项重点工程，它覆盖了十大重点领域中的多数，如前两项的新一代信息技术产业、高端数控机床和机器人。该行动计划就是通过利用制造业和网络信息技术的叠加倍增效应，深化供给侧结构性改革，推动中国制造业由大变强。2016 年，习近平总书记在网络安全和信息化工作座谈会上，提出要着力推动互联网与实体经济的深度融合发展，以信息流带动技术流、资金流、人才流、物质流，促进资源配置优化。这和习近平总书记在十九大报告中所说的"推动互联网、大数据、人工智能和实体经济深度融合"一脉相承。

十八届五中全会提出的"创新、协调、绿色、开放、共享"的五大发展理念引领中国深刻变革，为制造业发展以及智能制造长远规划指明了方向。

1）创新发展注重解决发展动力问题。创新是一个民族进步的灵魂，是一个企业发展的不竭动力。创新有三种形式，一是原始创新，指重大科学发现、技术发明、原理性主导技术等原始性创新活动，如我国的四大发明；二是综合创新，也称为集成创新，是由不同的交叉学科、交叉技术进行综合而形成，如 C919 大型客机；三是消化吸收再创新，其典型实例就是中国的高铁技术，通过以市场换技术，引进消化吸收了德国西门子、日本川崎重工、法国阿尔斯通、加拿大庞巴迪的技术，通过当时南车和北车、鞍钢与宝钢的网络化协同，最终实现了再创新。如中国高铁的机头实现了一体化，福耀玻璃公司生产的风窗玻璃可承受 350km/h 速度的铝弹撞击，这才使得我国成为高铁技术的输出国。在我国，原始创新有所欠缺。原创会产生专利壁垒、技术壁垒和标准壁垒，它不仅提高了后续进入者的成本，而且使得后续进入者始终处于被动跟踪的状态。因此，推动我国的原始创新迫在眉睫。无论是中国制造 2025 还是其他各科研领域，都迫切需要原始创新，创新贯穿一切工作。

2）协调发展注重解决发展不平衡不协同问题。强调区域协调发展、军民融合发展以及长江三角洲、粤港澳大湾区、京津冀、长江经济带跨区域协调，加快产业合理分布和上下游联动机制，通过一体化合作催生世界级先进制造业的协同和集聚效应，通过智能制造实现转型升级。这将会成为我国一个强大的经济发展引擎。

3）绿色发展注重解决人与自然的矛盾。习近平总书记提出"我们既要绿水青山，也要金山银山""绿水青山就是金山银山"。"绿水青山"与"金山银山"这一对技术矛盾需要通过智能制造的转型升级来解决，只有解决了矛盾才是创新。能源低碳化发展是长期趋势，也是国际技术竞争的新方向。要力推绿色低碳发展，在淘汰"三高行业"过程中实现经济结构转型，降低三高产业在经济中的比重，提高绿色低碳产业在经济结构中的比重。

4）开放发展注重解决发展内外联动问题。中国的制造成本优势已经极大缩小。通过推进"一带一路"建设，升级自身智能制造能力，将中国的工业能力及高端智能制造服务能力输出海外，才能提升中国在全球价值链中的地位。"一带一路"沿线包含 60 多个国家，覆盖 44 亿人口，占全球人口总数的 63%；经济规模达 21 万亿美元，占全球 GDP（国内生产总值）的 1/3，其中在基础设施建设、物流装备及服务、能源应用等领域拥有巨大的市场空间。

5）共享发展注重解决社会公平正义问题。坚持共享发展，使全体人民在共建共享发展中有更多获得感。众包平台、共享经济等新兴业态通过制造业和互联网的融合，激发创新潜能，重构生产体系，引领组织变革，高效配置资源，体现了"智能"与"制造"、"工业化"与"信息化"的融合理念。当前我国制造业产能共享主要有四个主要模式，即中介型共享平台、众创型共享平台、服务型共享平台、协同型共享平台。中介型共享平台往往不拥有制造资源，只为供需双方提供对接服务，如猪八戒网、阿里巴巴的淘工厂；众创型共享平台一般是由大型制造企业搭建的开放性平台，如海尔的 COSMOPlat 工业互联网平台、美的集团的"美的云"、航天集团的航天云网；服务型共享平台通常是由工业技术型企业搭建的平台，如"富士康云"、沈阳机床厂的 i5 平台；协同型共享平台是多个企业共同使用云服务与各种生产资源以实现协同生产的平台，如"生意帮"。2017 年制造业产能共享市场规模约为 4120 亿元，比上年增长约 25%，通过产能共享平台提供服务的企业数量超过 20 万。在共享平台上实现物的共享，即所有权与使用权分离，也实现知识的共享，如自媒体和互联网直播、知识分享。

作为经济发展"新动能"之一，共享经济有光明的前景。其本质是整合闲散资源，盘活存量经济，减少浪费，避免新资源的开掘。中国在共享经济、移动支付方面全球领先，但同时我们也应该清醒地认识到，这些方面成功的主要原因是中国市场庞大、手机普及率高，是场景推动、模式驱动的成功，而不是技术创新驱动导致的成功。未来，产业发展的重点一定会从模式创新向技术创新转变。

> **[案例 1-1 青岛海尔模具公司的"模具云设计平台"]** 为解决企业接单能力与企业人员成本这对矛盾，青岛海尔模具公司于 2013 年开始着手打造"模具云设计平台"，以期改变以前工作全部由企业员工完成的封闭局面。现在，这个平台上活跃着数百位经过技能认证、通过信用审核的企业外部工程师。企业将工作分解后在平台上发布，这些被称为"云端资源"的工程师会根据技术要求、价格、工期等信息实现远程接单。任务交付并验收通过后，薪酬通过平台在线实时支付，整个工作全部通过网络实现了连接与协作。这样，通过"众包"这种共享协作模式，社会上各种技能的技术人员均可利用自己的时间资源、智力资源，承接与自己技能匹配的工作，实现自身"剩余智慧"的价值。将来的工厂为解决供需信息不透明、不匹配的矛盾，避免工厂产能过剩与订单找不到合适工厂的情况发生，工厂必然要打破自身组织的"围墙"，将自己的订单、设备、物料、人员等信息通过社会化的平台开放共享，实现企业—企业、企业—个人等多组织形态的开放协作，构建网状的社会化制造开放共享生态圈。

1.1.2 新的工业革命

在历次工业革命中，制造资源与过程在变化，产品和工具日趋复杂。如图 1-2 所示，第一次工业革命时期，出现了利用机械将热能转换为动力的蒸汽机，它是一个以"钢铁＋蒸汽"作为动力的时代；第二次工业革命时期，出现了电机与生产流水线，利用源源不断的电能提供了非常稳定的能源为照明和机械化大生产服务，社会进入了电气时代；第三次工业革命时期出现了可编程逻辑控制器、计算机与互联网，出现了以软件作为制造要素加入到产品要素及系统当中，人类进入了信息时代。

图 1-2　四次工业革命

第四次工业革命
- 智能化
- CPS

第三次工业革命
- 自动化
- 计算机

第二次工业革命
- 电气化
- 流水线

第一次工业革命
- 机械化
- 蒸汽机

每一次工业革命都是一个很漫长的过程。第四次工业革命的核心内容被认为是智能制造。1991 年世界上第一架全数字化设计制造的飞机波音 777 是智能制造的重要里程碑。在它的研制过程中，约 1700 名工程师在全球多地使用 8 台大型计算机、3200 套 CAD（Computer Aided Design，计算机辅助设计）工作站、2 万多台联网的 PC（Personal Computer，个人计算机）、800 多套不关联的软件，进行异地协同研制，期间形成了 14 个 BOM（Bill of Material，物料清单）表，实现 PDM（Product Data Management，产品数据管理）与 ERP 的集成，运用 PDM 系统进行三维构型管理、工作流管理、工程更改，而不只是常规的文件管理，大大提高了效率。波音 777 取得了技术与商业的双重成功，第一架波音 777 的质量优于已经制造了 400 架的波音 747。其研制周期仅为 4 年半，与波音 767 的 12 年的研制周期相比显著缩短了。

制造业是"互联网 +"的主攻方向，而智能制造是新一轮工业革命的核心技术，是中国制造 2025 的主攻方向[6]。新一代的信息技术、智能技术正在加速制造业的深度融合，也就是"智能 + 制造"深度融合，是两化融合（即信息化和工业化融合）的升级版。"智能 + 制造"的深度融合过程如图 1-3 所示。这不是从单一的技术方面影响制造业，而是从研发设计、生产制造、产业形态、商业模式各个方面都给制造业带来深刻的变革。这个深刻的智能化变革有可能成为第四次工业革命的一个标志。世界各国为此展开了激烈的竞争，智能制造成为引领世界制造业未来发展的战略制高点。

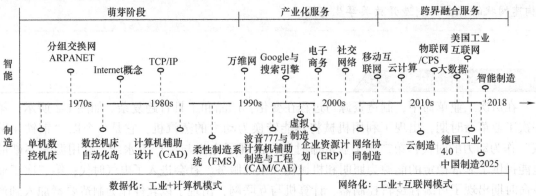

图 1-3　"智能 + 制造"的深度融合过程

1.1.3 下一代的制造模式

几十年来，在实践演化中形成了许多不同的制造模式（或称范式），包括精益制造、柔性制造、并行工程、绿色制造、敏捷制造、数字化制造、计算机集成制造、网络化制造、虚拟制造、云制造、智能化制造等。

精益制造（Lean Manufacturing，LM）包含了准时生产（Just-In-Time，JIT）、约束理论（Theory of Constraint，TOC）、精益生产及敏捷制造的理念，同时也与以减少缺陷为目的的六西格玛（Six Sigma）相互补足。

柔性制造（Flexible Manufacturing，FM）是指系统具有适应外部环境变化以及内部干扰（如机器出现故障）并保持稳定生产的反应能力，以及具有适应个性化定制的多品种、小批量的生产能力的模式。柔性制造系统（Flexible Manufacturing System，FMS）是由若干数控设备、物料运贮装置和计算机控制系统组成的并能根据制造任务和生产品种变化而迅速进行调整的自动化制造系统。

并行工程（Concurrent Engineering，CE）是指要求产品开发人员从一开始就考虑到产品全生命周期的从概念形成到产品报废各阶段的因素（如用户需求与功能、生产、装配、质量、成本、维护、回收与环境等），并强调各部门的协同工作，通过建立各阶段决策者之间的有效的信息交流与通信机制，使后续阶段中可能出现的问题在设计的早期阶段就被发现，并得到解决，从而提高产品的可制造性、可装配性、可维护性及回收再生等方面的特性，最大限度地减少设计反复，缩短产品开发与制造周期的模式，其核心是并行设计。并行工程所包含的面向环境的设计、面向环境的制造（Manufacturing for Environment）理念与绿色制造一致。

绿色制造（Green Manufacturing，GM）是一个综合考虑环境影响和资源效益的体现人类可持续发展战略的制造模式。其目标是使产品从设计、制造、包装、运输、使用到报废处理的整个产品生命周期中，对环境的负作用影响最小，资源利用率最高，并使企业经济效益和社会效益协调优化。

敏捷制造（Agile Manufacturing，AM）是指制造企业面对市场新的需求与机遇，采用现代通信手段，通过快速配置各种资源，包括技术、管理、人员资源以及不同的公司与组织，形成虚拟企业动态联盟，以有效和协调的方式响应市场需求与机遇，实现制造的敏捷性的模式。而在市场机遇消失或任务完成后，虚拟企业就解体。

数字化制造（Digitized Manufacturing，DM）是指以三维数字化建模技术为基础，并在数控加工、CAD/CAM/CAE、快速原型、信息化管理等支撑技术的支持下，实现对产品设计和功能的仿真以及原型制造，进而快速生产出达到用户要求性能的产品的全过程的模式。

计算机集成制造（Computer Integrated Manufacturing，CIM）是指通过计算机技术把分散在产品设计制造过程中各种孤立的自动化子系统有机地集成起来，形成适用于多品种、小批量生产，提升整体效益的集成化制造模式。当前，在我国，CIM 已经改变为"现代集成制造"，"集成"有了更广泛的内涵。

网络化制造（Networked Manufacturing，NM）是敏捷制造、协同制造等多种模式的组合，它基于网络技术，在数字化的基础上建立灵活有效、互惠互利的动态联盟，可以有效地实现供应链内及跨供应链间企业的研究、设计、生产和销售各种资源的重组，从而提高企业的市场快速反应和竞争能力。当强调产品结构复杂性、任务的异地协同以及互联网技术特征时，网络化制造也可称为分布式网络化制造、网络化协同制造。

虚拟制造（Virtual Manufacturing，VM）是指利用虚拟现实技术、仿真技术、计算机技术对现实制造活动中的人、机械、环境、信息及制造过程进行全面的建模与仿真，以发现制造中可能出现的问题，在产品实际生产前就采取预防措施，从而达到产品一次性制造成功，以期达到降低成本、缩短产品开发周期、增强产品竞争力的目的。因此，它是实现并行工程的重要途径。

云制造（Cloud Manufacturing，CM）是指在"制造即服务"理念的基础上，采取包括云计算、制造技术以及新兴物联网技术在内的当代信息技术，支持制造业在广泛的网络资源环境下，提供动态易扩展且经常是虚拟化的资源，实现低成本和网络化、全球化制造服务的模式。

以上各种制造模式在指导制造业技术升级中发挥了积极的作用。但同时，众多的制造模式的不同侧重点给制造企业的转型升级实践造成了许多困扰。面对不断涌现的新需求、新技术、新理念、新模式，有必要归纳总结提炼出有概括性的、内涵全面的新制造模式。

根据美国国家标准与技术研究院对智能制造的理解，智能制造作为下一代制造模式，要解决的问题包括：差异性更大的定制化服务、更小的生产批量、不可预知的供应链变更和中断。总而言之，智能制造的目标就是要解决定制化生产的复杂性带来的不确定性问题。不确定性是决策过程的基本特征。由于用户趋向于个性化、多元化、常变化产品，产品构型的复杂性导致了供应链、制造过程、项目管理的复杂性，因此带来高度的不确定性。而确定性是工业界的追求。智能制造的本质就是降低复杂系统的不确定性。

如图1-4所示，经过了手工定制→大规模制造→大规模定制的历史进程，今后的生产方式将是单品种大批量、多品种小批量和个性化定制多种业态并存。个性化定制拥有悠久的历史，如德国的奔驰汽车公司以及英国的劳斯莱斯汽车公司就以面向皇室成员个性化定制为荣。由于需要为每一台专用的定制车型开发专门的汽车模具与工艺装备，成本高昂的模具及

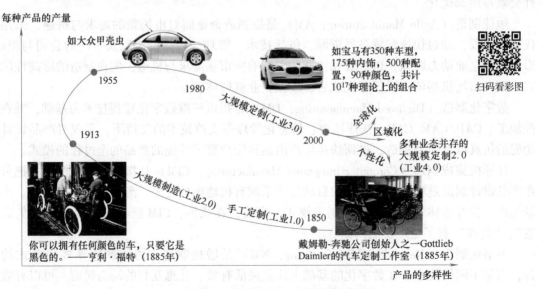

图1-4 基于个性化需求视角的制造模式演化

工装等硬件导致个性化定制的汽车成本居高不下。因此业界开始研究，如果用软件而非硬件的形式来响应多样性的个性化需求，通过软件换用而非模具等硬件更换来完成个性化产品的设计、工艺和制造，利用大量的工业软件来处理个性化复杂产品的不确定性，就可以较低成本地实现个性化定制，这就是智能制造的本质。

因此，不确定性是智能制造面对的最难解决的问题，而用软件来控制数据的自动有序流动，解决复杂产品个性化订单带来的不确定性是智能制造的基本特征。智能制造就是把物理世界的运行规律化，规律模型化，模型算法化，算法代码化，代码软件化，用软件来优化物理世界的运行。制造智能是物理实体、意识人体、数字虚体构成的"三体智能"[2]。软件可以为研发制造活动赋值、赋能、赋智。目前，一台高配置的小汽车有近百个嵌入式系统、近千万行的软件代码。由此可以看到，软件定义现在已经在各个制造行业特别是复杂产品系统中实实在在地发生。

［案例1-2　富士康的摄像头与华中数控的色谱图］　在腾讯的帮助下，富士康利用8K摄像头拍摄制造过程中的变化，模拟高技术工人的经验，根据生产的变化进行微调，如通过摄像分析发现手机壳模产生的磨损，而这种磨损量与时间的关系是高度非线性与不确定性的，因此系统自动进行进给量等工艺参数的调整最终减少模具磨损导致的产品品质的偏差，而不是达到一定的生产量就将模具抛弃，用人工智能的方式提高生产工艺的精确度和模具的寿命。不断获取信息与信号作为反馈，再进行动态的调整与控制，是减少不确定性的主要途径。华中数控的研究人员通过传感器采集金属切削时铣刀的速度、加速度、振动与波动数据，利用数据寻找加工误差及其原因并进行优化。为了找到观测刀具振动误差的方法并寻找刀具振动的规律，通过对人脸模型等各种形体模型的上万次实验，绘制并观测了色谱图，发现了刀具加工过程中在形体转角处存在较大的振动与加工误差，最终通过抑制主轴转速波动带来的刀具振动，使得国产数控系统的零件表面加工精度达到 $0.01\mu m$。

扫码看视频

粗略地划分，智能制造发展过程在时间上与实施顺序逻辑上可划分为数字化、网络化、智能化三个阶段，是综合多种先进制造模式的、"智能"与"制造"深度融合的发展新阶段，所以智能制造发展应采取"创新引领、换道超车，并行推进、融合发展[7]，因企制宜、产业升级"的技术路线，持续有力地推动我国制造业转型升级，为我国跨入世界制造强国之林奠定更坚实的基础支撑。

1.2　智能制造的内涵与目标

1.2.1　智能制造的定义

工业和信息化部在发布的《智能制造发展规划（2016—2020年）》中提出，智能制造是基于新一代信息通信技术与先进制造技术深度融合，贯穿于设计、生产、管理、服务等制造活动的各个环节，具有自感知、自学习、自决策、自执行和自适应等功能的新型生产方式。MESA（Manufacturing Enterprise Solutions Association，制造企业解决方案协会）国际组织将智能制造视为制造业的主要发展趋势。该组织对智能制造的定义为："智能制造是以设计、部署、连接和管理企业制造运营为重点，并通过灵敏的、及时（尽可能接近实时）的、深度决策执行的系统对制造企业进行积极的管理。"简而言之，智能制造是基于最准确和最真实的信息、在最短时间内做出最佳决策的全部活动，无论这些决策是由人、自动化机器还是赛博物理系统（CPS）做出的。这是企业能实现灵活、高效、快速响应、有竞争力和盈利能力的基础。

基于以上研究，智能制造的定义可以是：智能制造是基于数字化、网络化制造技术、智能技术、数据驱动与软件定义技术构建"感知—分析—决策—执行—适应"的数据闭环，以软件控制的数据自动有序流动来消除复杂系统的不确定性，在给定的时间、目标场景下，优化配置资源的一种制造模式。

我们可以从以下几个方面理解智能制造的含义。

智能机理：态势感知—实时分析—人机决策—优化执行—自主适应。

系统构成：智能机器和人类专家共同组成的人机融合系统，是人、物理系统、控制系统的集成。

操作对象：作为信息与知识的数字化载体的数据。

使能：软件中的算法、模型、规则与知识，形成"软件定义"。

本质特征：用软件来控制数据的自动有序流动，解决复杂产品的不确定性。

目的：消除个性化定制导致的复杂系统的不确定性。

价值：优化配置制造资源，实现敏捷、优质、高效、低成本、可持续和用户满意。

模式创新：智能制造引导个性化定制、协同制造、远程运维等新型业态，推动企业转型。

软件定义是智能制造最基本的特征。智能制造的核心特征还包括：增强了互操作性和生产力的全面数字化的制造企业；通过设备互联和分布式智能来实现实时控制和小批量柔性生产；快速响应市场变化和供应链失调的协同供应链管理；集成和优化的决策支撑用来提升能源和资源使用效率；通过产品全生命周期的高级传感器和数据分析技术来达到高速的创新循环。

如果用人体来比喻智能制造系统，那么大脑由各种控制器以及由各种算法、数字化模型构成的工业软件构成；五官及神经末梢就是机器触觉、视觉、听觉等各类传感器；骨骼是网络基础与车间；血液相当于数据流、物流、新产品导入；四肢是工业机器人本体与各类智能装备。以上子系统的集成构成了智能制造系统。

[案例1-3　吉利公司利用模拟仿真提高焊接精度]　在吉利汽车公司的中国第一间能同时生产常规动力、混合动力、纯电动汽车的车间里，利用采集到的183类数据汇集到仿真系统中，建立了一个全生产流程的数字化工厂。在没有采取软件进行模拟调校仿真之前，焊接前采用手工操作实物产品的方式进行少量的调校，底盘焊接精度最高仅为96%，现在每款车通过应用数据来模拟调校仿真设备几千次，通过仿真将12个焊接用的定位孔直径缩小了0.2mm，孔与销的间隙只剩0.1mm，焊接生产过程中的焊点数据进入仿真系统与模型数据进行实时对比，使焊接精度接近100%。

扫码看视频

1.2.2 智能制造的目标

智能制造的整体目标是实现整个制造业价值链的智能化和创新，是信息化与工业化深度融合的进一步提升。美国国家标准与技术研究院提出，智能制造有四大关键目标：生产率、敏捷性、质量和可持续性。美国国家标准与技术研究院对智能制造关键目标能力的分解与度量见表1-1。智能制造要取得成功，就要在四大关键目标、十四项目标能力中取得均衡。

表1-1 智能制造关键目标能力的分解与度量[3]

竞争战略	智能制造关键目标	目标能力分解	性能度量
成本领先	生产率（Productivity，P）	生产能力	在特定的一段时间内，机器、生产线、单元或工厂生产出的产品
		设备综合效率（Overall Equipment Effectiveness，OEE）	可获得性×性能×质量
		物质/能源效率	用于生产特定单位或产量产品的物质/能源（电、蒸汽、燃油、汽油等）
		人工效率	每单位产品的人工工时
差异化	敏捷性（Agility，A）	响应速度	响应时间、新产品引入率、工程更改事务周期
		准时交付	按计划制造并交付一个完整产品的比率
		故障恢复	运营时间的停机比率
	质量（Quality，Q）	产品质量	产量、客户拒收/退回和退货授权
		创新	产品创新性
		多样性	多样性/产品族，每件产品可选项，个性化选项
		客户服务	客户对服务的评价
	可持续性（Sustainability，S）	产品	可回收性，能源效率，寿命，可制造性
		流程	初级能源利用，温室气体排放
		物流	运输燃油使用，冷藏能源使用

智能制造系统属于企业管理体系的一部分，和企业的其他要素一样，该系统最终的目标都是服务于企业生产，降低成本和提高产品服务的质量。新一代制造业转型升级显然是多目标的，如果智能制造系统在建立时偏离了某些关键目标或目标迷失，必然会导致系统建设与实施的失败。如要建立一条自动装配生产线，它可以节省很多人工，但如果日常的维护成本高于降低的人工费用，这可能会导致生产线的运行成本并非降低而是提高了，因此这不具有可持续性，显然这样的智能制造是得不偿失的。又如，有人认为智能制造的目标就是个性化定制，这是有失偏颇的，在许多产品与服务领域，个性化定制生产并非第一选项，低成本的、快速准时交付的、高品质的产品与服务仍然是主流需求，单品种大批量、多品种小批量和个性化定制多种业态将长期并存。

1.3 智能制造国际对比与经验借鉴

1.3.1 智能制造战略的国际对比

表1-2对主要国家在智能制造发展的优势、劣势、路径与战略做了对比。

表1-2 美国、德国、日本、中国智能制造的发展路径策略和优劣势对比

	优 势	劣 势	路径与战略
美国：国家制造创新网络	① 有众多IT巨头和大量IT企业，在工业软件、大数据、人工智能、物联网和高端制造上有优势 ② 牢牢占据全球互联网格局和技术的最顶端 ③ 多年的信息化进程积累了海量的数据 ④ 有强大的生产性服务业 ⑤ 具有能源优势	① 传统制造业缺乏规模 ② 人力成本高	① 发挥在互联网、大数据、人工智能与服务创新等领域的系统优势，对工业领域实现颠覆性创新 ② 强调在价值链上游汲取附加价值，面向系统而非零部件，自上而下掌控市场 ③ 解决问题通过"数据"来完成 ④ 形成了全方位政策合力
德国：工业4.0	① 高端制造业发达，智能制造有先发优势 ② 有先进的制造装备工业，其制造装备有高质量水平及美誉 ③ 中小型企业占比高，经济结构有利于"工业4.0"的未来展开	① 国内市场小、解决方案难以大规模实施 ② IT、互联网、芯片行业落后 ③ 缺乏数据的积累，产品缺乏服务的融入 ④ 人力成本高 ⑤ 产业发展单一，发展速度较为缓慢	① 在工业价值链中的布局方面，强调"将知识固化在设备上"，解决问题通过"系统"来完成，通过装备和生产系统的不断升级，为德国的工业装备出口开拓新的市场 ② 转变以往只卖设备而服务性收入比重较小的状态，将重心从产品向服务转移，通过服务增强盈利能力与竞争力，增强德国工业产品的持续盈利能力
日本：工业价值链	① 长期积累的机器人技术已广泛运用到工业生产中 ② 丰田生产体系（精益生产）及理念已在全球推广 ③ 强大的汽车工业 ④ 重视知识密集型产业与重化工业 ⑤ 重视知识的积累、传承与博采众长 ⑥ 重视人的培养	① 人口老龄化 ② 人力成本高，国内市场小 ③ 资源缺乏，需大量进口 ④ 产业空心化，过度依赖政府	① 促进产业竞争力向价值链上游转移，继续优先扶持3D打印技术等 ② 将人工智能和机器人领域作为重点发展方向 ③ 促进IT技术在医疗、行政等领域的应用 ④ 支持环保型汽车、电动汽车、太阳能发电等产业的发展 ⑤ 基于精益生产的智能制造体系，解决问题通过"人"来完成
中国：中国制造2025	① 中国拥有世界最大的制造业规模，有工程师红利 ② 中国市场更加开放，对关键技术更加重视 ③ 中国自动化技术市场规模已超1000亿，占世界市场份额的三成以上，具备良好的市场氛围 ④ 最多的上网人口，最大的互联网经济规模 ⑤ 仍有一定的成本优势，有强有力的政府与政策扶持	① 人口众多但人口红利消失，制造业低端 ② 智能制造改造成本难以消化 ③ 工业软件、芯片等关键元器件落后 ④ 产品质量低，资源利用效率低 ⑤ 两化融合深度不够 ⑥ 全球化经营能力不足	① 发挥优势：争取换道超车，并行地完成数字化、网络化、智能化的三步走战略，发挥信息技术产业的优势，组建一批国家赛博物理系统网络平台，增强两化融合，培养具有全球竞争力的企业群体和优势产业 ② 补足短板：推行数字化、网络化、智能化制造，提升产品设计能力，完善制造业技术创新体系，强化制造基础，提升产品质量，推行绿色制造理念，发展现代制造服务业，与德国加强合作

1. 美国

美国的优势包括：①拥有微软、谷歌、IBM 等 IT 巨头和其他大量 IT 企业，在 CAX/PLM/ERP 等工业软件、芯片、大数据、人工智能上有优势。通俗地讲，所有用于工业目的的软件都是工业软件。工业软件是工业化长期积累的工业知识与诀窍的结晶。工业软件的难点是建模，焦点在仿真。工业软件从 20 世纪 60 年代就兴起于波音、洛克希德、NASA 等航天巨头。根据我国工业和信息化部软件与集成电路促进中心（CSIP）的调研结论，1 台特斯拉汽车拥有 2 亿行软件代码，而 1 架波音 787 飞机则拥有超过 10 亿行代码，其研制过程用到 8000 多种软件，其中近 1000 种是商业化软件，其余的 7000 多种软件都是波音多年积累的、不对外销售的自用（in house）软件，大量的自用软件实际上已经成为了企业核心竞争力的主要组成部分。CADAM、I-DEAS、UG、通用电气的工业互联网等著名软件都是美国公司开发的商业化工业软件。②互联网和高端制造人优势。首先，美国是互联网的发源地，具有"互联网"的优势，所有的互联网根服务器均由美国政府授权的互联网域名与号码分配机构 ICANN 统一管理，牢牢占据全球互联网格局和技术的最顶端；其次，美国具有"高端制造"的优势，美国在先进制造技术方面长期处于世界领先地位，人工智能、控制论、物联网等智能技术大多数起源于美国，美国在智能产品的研发方面也一直走在全球前列，从早期的数控机床、集成电路、可编程逻辑控制器（Programmable Logic Controller，PLC）到第一台智能手机、无人驾驶汽车、重型火箭、大型飞机以及各种先进的传感器、高端芯片，体现了其追求技术创新与绝对领先的精神与意志。③经过多年的信息化，制造企业积累海量的数据，拥有"大数据"的优势。④有强大的生产性服务业与软实力，这得益于其工业软件的优势、积累的大数据和作为英语国家的便利。⑤具有能源优势，近几年来页岩气新能源的开发使得制造业生产成本有所降低，还有政策的大力扶持。

其劣势包括：①传统制造业缺乏规模。②人力成本高。

为此，美国采取的智能制造发展路径与战略是：①发挥在互联网、大数据、人工智能与服务创新的系统优势，对工业领域实现颠覆性创新。②占据利润丰厚的价值链两端，牢牢占据生产要素的上游，并努力向下游延伸。面向系统而非零部件，自上而下掌控市场，具体来说，美国在生产活动要素的分布中，力图控制技术产品创新和需求创造前端、生产系统最基础的能源、关键材料与使能技术端，以及使用信息网络技术的产品增值服务端，牢牢掌握住工业价值链当中这些价值含量最高的部分。③在知识传承的形式上，美国在解决问题的方式中最注重数据的作用，并擅长颠覆和重新定义问题，强调问题的解决通过"数据来完成"。一个表现是，日本选择了非常依赖人和制度的丰田生产体系，而美国企业普遍选择了非常依赖数据的六西格玛方法体系。④围绕再工业化这一经济战略制定了一系列配套政策，形成了全方位政策合力，包括产业政策、税收政策、能源政策、教育政策和科技创新政策，并加强企业、高校和地方政府之间的协调合作。

2. 德国

德国的优势包括：①高端制造业发达，智能制造有先发优势，出产奔驰、宝马、奥迪等豪华品牌汽车，还拥有西门子、博世力士乐、德玛吉等智能制造标杆企业。②有先进的制造设备工业，智能装备有高质量水平及声誉，在模具制造、数控机床、精密器械、动力装置、机械传动等领域都处于世界领先水平。③中小型企业占比高，小而专的中小企业"隐形冠军"多，装备制造业企业集聚效应明显，经济结构有利于"工业4.0"的未来展开。

其劣势包括：①国内市场小，IT解决方案难以大规模实施。②在互联网技术的创新与应用以及信息经济发展行业明显落后，芯片技术及产业落后，产业发展单一。③缺乏数据的积累，产品欠缺服务价值。④人力成本高，很早就面临劳动力短缺的问题，在2015年各国竞争力指数的报告中，劳动力成本比美国还要高出20%~30%，故德国不得不通过研发更先进的装备和高度集成的自动生产线来弥补这个不足。⑤由于欠缺互联网技术优势，高技术成本、网络安全威胁也是其制造产业面临的挑战。

伴随着物联网、大数据等新技术的应用，全球出现了一批新的数字化竞争对手，给德国的制造业带来了强烈的竞争。从2007年开始，在其最强的机械设备制造领域，其销售额就已经开始落后于中国，并且差距还在不断拉大。为此，德国采取的智能制造发展路径与战略是：①在工业价值链中的布局方面，强调"将知识和固化在设备上"，开发"智能设备"，建设"智能工厂"，解决问题通过"生产系统来完成"，通过生产系统的不断升级，充分发挥在关键装备与零部件、生产过程与生产系统领域的技术优势，为德国的工业设备出口开拓新的市场。②转变以往只卖设备而服务性收入比重较小的状态，将重心从产品端向服务端转移，通过服务增强盈利能力与竞争力，从而增强德国工业产品的持续盈利能力。

3. 日本

日本的优势包括：①日本是全球工业机器人装机数量最多的国家，其机器人产业群极具竞争优势，长期积累的机器人技术已广泛运用到工业生产中。②丰田生产体系（精益生产）及理念在全球推广。③强大的汽车工业。④重视知识密集型产业与重化工业部门。⑤重视知识的积累、传承与博采众长，擅长把来自各国不同的先进技术加以集成创新，形成属于本国的先进技术。⑥重视人的培养，日本具有独特的克制忍耐、献身集体的社会文化，这也影响了制造文化，其最主要的特征就是通过组织与文化的不断优化、劳动力质量提升和人的训练来解决生产系统中的问题。无论是全面生产维护（Total Productive Maintenance，TPM）、PDCA循环，还是丰田生产体系，都非常重视人的知识传承并依靠人，而非只将知识固化到机器中。

其劣势包括：①人口老龄化与制造业成本的上升。②人力成本高，国内市场小，日本的汽车业等制造业转移到劳动力成本低的中国或东南亚，其国内市场进一步萎缩。③资源缺乏，需要大量进口，煤、石油、天然气、金属矿石等主要资源的进口依赖程度都在95%以上。④产业空心化，过度依赖政府，如果政府政策导向错误，则会使产业发展陷入困境。

为此，日本采取的智能制造发展路径与战略是：①促进产业竞争力向价值链上游转移。日本在消费电子领域的衰退背后是日本创新方向的转变，日本开始在上游的原材料、使能技术和关键装备及关键零部件领域拥有更强的能力。如失去电器行业优势的松下公司在汽车电子、住宅能源和商务解决方案等领域找到了新的发展机会，同时也成为领先的电池生产商，其生产的18650电池供给特斯拉电动车使用，正联合丰田研发全固态锂电池提升电动汽车的续驶里程，并预计会在2020年推出该技术产品。2014年，日本经济产业省继续把3D打印技术列为优先政策扶持对象。②促进IT技术在医疗、行政等领域的应用。③将人工智能和机器人领域作为重点发展方向，同时也将加强在材料、医疗、能源和关键零部件领域的投入。④支持环保型汽车、电动汽车、太阳能发电等产业的发展。⑤基于丰田生产体系的智能制造战略，解决问题通过"人来完成"，精益生产强调"人才训练""全员参与""服从集体"，通过组织文化和人的训练不断改善，在知识的承载和传承上依赖人。丰田生产方式的两大支柱之一的"自働化原则"就是明证。例如,如果生产线上经常发生物料分拣错误,那么日本企业的解决方式较有可能是改善物料的颜色及辨识度,加强员工训练,以及设置复查制度;而德国则较有可能会设计一个基于射频识别(Radio Frequency Identification,RFID)或图像识别的自动分拣系统,或机器人手臂实现不依赖人的自动分拣。

4. 中国

中国的优势包括:①中国拥有世界最大的制造业规模,有较高效的工业体系。②中国对新技术更加开放。③中国自动化技术市场规模已超1000亿,占世界市场份额的三成以上,具备良好的市场氛围。④拥有最多的上网人口、全球最大的互联网经济规模。⑤有一定的成本优势,有强有力的政府与政策扶持。

根据制造业竞争力指数模型,中国的制造业竞争力指数已经稳居全球第一,而德国、日本、美国等发达国家均处于下降通道。中国制造业的优势在于成本、市场和政府;而德国制造业在人才、经济与贸易、供应商、法律、医疗等方面依旧具有优势,如图1-5所示。

制造业竞争力要素模型	德国	美国	日本	中国	巴西	印度
人才驱动的创新	9.47	8.94	8.14	5.89	4.28	5.82
经济、贸易、金融和税务系统	7.12	6.83	6.19	5.87	4.84	4.01
劳动力和物料的成本和获取	3.29	3.97	2.59	10.00	6.70	9.41
供应商网络	8.96	8.64	8.03	8.25	4.95	4.82
法律和法规系统	9.06	8.46	7.93	3.09	3.80	2.75
物理设施	9.82	9.15	9.07	6.47	4.23	1.78
能源成本和政策	4.81	6.03	4.21	7.16	5.88	5.31
本地市场吸引力	7.26	7.60	5.72	8.16	6.28	5.90
医疗服务与系统	9.28	7.07	8.56	2.18	3.33	1.00
在制造和创新上的政府投资	7.57	6.34	6.80	8.42	4.93	5.09

图1-5　竞争力要素的国际对比[4]

中国的劣势包括:①人口众多但人口红利消失,劳动力素养不高,产业结构不合理,高端装备制造业和生产性服务业发展滞后。②存在智能制造改造成本难以消化的问题。一方面,智能制造前期的智能设备投资以及技术学习的成本较高,面临人、财、物多方面的成本压力,直接导致企业投资智能化基础设施的积极性不高,风险与阻力大;另一方面,智能制造与传统生产方式相比具有颠覆性改变,对企业生产造成冲击,如不可靠的工业机器人故障与停机维修会产生巨大的生产损失。③自主创新能力弱,关键核心技术与高端装备对外依存度高,以企业为主体的制造业创新体系不完善。④在核心工业软件的市场环境、关键技术上,与国外有巨大差距。目前,仅在中国工业软件市场上,80%的设计软件、50%的制造软件、95%的服务软件被国外品牌占领。国产工业软件的"生态"混乱,产业链脆弱,国产工业软件鲜有高附加值的增值服务。高端工业软件的缺失是一柄达摩克利斯之剑,长悬于中国制造之顶。如果中国制造业一味引进软件、设备和生产线,让西门子、通用电气等这些国际工业巨头通过它们的工业互联网平台,进一步推广其工业软件和工业智能,中国制造业将会变成没有大脑的躯壳,会长久沦为全球制造业的底层执行系统。⑤我国的两化融合存在着企业信息化总体水平还不高、"硬技术"与"软环境"发展不均衡、行业及企业的两化融合发展不均衡等问题，导致两化融合深度与广度不够。⑥虽然我国企业数量迅速增加和规模不断扩大，但是全球化经营能力普遍不足，导致我国企业在海外"违规"屡见不鲜。

结合优势与劣势，我国制定了制造业强国战略纲领《中国制造2025》，提出八项对策，通过"三步走"实现制造强国的战略目标。采取的智能制造发展路径与战略主要有：①发挥优势。争取换道超车，发挥制造业规模的优势，相互交叉与融合，并行地完成数字化、网络化、智能化的三步走战略，用人工智能、互联网来解决前期的数字化制造中存在的问题；发挥信息技术产业规模的优势，组建一批国家赛博物理系统网络平台，促进传统制造业的信息化改造，"坚持以信息化带动工业化，以工业化促进信息化"，增强两化融合，培养具有全球竞争力的企业群体和优势产业。②补足短板。推行数字化、网络化、智能化制造，提升产品设计能力，完善制造业技术创新体系，强化制造基础，提升产品质量，推行绿色制造理念，发展现代制造服务业。以2014年中德双方发表《中德合作行动纲要：共塑创新》为标记，中国从学习日本转向学习德国，而美国一直是最主要的学习对象。

1.3.2 智能制造模型参考架构对比

在德国提出工业4.0参考架构（Reference Architecture Model Industrie 4.0，RAMI4.0）、美国提出工业互联网参考架构（Industrial Internet Reference Architecture，IIRA）之后，日本在智能制造参考架构方面也发布了工业价值链参考架构（Industrial Value Chain Reference Architecture，IVRA）。至此，三个智能制造领先的国家都完成了标杆性的参考架构。参考架构指导了智能制造系统、解决方案、后续设计、供应商选择和应用体系结构的开发。它描述了智能制造系统的功能与分解、组件以及它们之间的关系与互动、一致的词汇与定义，作为进一步具体研究与讨论的基础。就如同住宅建筑的参考架构明确规定住宅必须包含的各类房间数量、布局要求、建筑材料与性能之后，用户就可以进一步研究如何使用住宅，提高使用效率与安全性。各国智能制造参考架构的主要差异如图1-6所示。

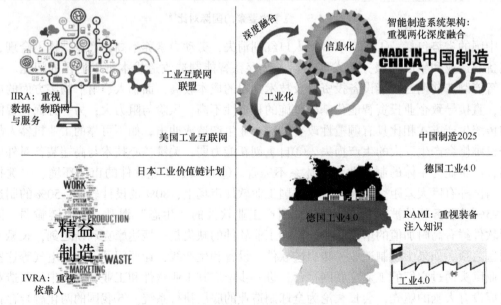

图1-6　各国智能制造参考架构及主要差异

1. 美国

通用电气（GE）公司于 2012 年秋季提出了工业互联网（Industrial Internet）概念，希望通过生产设备与 IT 相融合、高性能设备、低成本传感器、互联网、大数据收集及分析技术等的组合，大幅提高现有产业的效率并创造新产业。美国的工业互联网企图将人、数据和机器连接起来，形成开放的、全球化的工业网络。美国工业互联网可以从网络、数据和安全三个维度来理解。在这三个维度里，网络是基础，通过互相联通，实现工业数据的无缝集成；数据是核心，利用其"数据优势"与"服务优势"，在模型上强调"数据服务""分析服务""工业应用与整合"层次，通过全生命周期数据的采集与分析，形成生产全流程的智能决策，实现机器弹性控制、运营管理优化、生产协同组织与商业模式创新；安全是保障，利用其"互联网优势"，构建涵盖工业全系统的安全防护体系，有效防范网络攻击和数据泄露，同时提高互操作性、可维护性、可连接性。以网络、数据和安全为核心，从生产系统内部智能化改造升级和依托互联网的新模式/新业态两个层面同时用力，内外协同推进工业互联网的发展。

如图 1-7 所示，美国工业互联网参考架构是一系列领域架构的参照基础，使得各领域的架构可以扩展并相互参照。

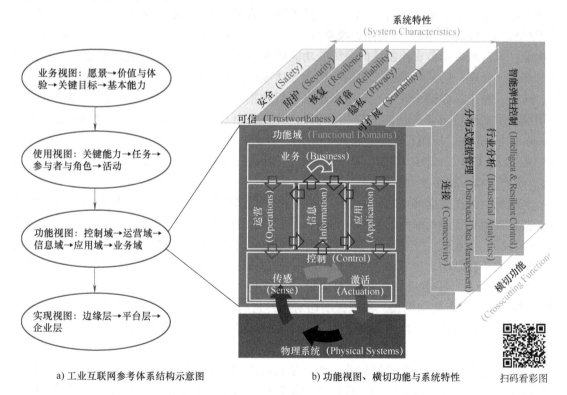

a）工业互联网参考体系结构示意图　　b）功能视图、横切功能与系统特性　　扫码看彩图

图 1-7　工业互联网参考架构（IIRA）（v1.8 版）[8]

如图 1-7a 所示，基于复杂系统建模通常采用的分层次方法，工业互联网参考架构包括四个层次的视图：业务（Business）、使用（Usage）、功能（Functional）、实现（Implementation）。该标准基于四个视图进行了逐一展开，并论述了系统安全、信息安全、弹性、互操作性、连接性、数据管理、高级数据分析、智能控制、动态组合九大系统特性。

业务视图侧重于需求分析，考虑价值主张、期望的投资回报、维护成本和产品责任，当考虑一个工业互联网作为业务问题的解决方案时，这些因素必须要考虑到。为了辨识、评估、回应这些业务考虑，该标准引入了如下概念并定义了它们之间的关系：愿景、价值与体验、关键目标、基本能力，明确了工业互联网系统如何通过映射基本的系统功能去达到既定目标。

使用视图考虑工业互联网如何实现业务视图辨识出的关键能力，并将其映射为基本的活动任务与操作单元。该视图描述系统使用的一些问题，它通常表示为实现其基本系统功能的人或逻辑用户的活动序列，通过角色、参与者、活动、任务这四种要素及其相互联系来描述一个系统。使用视图用于指导工业互联网的设计、实现、部署、操作和进化。

功能视图是参考架构的正面视图，其主要目标是基于使用视图输出的活动任务，分解出工业互联网的功能，构建系统的功能架构。其功能实体的识别与功能设计来源于工业互联网的需求模型与用例模型，是实现工业互联网的关键。如图 1-7b 所示，功能视图将一个典型的工业互联网分解为五个功能域：控制（Control）域、运营（Operations）域、信息（Information）域、应用（Application）域、业务（Business）域，并将这五个功能域分解为更具体的小单元，聚焦工业互联网系统里的功能元件，包括它们的相互关系、结构、相互之间接口与交互、数据流与控制流，以及与环境外部的相互作用，来支撑整个系统的使用活动。控制域表示工业控制系统执行的功能集，包括传感器数据读取、数据记录与控制信号驱动、传感器/驱动器/控制器/网关与其他边缘系统的通信、实体抽象、建模、资产管理、执行机构等功能；运营域表示负责控制域内系统的功能提供、管理、监测以及优化的功能集，包括准备与部署、管理、监测与诊断、预测、优化等功能；信息域表示从多个不同功能域收集、清洗、转换、校正、存储、发布、支配和建模分析数据以获得整个系统的智能信息的功能集；应用域表示实现特定业务功能的应用逻辑的功能集，包括逻辑规则、API（Application Programming Interface，应用程序编程接口）与用户界面；业务域使能端到端的运作，支持的业务功能包括 ERP、CRM、PLM、MES、HRM（Human Resource Management，人力资源管理）、资产管理、服务生命周期管理、兑账与支付、生产计划与调度系统。

实现视图关注功能部件之间通信方案与生命周期各阶段的技术实现。如章末实践案例所示，实现视图对工业互联网的通用架构进行了规范：①系统为三层架构模式，系统分为边缘层、平台层、企业层，并对跨层功能划分作出规定。②边缘网关连接和管理架构模式，包括可以使用的拓扑结构、边缘网关支持的功能。③边缘云架构模式，承担设备和资产的广域连接以及寻址能力。④多级数据存储架构模式，支持存储层组合（表现层、能力层、归档层）。⑤分布式分析架构模式。实现视图还对组件进行了技术说明，包括接口、协议、行为等属性，从功能组件到实现组件的活动映射、关键系统特征的实现映射进行了说明。

2. 德国

德国拥有全球领先的装备制造业，尤其是在嵌入式系统和自动化工程领域，而大数据与互联网技术是德国制造业的弱项。德国的智能制造参考架构侧重于智能化设备，其目的就是要充分发挥德国的传统优势。德国"工业 4.0"计划中的智能制造系统架构包含了三个维度：活动层次、系统级别、生命周期与价值流。如图 1-8 所示，活动层次维度包括六个层次，分别是资产、集成、通信、信息、功能和商业。系统级别维度包括产品、现场装置、控制设备、站点、工作中心、企业及互联世界。生命周期与价值流维度将产品生命周期划分为定型样机（Type）和实例产品（Instance）两个阶段。三个维度的焦点在于底层的设备层次与生产环节。维度与层级之间相互联系、相互支撑，共同促进智能生产，实现"智能工厂"。德国希望该参考架构能减少中小企业的操作难度。

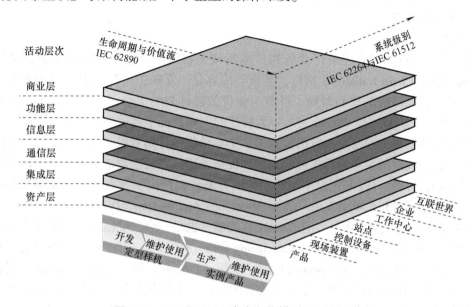

图1-8　"工业4.0"参考架构模型（RAMI4.0）

数据来源：德国电工电子与信息技术标准化委员会（DKE），2015。

"工业4.0"的战略要点可概括为"123458"：

"1"是指立足一套系统，即将资源、信息、物品和人相互关联的赛博物理系统（CPS），作为重要技术基础和实现智能制造的核心。CPS是美国工业互联网与德国"工业4.0"的共同点。

"2"是指聚焦两大主题，即通过打造"智能工厂"和"智能生产"两大部分，推进工厂智能化，创造新产品，提高生产效率。"智能工厂"重点研究智能化生产系统和过程，以及网络化分布式生产设施的实现；"智能生产"关注整个企业的生产物流管理、人机互动及3D技术在工业生产过程中的应用等。

"3"是指实现三大转变，即实现生产由集中向分散转变、产品由趋同向个性转变、服务由"客户导向"向"客户全程参与"转变。

"4"是指达成四类目标，即开发智能化生产新方法、优化自动化新技术、满足劳动力变化新需求和形成工业生产新模式。

"5"是指推进五大任务，即建成制造过程融合化和网络化的生产系统、强化生产制造中信息通信技术（Information Communications Technology，ICT）的创新和应用、构建标准化和规范化的模式、构建基于人机交互的新型企业组织模式、加强安全性和专有技术的研发、推广。

"8"是指采取八项行动，工业4.0工作组认为，推行工业4.0需要在八个关键领域采取行动，即标准化和参考架构、管理复杂系统、为工业建立全面宽频的基础设施、安全和保障、工作的组织和设计、培训和持续的职业发展、规章制度和资源利用效率。

德国"工业4.0"展现了一幅全新的工业愿景蓝图：在一个"智能化、网络化的世界"里，物联网和服务互联网技术将渗透到所有的关键领域，创造新价值的过程逐步发生改变，产业链分工将重组，传统的行业界限将消失，并会产生各种新的活动领域和合作形式。在德国"工业4.0"战略中，纵向集成、端对端集成、横向集成的三项集成是实现企业内、企业间价值流集成的关键。

3. 日本

2015年，由53个日本经济产业省和日本机械工程师协会发起实施了工业价值链计划（Industrial Value Chain Initiative，IVI），其核心内容是"互联工厂"或者"互联企业"，IVI正在成为日本智能制造的核心布局。目前工业价值链计划的成员包含了西门子在内的超过200家的全球企业。日本以"自给主义"为特征的创新系统不再适应新形势发展的需要，尤其认识到智能制造是一种复杂系统的背景下，工业价值链计划着眼于支持企业间合作以及产官学合作，把企业间的生产流程连接起来，并促进不同公司智能制造案例分享，以及组织撰写智能制造相关标准。IVI基于日本制造业的现有基础，推出了智能工厂的基本架构——工业价值链参考架构（Industrial Value Chain Reference Architecture，IVRA）。

IVRA基本上与工业4.0平台的RAMI4.0类似，也是一个三维模式。三维模式的每一个块被称为"智能制造单元（Smart Manufacturing Unit，SMU）"。SMU由三个轴构成，竖向作为"资源视图"，分为员工（Personnel）层、流程（Process）层、产品（Product）层和工厂（Plant）层，值得注意的是，员工是企业宝贵的资产，不管其职务是不是管理者，他都具有决策者的角色。SMU示意图的横向作为"执行视图"，这是一个标准的戴明环，也就是PD-CA循环，分为计划（Plan）、执行（Do）、检查（Check）和行动（Act）四个阶段。其纵向作为"管理视图"，是生产过程中核心输出的要素管控与运维，包括质量（Quality）、成本（Cost）、交货期（Delivery）、环境（Environment），即QCDE活动，如图1-9所示。

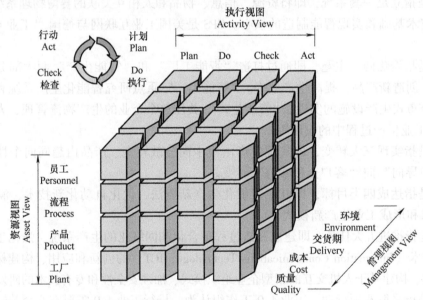

图1-9 工业价值链参考架构（IVRA）中的SMU

数据来源：日本工业价值链计划（IVI），2016。

SMU是从工厂车间的基本运营出发，从资源视图、管理视图和执行视图这三个角度，把一组能力相近的加工设备和辅助设备进行模块组合，并通过软件连接，实现多功能模块的集成化，链接企业资源管理与研发等管理软件形成企业的一体化系统，具备多品种少批量产品的生产能力输出的组织模块。可从最小的智能制造单元开始，拓展到一条条数字化生产线，再到局部相互连接的系统，最后构建出一个巨系统。SMU 是描述微观活动的基本组件、自主单元。如果智能制造系统是摩天大楼，那么 SMU 就是预制板。

如图 1-10 所示，从知识/工程流、需求/供应流和企业层次结构这三个视图，由多个 SMU 的组合构建通用功能模块（General Function Blocks，GFB），并在各流的交点上对 SMU 进行功能定义。通过 GFB 完成企业所需的实际功能。GFB 竖向表示企业层次结构，分为企业（Enterprise）层、部门（Department）层、厂房（Floor）层和设备（Device）层；横向表示知识/工程（Knowledge/Engineering）流，包括市场与设计（Marketing and Design）、架构与实现（Construction and Implementation）、制造执行（Manufacturing Execution）、维护与维修（Maintenance and Repair）、研究和开发（Research and Development）五个阶段；纵向表示需求/供应（Demand/Supply）流，包括主计划（Master Planning）、原材料采购（Material Procurement）、制造执行（Manufacturing Execution）、销售与物流（Sales and Logistics）和售后服务（After Service）五个阶段。

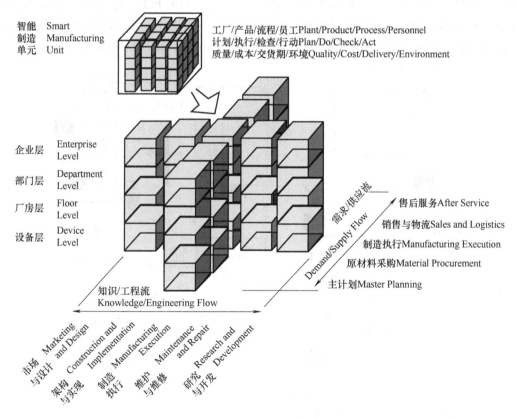

图 1-10　IVRA 中的 GFB

数据来源：日本工业价值链计划（IVI），2016。

该参考架构的特点有：

1）提出可互联的智能制造单元的概念，作为描述制造活动的元素，并从资源（Asset）、执行（Activity）、管理（Management）的视图（View）进行具体定义，如图1-9所示。

2）融入了日本制造业特有的价值导向与管理方法，包括PDCA循环、精益制造、持续改善，也体现了互联制造、松耦合、人员至上的管理思维。

3）通过通用功能模块展示制造价值链。通过智能制造单元（SMU）的组合，整个智能工厂的建设就可以通过模块化、分区化的方式，进行自由的升级组合，从而提高智能工厂建设效率。

4）突出专家知识库的意义，强调人员是制造过程中的关键因素，体现"以人为本"的理念。如图1-10所示，在GFB的建模过程中，将知识/工程流作为一个单独的维度进行论述，其中包括市场与设计、架构与实现、制造执行、维护与维修、研究与开发过程中积累的专业知识和经验。不仅实现以"IoT（物联网）"为基础的物理设备和信息数据的实时有效关联，而且将人视为赛博虚拟空间和物理实体空间映射过程中的重要元素，充分考虑了人在制造活动中的地位和作用，使"员工"有机地参与到制造活动中。

5）提供可靠的价值转移介质。如图1-11所示，将智能制造单元（SMU）之间的联系定义为"便携负载单元"（Portable Loading Unit，PLU）。具体而言，分为价值（Value）、物料（Thing）、信息（Information）和数据（Data）四个部分。利用PLU，在保证安全和可追溯的前提下，实现不同SMU之间的资产转移，模拟制造活动中的物料、数据等高价值资产的转化过程，从而真实反映企业内与企业间的价值流动与转换情况，体现精益制造的价值链思想。

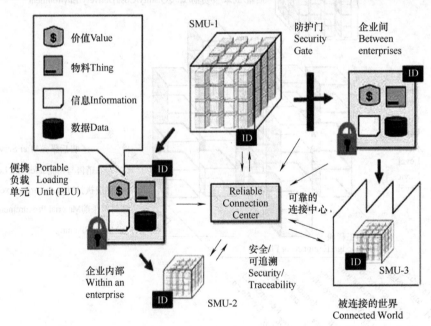

图1-11 PLU的移动价值

数据来源：日本工业价值链计划（IVI），2016。

6）提出留有扩展余地的框架标准。考虑到互联制造各系统接口的复杂性，认识到智能制造系统是一种复杂系统，IVRA提出了可扩展定义的标准结构，为建立面向国际开放环境下的各种类型企业之间的互联提供便利。

4．中国

在工业和信息化部、国家标准化管理委员会联合发布的《国家智能制造标准体系建设指南（2015 年版）》中，智能制造系统架构通过生命周期、系统层级和智能功能三个维度构建完成（在《国家智能制造标准体系建设指南（2018 年版）》中，2015 版所述的智能制造系统架构的"智能功能"维度改名为"智能特征"维度），如图 1-12 所示。

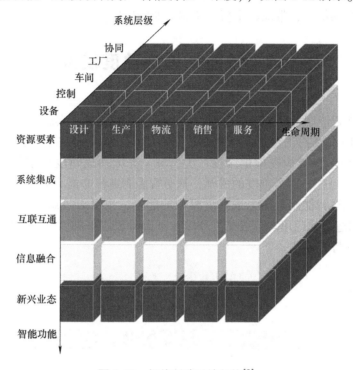

图 1-12　智能制造系统架构[9]

数据来源：工业和信息化部、国家标准化管理委员会，2015。

系统层级自下而上共五层，分别为设备层、控制层、车间层、工厂层和协同层。智能制造的系统层级体现了装备的智能化和互联网协议（Internet Protocol，IP）化，以及网络的扁平化趋势。这一维度在本书第 2 章中将详细论述。

生命周期是由设计、生产、物流、销售、服务等一系列相互联系的价值创造活动组成的链式集合。该模型忽略了样品研制与产品生产的区别。不同行业中的产品与服务的生命周期不尽相同。这一维度在本书第 3 章中将详细论述。

智能功能包括资源要素、系统集成、互联互通、信息融合和新兴业态等五层，在这一维度中突出了各层级的系统集成、数据集成、信息集成，重点解决当前推进智能制造工作中遇到的数据集成、互联互通等基础瓶颈问题，强调了网络协同制造、大规模个性化定制、远程运维服务等新兴业态。这一维度在本书第 4 章中将详细论述。

智能制造的关键是实现贯穿企业设备层、控制层、车间层、工厂层和协同层不同层面的纵向集成，跨资源要素、互联互通、融合共享、系统集成和新兴业态不同级别的横向集成，以及覆盖设计、生产、物流、销售和服务的端到端集成。

中国智能制造的主要优势在于雄厚的传统制造业基础。因此，智能制造系统架构标准注重与"中国制造2025""互联网+"行动计划相匹配，推动移动互联网、云计算、大数据、物联网、人工智能等与传统制造业融合，实现制造业转型升级。

德国"工业4.0"、美国工业互联网战略与"以加快新一代信息技术与制造业深度融合为主线，以推进智能制造为主攻方向"的"中国制造2025"是不谋而合、异曲同工的。三者相同的地方，就是以CPS为核心实现信息技术和先进制造业的结合，或者基于"互联网+先进制造业"的结合，带动整个新一轮制造业的发展。

1.4 智能制造成熟度模型

为帮助企业在智能制造转型升级阶段识别差距、确立目标、实施改进，中国电子技术标准化研究院于2016年9月出台了《智能制造能力成熟度模型白皮书（1.0版）》。在该白皮书中，如图1-13所示，架构模型由维度、类、域、等级和成熟度要求等内容组成。维度、类和域从"智能+制造"两个维度的展开，是对智能制造核心能力要素的分解。"智能+制造"两个维度是论述智能制造能力成熟度模型的起点，也可以理解为OT（运营技术）+IT（信息技术）在制造业的应用。等级是类和域在不同阶段水平的表现，成熟度要求是对类和域在不同等级下的特征描述。

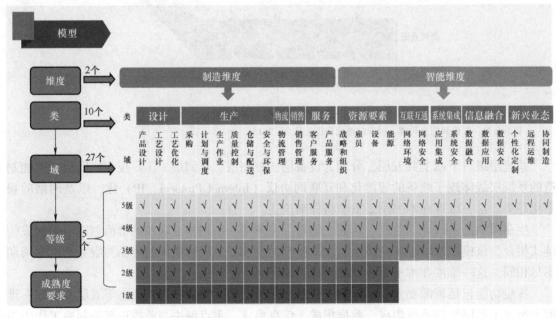

图1-13 模型架构与能力成熟度矩阵关系图[10]

基于"智能+制造"两个维度，既包括设计、生产、物流、销售和服务的制造维度，也包括资源要素、互联互通、系统集成、信息融合和新兴业态的智能维度，共10大类核心能力以及细化的27个域。对相关域进行从低到高5个等级（规划级、规范级、集成级、优化级、引领级）的分级与要求。

本书参考这一智能制造能力成熟度三维模型，先从三个维度逐一分析，在每一维度下提出相应的实施路径，再综合三个维度提炼出一种完整的实施路径。实施路径试图在如下的五个方面帮助企业识别差距、确立目标、实施改进：

1）如何统一规划、分步实施？

2）制造企业目前处于智能制造的什么水平和等级？

3）企业该如何确立投资范围，作出适宜的规划？

4）每一步骤的关键内容及工作重点是什么？

5）步骤间的逻辑关系是什么？

1.5　智能制造实施准则

1.5.1　标准引领规范先行

工业和信息化部副部长辛国斌指出，推进智能制造标准化要先行。为指导当前和未来一段时间内智能制造的标准化工作，《国家智能制造标准体系建设指南（2015 年版）》应运而生。

我国智能制造装备发展的深度和广度日益提升，以新型传感器、智能控制系统、工业机器人、自动化成套生产线为代表的智能制造装备产业体系初步形成，一批具有自主知识产权的重大智能制造装备实现突破，但制造环节无法互联互通等制约智能制造发展的关键问题仍然没有解决，对跨行业、跨领域的智能制造标准化需求日益迫切，有以下原因：

一是通过标准的制订建立共识，才能解决当前推进智能制造工作中遇到的数据集成、互联互通、跨行业跨领域集成等基础瓶颈问题。

二是由于行业发展不平衡、企业水平差距较大等国情，广大中小企业在智能制造建设项目中缺乏方法论的指导，急需与时俱进、灵活兼容、开放性强的标准体系作为工作准则。

三是由于智能制造新模式、新业态将不断涌现，需要构建智能制造系统规范架构，界定智能制造的内涵和外延，通过研究各类智能制造应用系统，提取其共性抽象特征，明确其运行规则，为新业态提供理论基础。

[案例 1-4　美的公司的智能制造痛点]　生产现场中机床的实时数据是制造过程中最基本的信息，如转矩、位置、负载、力和振动等内置传感器信息。为了获得这些信息，通常需要购买、采用与设备供应商兼容或指定的软件包，并且额外付数据费用，才能获得权限深入数控机床系统软硬件的底层，采集稳定可靠的数据。由于底层协议缺乏开放标准，如可以规定哪些 OPC 字段代表三色灯，但是如何表达亮多少盏灯是由设备厂商自定义的，这往往是一个黑箱。为此，美的公司想去打通一些设备的数据时，需要从国外设备厂商购买数据，并另付一笔协议开放金，平均每台数控设备每年需付约一万元人民币。美的公司 IT 部门负责人认为，如果这种状况得不到改善，我国制造业将如同工业机器人产业一样受制于人，智能制造的成本会难以承受，因此呼吁通过政府牵头、建立企业联盟、开源共享等途径开发相关工控协议标准，使广大国内制造企业获得所需的过程数据。华为公司在购买设备时要求设备供应商不仅提供产品，还要提供过程制造数据包。然而许多小企业还不理解华为公司有这个要求的原因。

1.5.2 精益支撑基础强化

在实现智能化之前，应打好精益化、规范化、数字化的基础。不要在落后的工艺基础上实施自动化，需要补先进工艺和自动化的课；不要在落后的管理基础上实施数字化，需要补建立在现代管理基础上的信息化的课；不要在没有精益化、数字化的基础上实施智能化，就如同没有经过流程优化就不要信息化。

20世纪八九十年代，智能制造与人工智能都经历过一次研究热潮，但之后长期沉寂，一个重要原因是数字化与数据量的基础都没有足够积累，精细化管理水平不够，无法真正地发展智能制造与人工智能。

智能制造的支撑基础包括底层设备、生命周期源头的设计与研发、资源要素这三个维度的数字化与网络化基础。中小企业可以根据自身的能力选择其中一种作为优势基础，由低到高、一步一步地扩展，实现制造智能化。即使是国外的先进工厂，其中的大部分也只是实现了"信息化、自动化"，所以进行智能制造项目，要因地制宜根据自身的需求和基础来实施，如有的企业在设备经常发生非计划停机、生产投料环节还是一个"管理黑洞"时，引入AGV自动智能投料系统；有的企业在仓储环节员工还缺乏培训时，引入智能仓储系统；有的企业在产品设计研发还未能实现定制设计时，实施了多品种个性化产品生产系统，这些系统的实施都具有较高的风险。

1.5.3 自顶而下统一规划

智能制造不仅仅是新技术或新软件的引入应用，更是一项影响到整个公司各个层面的新业务战略，因此必须要与公司战略目标一致。智能不应是唯一的焦点，应根据公司愿景与内外部环境，明确公司战略与可持续的核心竞争力，找出匹配的核心能力，然后优化其组织，辅以高效的流程，最后通过选择新技术手段、数据管理技术来实现，并使之持续地与公司战略愿景和内外部环境动态匹配，自顶而下设计，自底而上实施，而又不断循环地满足战略一致性。

不少智能制造项目由于缺乏整体性的战略规划，导致对未来数字化、网络化、智能化的具体需求不够明晰，对企业战略需求与当前水平认知不足，从而无法客观地判断两者间的差距、确定所需补强的新型能力。许多中国企业从软件技术和硬件设备的角度，从智能设备、生产线开始建设，依靠外部供应商提供的各类解决方案的整合来实现生产线上特定环节的自动化和跟踪，但在很多情况下并未解决"为什么要建设"这个根本性的战略层面问题。

因此，企业应该先自顶而下设计，分步实施，逐层推进，从战略、产品设计、运营模式变化等整体的角度考虑问题，根据自身的实际情况和目标来挑选合适的技术，从底层局部开始实施。如，海尔以互联工厂为核心的"人单合一"发展战略，既符合集团大规模定制的发展方向，同时也契合海尔在模块化和数字化的丰富经验，从而成功打造出了互联工厂的生态体系。

1.5.4 难易缓急分步实施

要本着"急用先行，先易后难"的原则分步实施推进。实施智能制造有许多阶段，其顺序取决于公司的基础。最终目标是实现多个维度的完全集成。首先，可以从最能产生效益的环节、最大的痛点开始，使系统尽快得以应用并开始有经济收益回报，这是对公司及团队的最大激励。其次，最先开始的模块与目标应该相对简单容易，先导模块的成功实施会给团队建立信心，并为掌握系统规律提供时间缓冲，可以考虑从生产设备的实时底层数据采集与统计展示、三维数字化产品设计、要素资源的互联集成等基础环节开始做起，逐渐进入生产计划、MES、大数据分析等核心困难环节，在过程中及时进行实施效果的评估与改进。

另外，智能制造系统需要有柔性，商业战略与模式可能每五年或更短时间就需要进行调整，组织架构和所实施的技术系统也需要进行及时的更新和调整，这是持续改进的一部分，需要不断地被改进以适应市场变化和需求。因此，智能制造技术系统满足需求即可，不要过分复杂。

> **[案例1-5 戴尔公司的ERP实施]** 1994年，戴尔公司耗资一亿美元实施SAP的R/3系统，对生产制造进行改造。两年后，戴尔不得不放弃了SAP，宣告失败。1997年，在交了一亿美元学费以及耗费了两年时间之后，戴尔首先选择了i2科技公司的产品对其采购进行改造，之后又选择了Oracle系统对订单管理进行改造。一年以后，戴尔公司选择了Glovia的产品对其生产制造管理进行了改造。最后完成了戴尔公司的ERP战略。在介绍戴尔公司的ERP实施战略时，公司CIO（Chief Information Officer，首席信息官）Terry Kelly这样说道："我们一点点地揭开谜底，从而获得比一次性ERP更快的回报。"戴尔公司成功的关键就是经营模式上的创新，即直销订购模式。戴尔公司的直销订购模式有以下四大特点：①按单生产，无须库存；②顾客一对一；③高效生产管理；④产品研发标准化。直销订购模式虽然给用户带来了巨大的价值，但是对公司人力资源的成本和生产制造的效率来说压力非常大。戴尔公司独特的信息系统为这一模式提供了支撑。2017年，戴尔公司在《财富》美国500强排行第41位。
>
> **思考练习题：**
> 为什么戴尔公司的ERP模块实施顺序是先采购、订单管理，再到生产制造管理？

1.5.5 高层支持员工培训

首先，智能制造项目是"一把手工程"，需要最高层领导支持，具体表现在项目启动会上充分授权管理者代表、内审员、项目组并发布公文，在项目过程中定期听取汇报，参与管理评审，下定决心排除各种障碍。

另外，智能制造模式下，人才所需具备的素质也在发生显著的变化，如对流水线工人的需求将降低，转而需要更多的数据分析师、程序员、机器人维修工程师等。另外，智能制造的实施会深刻地影响到组织和人员，从而改变他们的工作方式，因此他们需要足够多的时间与培训才能适应。生产和决策的自动化程度越高，就需要进行越多的评估与慎重考虑，更要充分培训。智能制造的目标不应是机器换人，而是激发人们尽可能多地贡献机器或软件所无法产生的智能，在人机融合的系统里，人们变得更加重要，而不是与之相反。

企业应为未来的"知识工人"设计新颖的知识学习和获取机制，更多地使用交互式的电子学习工具帮助学生、学徒和新的工人获取先进的智能制造技术方面的知识，给予他们更多的机会持续地开发自身的技能和能力，更好地把新技能传递给新一代的工人，并且可以通过更好的信息技术和通信技术，使企业在支持年长体弱的或多文化背景的工人方面更加有效率，以应对老龄化与个性化社会的挑战。

总而言之，智能制造不是目的，其目的是为提升产品竞争力与质量；智能制造不可能一蹴而就，需要企业长期的努力与变革；智能制造不是自动化改造，其根本是运营模式的变化；智能制造需依据标准先行、基础强化、自顶而下统一规划、难易缓急分步实施、加强培训的原则与步骤依次开展。

1.6　实践案例：通用电气公司和工业互联网

我们是道琼斯工业平均指数中最老的公司。这并不是因为我们是一个完美的公司，而是因为我们适应了。这些年来，我们一直保持生产力和竞争力。我们已经使公司全球化，同时在技术、产品和服务上投入了大量资金。我们知道我们必须再次改变。[11]

——通用电气首席执行官，Jeff Immelt

2014 年初，通用电气（GE）首席执行官 Jeff Immelt（伊梅尔特）坐在他的办公室，和首席营销官 Beth Comstock、通用软件公司新的副总裁 Bill Ruh 在一起，他们审查了 GE 工业互联网倡议的客户合同的报告。在宣布这项举措超过两年后，部署投入超过 10 亿美元，而 GE 的 8 亿美元销售额直接归因于此项努力[11]。然而，这些数字只占营收的很小一部分，2013 年 GE 的收入接近 1460 亿美元。伊梅尔特和他的团队担心，GE 作为一家工业机器制造商，能为客户提供以软件为基础的、基于结果的服务（Outcomes - based Services）吗？

GE 的工业互联网提出了一个开放的、全球的网络，以连接机器、数据和人，并提供实时预测解决方案的数据综合与分析，实现 GE 的不同客户群的复杂运作的优化，包括预知维护和经营决策。GE 的工业互联网产品套件不仅旨在创建和销售"智能"软件驱动的机器，而且还提供基于结果的服务，通过与客户合作收集和分析数据来提高业务性能。华尔街的技术分析师预测，工业互联网（也称工业物联网）在增加收入和降低成本方面将产生巨大的价值。分析人士估计，工业互联网将在 2013 年至 2022 年间创造 14 万 4 千亿美元的经济价值。当时他们预测，与互联网有关的工业技术支出将超过 5140 亿美元。一些 GE 的客户已经从他们的联网机器上看到了好处。伊梅尔特称，在工业互联网所推动的变革中，即使效率只提升 1%，它所带来的效益也是空前的：将航空发动机的效率提高 1% 就等于为美国每年节省 20 亿美元；火电厂的发电效率提升 1% 就意味着每年节省 600 亿美元燃料；石油勘探资本利用率提升 1% 则意味着可以使石油和天然气行业每年节省超过 900 亿美元[11]。GE 通过 Smart Shopping 套件为墨西哥最大的铁路运营商 Ferromex 降低列车的停留时间，实现 7 × 24 小时对 100 辆列车进行健康和性能的实时监控和分析，在列车进入维修车间之前就可以实现运维的预测，以此减少宕机的时间和维修的成本。GE 基于大数据建立的发动机叶片损伤分析，可以为对发动机维修的安排提供准确率高达 80% 的预测。GE 推出航空大数据平台，着眼于飞行风险分析、燃油管理及发动机分析三大关键领域。GE 与中国东方航空公司共享各自掌握的海量数据，充分释放 GE 在大数据分析技术以及发动机领域的最佳实践和创新技术的价值，帮助东方航空公司提高飞行安全管理水平、降低燃油消耗和排放，并且有效应对计划外维修与在翼时间等问题。在工业世界中任何微小的改变都会带来很大的优势，因此 GE

称其为"1%的威力"。

自从宣布这项举措之后，人们已经看到GE在过去的12个月内发生的剧烈变化，包括建立一个新的软件总部；推出一个跨GE多元化行业的共性技术平台；对GE的各类软件开发专家组织进行彻底评估，以及能够支持这一新方向的销售人才就绪度（Readiness）评估；多个公司（如英特尔、思科和埃森哲）成为新扩展领域的合作伙伴。

GE已经签署了几项有前景的协议，包括与一家公用事业公司签订总价为3亿美元的合同，为石油和天然气客户提供2000万美元的基于可靠性的服务，一笔3500万美元的风电领域交易，与美国一家连锁医院达成1亿美元的交易，以及与铁路公司可能达成的10亿美元协议。GE与埃森哲的合资公司Taleris，为飞机和货机提供智能业务，为航空公司提供故障担保，对引起航班延误和取消的所有设备故障负责。航空公司和Taleris签署合同，为年度服务包（含故障时间KPI，Key Performance Indicator，关键绩效指标）付费。Taleris承担维保成本，通过提升运营能力，降低飞机的服务中断时间、优化备件等，降低总体维护成本，以此获利。未来，它的服务还将扩展到非机器故障范畴，包括周转车、餐饮配送等。Taleris的服务是对"结果"负责的典型。它之所以能对结果负责，在于它的平台可以对接生态合作伙伴的系统（机械、电子、结构件），能全面掌握与飞机故障相关的所有数据，从而有信心做"故障担保"。GE还公布了其第一个签约客户——阿提哈德航空。这些协议提供了一系列的好处，包括监测石油钻机的流量，优化风力涡轮机以适应天气变化，优化医院病人的接纳量，并预测在飞机机群中空调的更换以避免停机。每一笔交易都具有高度的特殊性，依赖于与特定客户相关的、深厚的专业知识，并要求GE具有创新性并定制与客户合作的方式，销售软件使能的、基于结果的产品服务。与GE传统的合同服务协议相比，GE还要求客户允许内部业务数据的大量访问和利润共享。

伊梅尔特认为这一举措是GE无法忽视的一个机会。GE全球创新中心的执行董事Steve Liguori说："我们有新的非传统的竞争对手开始接近我们的长期客户，主要是IBM、SAP和大数据初创公司，他们可以为我们的客户提供这些数据和服务。"Comstock补充说："我们的客户都处在强大的竞争压力下，鉴于目前的经济环境的不确定性，我们自己销售的硬件数量不大。"伊梅尔特和他的团队不得不调查GE的客户是否已经为工业互联网做好准备。GE在当年的10月做了一个非正式的关于工业互联网就绪度与采纳的调查，他们了解到63%的被调查客户说他们的机器被连接到了网络，但他们没有利用这些数据，仅13%的客户声称他们使用数据以获得竞争优势。

在企业内部，关于应采取何种商业模式的争论仍然激烈。一些人认为，GE应该开发软件，并将其免费发放，作为设备销售和服务合同的一部分。GE软件首席营销官John Magee说："在过去，我们的想法是建造和装运箱子。我们的任何软件都是作为硬件销售的一部分而赠送的。"另一些人看到了软件本身的机会，并认为GE应该把这些软件作为一个单独的产品授权。最后，还有人认为GE应该追加软件和数据分析服务的投资，促进GE客户的数据的深度集成。

第三个建议意味着一系列的变化。Magee说："这一举措为我们创造了全新的商业模式。软件作为一种服务，代表了GE公司的一个全新领域。"Liguori说："在GE，我们销售力量的99%在销售'大铁疙瘩'，他们销售生产资料并获得市场份额，与客户分享收益。他们习惯于与采购我们设备的工厂运营经理交谈。现在我们需要传递一个消息给客户的整个管理层，展示我们可以如何帮助他们管理所有的资产，最终，促使他们的企业变得更好。"但是，GE 团队需要采取什么措施来加速这项计划的实现呢？伊梅尔特以度量驱动的管理能力而闻名。哪些指标对 GE 加速该项活动的能力影响最大？伊梅尔特向 Comstock 和 Ruh 问道："我们是不是速度不够快？我们能不能再快一点？"

对于 GE 的工业互联网战略，Magee 说："在商业侧，工业互联网作为一种服务，包含一系列的新事物，例如远程监测与诊断、信息服务、平台即服务（PaaS, Platform as a Service），或者数据管理。在消费侧，包含基于结果的解决方案、利益分享、风险共担，甚至柔性的服务合同。但我们不是微软，消费模型是不同的。"

2012 年，GE 成立了一个软件中心，地点位于加利福尼州圣拉蒙市，距离旧金山 24 英里。纽约时报曾经在 2015 年造访过那里，不过 GE 的人似乎不愿意透露更多的消息。

2013 年，GE 的规模和业务范围意味着全球差不多数十亿的设备和机器在 GE 软件的支持下运转。GE 全球业务 2012 年的总资产为 3376 亿美元。GE 公司生产飞机引擎、机车等运输设备，也生产厨房和洗衣设备、照明、配电及控制设备、发电机、涡轮机、医学成像设备、采矿设备、石油和天然气设备，随着一系列商业金融、保险、房地产、能源租赁产品的出现，几乎触摸世界的各个角落。

工业互联网会是一个新的机会吗？Ruh 说："在早期的互联网上，我们从来没有想象过有 10 亿个人被连接在一起，所以当 500 亿台机器被连接起来时，这样的情景难以想象。"

GE 在全球运行的各种软件的大多数是嵌入式的、面向客户的。Ruh 说，调查显示在目前的 136 个 GE 提供的软件里，只有 17 个是产生利润的。问题在于我们花几年的时间去开发软件，再花几年的时间去推出市场，而客户需求变化太迅速我们跟不上。以油气行业为例，石油钻塔上的任何设备都由当地监控，数据就在钻塔上。一个客户要求开发一个工具来通过云端远程监控水下的开关，以控制传感器的开关状态。工程师们写了一份报告，承诺18 个月内提供产品。结果是 3 年后还没有交付，而这个产品设计的最新版本已经扩展至包含 5000 个很炫的特征。求助 GE 软件总部 3 个月后，客户才得到了一个低成本的解决方案。

GE 的专家对于把服务和能力移至云平台心存疑虑。一些业务单元，如健康医疗，有上千种不同的产品、机器和设备，每一个都有独自的复杂软件需求和遗留系统。Magee 提示："如果 GE 是孤立的，开发这么一个通用的平台是相当激进的决策，我们不能独自完成。拥有并建造这个平台是很关键的，同样重要的是我们决定它应该是一种中间件平台，它帮助小组更快地提供产品。创造一个生态系统以共享数据，这对我们有利。"对于是否强迫员工变革的疑问，Ruh 说："我们这里不会强迫每一个人做这件事，你可以决定上不上车。"Magee则说，我们没有棍棒，只有胡萝卜。

物联网涵盖了从消费者到工业生产的所有连接设备。据思科估计，在 2010 年，大约有 90 亿台相连的设备，这个数字将在 2020 年之前增长到 500 亿。量化工业互联网的规模是具有挑战性的。微处理器、传感器和其他软件组件已经嵌入大多数工业资产中。到 2011 年，GE 的资产也有了大量的嵌入式软件，以及传感器和微处理器，运行在世界各地的发电厂、喷气发动机、医院和医疗系统、公用事业公司、石油钻塔、铁路和其他工业基础设施。

在"工业 4.0"架构设计的同时，工业互联网也在 2015 年完成了系统的架构设计。如图 1-14 所示，Predix 系统是 GE 推出的针对整个工业领域的基础性系统平台，这是一个开放的平台，它可以应用在工业制造、能源、医疗等各个领域。通过工业互联网，最终实现人机连接，结合软件和大数据分析，推动数据循环不断的积累、流动与应用，如图1-15所示。

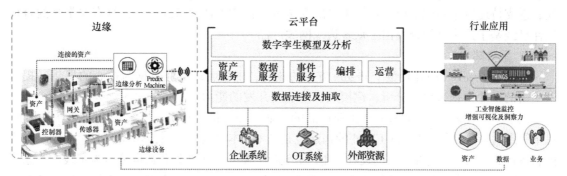

图1-14　GE的工业互联网平台Predix系统方案的架构

图1-15　GE的大数据循环

GE的Predix平台被比作工业领域的"Android系统"。Predix最开始是一个PaaS平台，但是随着GE对其的不断完善，包括了边缘端（设备端）+云端（平台端）+应用端（企业端）三层结构。如果把平台看作一个球体的话，外面就是边缘设备端，中间是作为工业互联网平台主体的平台端，最内层是安装了各类应用系统的企业端。在边缘端上主要是边缘的网关，采集各种各样的数据；送到平台端之后，平台端对数据做必要的处理和分析；分析完之后，再送达企业端，送到企业的应用系统。企业会根据不同的应用做不同的分析，作出判断和决策，将数据再往回传送到平台端和边缘端，直至送达企业内外连接的各个部门和单位。这三个层次的详细信息如下。

1. 边缘端

当前工业设备的连接和协议具有复杂性和多样性的特点，并且很多是与GE有竞争关系的各大厂商（西门子、ABB等）主导的封闭协议，因此Predix并不直接提供实现数据采集的硬件网关设备，但是提供了一个网关框架——Predix Machine，以实现数据的采集和连接。

Predix提供了Predix Machine的开发框架，支持开放现场协议的接入，并增强了边缘计算的功能，由合作伙伴开发相应的设备接入和边缘计算的功能，几乎覆盖了边缘设备需要解决的所有问题：①工业协议解析；②灵活的数据采集；③同平台的配合；④本地存储和转发；⑤支持运行平台端的应用；⑥丰富的安全策略；⑦本地设备通信，并且有非常多的合作伙伴已经基于这个框架开发出了众多边缘网关产品。

2. 平台端

平台端 Predix Cloud 是整个 Predix 方案的核心，围绕着以工业数据为核心的思想，提供了丰富的工业数据采集、分析、建模及工业应用开发的能力。

由于 GE 本身是生产大型复杂工业产品的企业，如飞机发动机、燃气轮机、风力发电机、机车等高端装备，所以 Predix Cloud 的构建也是从 GE 本身的业务特点出发，即紧密围绕着离散制造行业里的大型高端装备的设计、生产和运维，提供以工业设备数据分析为主线的一系列能力，方便构建高端装备行业的应用。但是在 Predix Cloud 发展过程中，由于平台优异的开放性，很多其他行业，包括很多流程制造和服务的客户，也在利用 Predix Cloud 开发相关应用。

Predix Cloud 集成了工业大数据处理和分析、数字孪生（Digital Twin）快速建模、工业应用快速开发等各方面的能力，以及一系列可以快速实现集成的货架式微服务。主要有这几个部分：①基础架构，Predix 提供了三种部署架构（公有云（AWS、Azure）、私有云和 Country Cloud）；②安全，Predix Cloud 提供了非常多的安全机制，包括身份管理、数据加密、应用防护、日志和审计等；③数据总线，这部分包括了数据的注入、处理及异构数据的存储等功能，支持流数据和批量数据的导入和处理；④高生产力开发环境，提供包括 Predix Studio 在内的可视化应用开发环境，支持平民开发者（Citizen Developer）使用拖拉拽的方式快速构建工业应用；⑤高控制力开发环境，提供代码级别的开发环境（基于 Cloud Foundry），提供可控程度最高的工业应用开发环境，以及一系列可快速集成的微服务；⑥数字孪生开发环境，提供快速的建模工具，实现包括设备模型、分析模型及知识库结合的模型开发。

Predix 最强大的地方是基于数字孪生的工业大数据分析功能，即将物理设备的各种原始状态通过数据采集和存储，反映在虚拟的赛博（Cyber）空间中，通过构建设备的全息模型，实现对设备的掌控和预测。企业内部管理信息系统落在企业应用软件厂商的产品范围中，而非 GE 所能。

Predix 提供了一个模型目录，将 GE 和合作伙伴开发的各类模型以 API 的方式发布出来，并提供测试数据，让使用者可以站在巨人的肩膀上，利用现有的模型进行模型训练，快速实现实例化。同时，用户开发的模型也可以发布到这个模型目录中，被更多的客户共享使用。这里的模型不仅包括常规的异常检测，还包括文本分析、信号处理、质量管控、运行优化等，根据大家公认的工业大数据分析类型，可以将其分为四类，即描述性（Descriptive）、诊断性（Diagnostic）、预测性（Predictive）和策略性（Prescriptive）。

除了这些分析模型，还有 GE 提供的超过 300 个资产和流程模型，这些模型都是与 GE 旗下的不同产品相关的，包括各种属性和 3D 模型，方便客户或者合作伙伴快速构建数字孪生。包括 GE 自身以及合作伙伴在内，在平台上已经构建了数万个数字孪生。

3. 应用端

对工业客户来说，需要的是解决问题的能力，而不是解决问题的工具。GE 推出 Predix 的主要目标，也是为了更高效、更简单地开发各类工业应用，分析各类工业问题。

Predix 应用针对的不是传统的 MES、ERP、PLM 等传统 IT 类应用，而是为各类工业设备提供完备的设备健康和故障预测、生产效率优化、能耗管理、排程优化等应用场景，采用数据驱动和机理结合的方式，旨在解决传统工业几十年来都未能解决的质量、效率、能耗等问题，帮助工业企业实现数字化转型。

Predix 在生态构建方面非常努力，好的平台具有黑洞效应。目前已经有超过 33000 位开发者、300 个合作伙伴基于 Predix 平台在进行应用开发，各类应用超过 250 个。业内也在逐步认可 Predix 在工业互联网生态中的影响力。其合作伙伴包括：①横向合作伙伴，不仅包括微软和苹果这些巨头 IT 企业，还包括大批的创业公司。微软 Azure 为 Predix 提供了 IaaS（Infrastructure-as-a-Service，基础设施即服务）平台、机器学习以及 Power BI 商业分析工具，而苹果则丰富了 Predix 开发工业级移动应用的能力。②纵向合作伙伴，包括大量咨询机构、集成商和独立软件开发商。这类合作伙伴本身有大量的工业客户，可以基于 GE APM + Predix 平台，为其工业客户提供定制化的工业应用开发和数据分析的整体解决方案，包括 Infosys、威普罗、埃森哲、Capgemini、TATA、Tech Mahindra 等全球性公司。他们基于 Predix 平台，开发了非常多针对工业设备性能提升、预测性维修、供应链管理的应用。

思考练习题

1. 为什么是像 GE 这样传统的硬件公司开发出来工业互联网软件平台 Predix Cloud，而不是由电信公司牵头？

2. 对于工业互联网平台，生态构建为什么重要？

3. 边缘计算与云计算各有什么优缺点？

4. GE 推出的 Predix 平台与智能制造系统有什么样的关系？

回顾与问答

1. 目前有哪些众包平台、共享经济、新生态的平台与例子？请列出。

2. 关于共享经济的创新，你对于共享单车当前的模式以及模仿泛滥、造成大量城市垃圾、无序停放的问题有何评论与建议？

3. 为什么说制造业是"互联网 +"的主攻方向，而不是其他产业？

4. 智能制造与中国政府大力推进的"互联网 +"和"中国制造 2025"以及德国"工业 4.0"的关系是什么？

5. 智能制造与智慧城市、智能家居是什么关系？

6. 试分析工业互联网参考架构的四个视图的关注重点。

7. 试分析美国 IIS 和德国"工业 4.0"参考架构的对应关系。

8. 根据美国 IIS 和德国"工业 4.0"战略差异与参考架构的不同，试分别列出有代表性的方案并指出特点所在之处。

9. 请标出工业互联网、工业机器人、工业云、大数据在智能制造参考架构模型中的位置。

10. OPC（OLE for Process Control，用于过程控制的 OLE）有什么作用？

11. 有人认为"工业互联网平台遍地开花"，而"工业 4.0 平台寥寥无几"，你认为这种说法对吗？为什么？

第 2 章

智能制造系统的空间层级

启发案例：东莞添翔服饰有限公司的两化融合管理体系贯标

企业两化融合是指在信息技术不断发展的环境下，企业围绕其战略目标，将信息化作为企业的内生发展要素，夯实工业化基础，推进数据、技术、业务流程、组织结构的互动创新和持续优化，充分挖掘资源配置潜力，不断打造信息化环境下的新型能力，形成可持续竞争优势，实现创新发展、智能发展和绿色发展的过程，如图2-1所示。

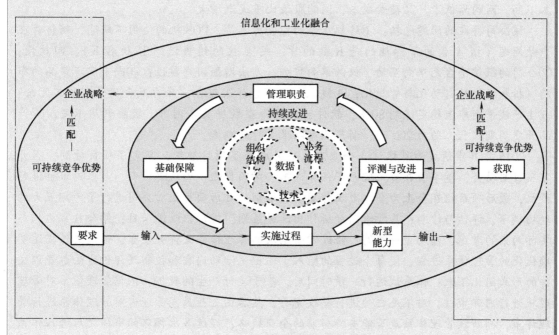

图2-1 两化融合管理体系架构[32]

两化融合管理体系是基于我国企业信息化发展历程中积累的技术应用成果和管理创新经验，依据GB/T 23020—2013《工业企业信息化和工业化融合评估规范》在一万多家企业开展的两化融合实施与评估工作所提炼的方法和规律。两化融合管理体系贯标是指贯彻国家制定的工业化与信息化融合管理体系标准，即以管理体系的思路和方式推进两化融合。

东莞添翔服饰有限公司成立于1996年，创立的初衷是希望能给孩子们提供安全环保的衣物。企业现为一家专注于儿童时尚产业的专业化服装、服饰品牌运营公司，迄今其营销网络已遍布全国，分设8家办事处，拥有终端专卖店千余家。目前，公司在全国的童装行业中综合实力位列前十，在华南地区位列前三。公司拥有成功的多品牌运作平台，拥有"铅笔俱乐部"等著名品牌，是广东服装服饰行业协会理事单位。公司由单渠道营销发展转型向多渠道营销发展，渠道包括网络、连锁实体店、超市等。

在国内，随着"全面放开二孩"政策的实施，中国童装市场规模保持年平均12.6%的增长速度。目前外资或合资的童装品牌在销售方面暂时领先，如米奇妙、丽婴房、派克兰帝等，但产业集中度低，品牌之间的差距相对较小，前八大自主品牌的市场占有率之和仅为5.33%。进入童装行业的渠道很多，初始资本的投入弹性较大。由于童装流行变换速度快，专利申请在服装行业较少；童装利润丰厚，一些运动品牌、成人服装品牌以及儿童用品品牌也进入了童装市场。在国际上，随着人民币的大幅度升值，东南亚地区同行的企业竞争力大大增强。

在产业链方面，我国童装生产产业集群化态势明显，广东佛山和浙江湖州的两大童装产业集群发展迅速。服装上游企业可替代的原材料或者零配件较多，所供应的产品转换成本不高。网购降低了产品搜索成本，网购服装比重逐渐增大。

该公司存在的问题包括：①终端店铺的控制力不足，POS机的使用不规范，销售存在串款问题（指A款的吊牌挂的是B款的货，或A款的销售记到B款名下），回款慢；②公司的微信平台无双向互动，仅做单向广告，无法增强用户黏性；③尚未实现产品的布局、折扣优化的自动化与智能化；④线上和线下仓库未整合，库存及仓库管理员工冗余；⑤生产线平衡率未稳定达到80%，软件系统间存在数据共享困难，数据利用不足；⑥产品开发周期较长，约为200天，新产品难以跟上时尚潮流。

2015年其申请成为贯标试点企业后，公司成立了项目组织，制定了项目计划，召开了项目启动会，董事长在会上宣布了任务分工，对项目组、管理者代表、多位内审员进行授权，最后项目组在会上为全体员工作了首次培训。之后项目组对公司进行了为期五天的现场调研、评估与诊断；基于诊断分析作出改进策划，提炼出改进项目；结合日常运作与实际约束的考虑，辅助企业编写、修改四个层次的管理体系文件并发布，通过文件描述明确优化的管理体系过程，使每个过程的输入、输出、活动内容和控制及评价方法都能以文件的形式固化下来；体系试运行一段时间后，基于运行产生的数据，依据管理体系对管理现状进行内部审核，对不足之处进行整改完善；然后由企业最高管理者对管理体系进行管理评审，判断该管理体系是否能支持当前的企业战略；经过多次循环的审核之后进入体系认定阶段与体系保持和改进阶段，对提出的量化指标进行定期的、持续的监控，最终完成整个流程。其主要特点是"循环改进，文件先行"，其关注焦点是"企业发展战略—可持续竞争优势—新型能力—系统（信息技术、业务流程、组织结构、数据）"相匹配的、自顶而下的战略一致性与动态调整。

项目组在对企业进行调研与诊断分析的过程中，利用了波特五力分析模型、SWOT分析等方法识别出公司最有必要争取市场竞争优势的方向，制定了16字的企业战略：品牌提升、全链集成、快速研发、智慧添翔。在策划过程中，识别和确认了公司当前需要获取的、与战略匹配的可持续竞争优势，其包括五个方面，即快速研发的可持续竞争优势、终端掌控的可持续竞争优势、渠道协同的可持续竞争优势、精细化管控的可持续竞争优势和智能运营的可持续竞争优势。结合公司核心竞争力和长短期的计划，明确了五大核心新型能力：快速研发、智能运营、终端掌控、渠道协同和精益制造。其中，快速研发是申请贯标重点认证的新型能力。

1. 快速研发

产品快速研发的关键是缩短开发周期，具体途径包括知识库构建、并行工程、设计标准化、产品规划。

如图 2-2 所示,快速研发与智能运营流程基于统一的数据库与丰富的知识库,各个环节并行进行,各部门充分协作,高效地推进,将样板制作、新货推介和展示方案设计提前进行,缩短产品开发周期。将并行工程思想应用到设计、制造两个关键流程中。具体措施包括:

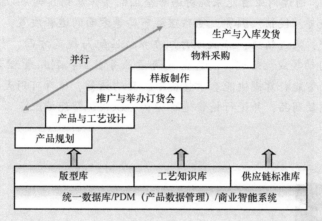

图 2-2 快速研发流程框架

1)在产品设计之前进行产品规划。规划包括价格维度、年龄维度、风格维度(或称穿着维度)的考虑。一个人衣柜里春夏秋冬的服装和一个人的生活方式相关。所以要把目标客户的生活方式研究清楚,然后把产品规划好、标准制定好,后续工序遵照执行。研发设计关注的是企业明天的生存,而规划思考的是企业后天的生存。

2)设计与制造并行。通过销售数据统计分析,预测未来产品销售,对于未来销售预期乐观的产品系列提前进行生产准备,因而支持产品研发及生产与采购业务的并行,缩短新产品开发周期,加快新产品上市的速度。

3)设计标准化与知识管理。公司开发了包含近 3 万种服装版型的数据库、8 千多项面料方案的知识库,并将其进行电子化以方便设计师查阅,可以根据用户的体形数据灵活组合,而自动化的裁剪设备也可以灵活调整参数。如 T 恤的版型尺码、印绣花 logo 位置、纽扣是在左边还是右边、领口是正面还是反面编织,公司以前是没有规定的,员工自己认为怎么方便就怎么做。最后公司制定了详细流程标准,并将其固化于版型数据库、面料知识库中。

4)软件导入。制定两化融合产品数据管理制度,引入 PDM(产品数据管理)系统及 CorelDRAW 等 CAD 软件进行知识库管理、设计文档管理、版本管理、产品配置管理,以及研制任务督促,避免了产品设计文档由设计师各自分散管理,达到了数据安全、共享高效的目的。

5)物流新技术的应用。服装分拣是物流配送体系中的重要环节,利用 RFID 自动识别技术,将制成品送到最终的库存位置甚至直接送到货车上,而不需要像以前那样先入临时仓库,再分拣到目标位置,既减少了约 50% 的分拣作业时间,也缩短了产品开发周期。

6)组织变革。技术开发部从商品开发中心移至供应链中心,使得新产品的样板制作、产品试制更好地与大规模正式生产集成并行,加快了新产品开发过程。

品牌对于服饰是至关重要的。缩短产品研发周期，实现新产品快速上市，缩短市场需求响应时间，同时提升产品质量，最终将提升品牌形象。

2. 智能运营

如图 2-3 所示，通过商业智能系统对遍布全国的实体店销售网点以及网络销售大数据进行分析，辅助进货、促销、调货、货品摆放布局等方面的运营决策，普遍提高各销售网点的运营决策水平，促进销售，降低库存。在系统匹配与规范方面，利用百胜 BI（商业智能）解决方案自动集成、处理、汇总企业海量业务数据；利用管理驾驶舱进行业务提炼及阈值监控；而智能补货模块能基于售罄率、日均销量、库存可用天数等指标对商品综合评分，识别畅销款商品，并进行销售追踪分析，以实现智能调配。

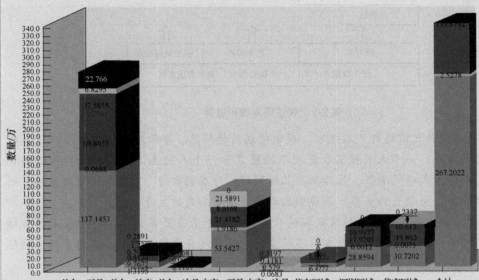

扫码看彩图

	总仓—正品	总仓—特卖	总仓—次品	电商—正品	电商—次品	华东区域	深圳区域	华南区域
V字手	227,660	13,195	12			0	0	0.2337
安迪派对	68,295	2,891	6	215,891	683	0	0	0
迷你铅笔	375,855	12,390	406	86,168	729	25,887	109,377	106170
铅笔俱乐部	698,955	65,062	681	214,182	3,197	38,890	179,205	198620
电商	688	4,134	2	19,186	1,181		12	75
合计	1,371,453	97,672	1,107	535,427	5,790	64,777	288,594	307202

图 2-3　运用商业智能系统进行各仓库库存品牌结构分析与销售预测

3. 终端掌控

增强对一千余家连锁终端的掌控能力，与终端门店实现信息互通，掌握门店销售实时情况，迅速获取市场信息，提高销售效率；增强对最终消费者的掌控，与消费者密切互动，向消费者推送相关信息，并获取消费者动态信息，增强最终消费者的品牌忠诚度及用户黏性。

终端掌控的具体打造措施包括：

1）通过道讯 ERP 门店终端系统、POS 机等信息系统的应用，规范终端门店的收银台操作、订退货操作与盘点操作，并与终端门店实现信息互通，掌握门店销售实时情况，实现实时回款。

2）通过微信平台等新兴工具，向最终消费者进行产品知识宣传和提供双向互动的服务，提高消费者品牌忠诚度。

3）数据挖掘分析，建立模型，寻找潜在用户，开展针对性的数据库营销。

4）通过移动平台，拓宽业务人员的即时办公环境，增强市场反应能力和服务能力。

4. 渠道协同

线上、线下库存协同与业务协同；供应链协同；不同区域销售渠道协同。通过协同提高资源的利用效率，并减少成本。

基于仓库管理系统（Warehouse Management System，WMS）的手段，通过线上、线下库存共享，减少库存冗余，实现实体店与电商的库存协同与业务协同，从而减少员工数量，提高效率，降低库存，最终降低成本。由于线上、线下销售的统一协同，故将物流部与电商物流部合并为"物流部"。

5. 精益制造

精益制造的具体打造措施包括：

1）为所有使用的服装材料建立唯一商品条码，通过每种类型的产品材料清单，将产品生产计划分解成用料计划，合理计算剪料余量，控制每批产品的材料用量和与标准成本的偏差。

2）自动完成生产统计和计件统计，通过 RFID 射频识别技术进行数据采集，发现生产线的瓶颈约束，及时纠正，提高生产流水线的平衡率，还可自动完成产品产量统计、废品统计，进而便捷统计每位工人的产量，追究残次品的相关责任人员。通过着眼"精准、精细、精密"推动精益财务管控升级，特别是严格管理连锁门店的财务流程；减少串款，提高管理效率与经济效益。

3）在系统匹配与规范方面，进行了 ERP 系统（U8）的导入及接口优化，在规划的提出、架构设计、系统开发等阶段，都严格遵守 ERP 系统的数据标准和结构，使得平台的数据可以无缝接入公司的其余系统，实现集成。

项目的最后制定了量化的智能制造阶段目标，见表 2-1。

表 2-1 智能制造的阶段目标（2017～2018 年）

新型能力名称	量化指标	2017 年监视与测量目标	2018 年监视与测量目标
童装产品的快速研发设计能力（本次申请）	新产品的平均研发周期	缩短 30 天	缩短 2 个月
	新产品开发成功率	提升至 70% 以上	提升至 75% 以上
	知识库中知识项数	大于 9000	大于 1 万
	利润率增加	大于 5%	大于 9%
智能运营能力	门店的库存量	降低 2% 以上	降低 5% 以上
	退货率	降低 2% 以上	降低 5% 以上
销售终端掌控能力	微信注册用户或关注用户数量	超过 5 万	超过 10 万
物流渠道协同能力	库存量	降低 2% 以上	降低 5% 以上
	库存管理人员	减少 5% 以上	减少 10% 以上
精细化生产管控与财务管控能力	生产线平衡率	达到 75%	达到 85%
	串款率	减少约 2%	减少约 5%

　　公司的贯标工作达到了最高管理者支持、体系范围明确、体系建设可持续、战略适宜、信息化规划适宜、体系融合、实施方案系统、业务流程适宜、组织架构适应、信息技术合理、数据有效利用和实施过程可监控等要求目标。添翔公司在通过两化融合管理体系的评审认定后，还通过了国家的两化融合管理体系贯标认证，正向着成为全球知名的、中国最有竞争力的"革新型的高效益童装集团公司"的愿景前进。

　　思考练习题

　　1. 两化融合管理体系贯标认证的工作步骤有哪些？关键点有哪些？

　　2. 添翔公司在贯标认证过程中，在公司战略、竞争优势、新型能力、技术、业务流程、组织结构和数据方面做了哪些匹配与改进工作？是怎么体现战略一致性的？

　　3. 试运用波特五力分析模型、SWOT分析方法为添翔公司进行战略分析。

　　4. 内部评审与管理评审有何差异？

　　5. 怎么理解"形式贯标"和管理体系"两张皮"的现象？怎么防止公司的这种不良倾向？

引　言

　　自从德国"工业4.0"和"中国制造2025"的概念被提出后，围绕着制造业的升级和改造，各种实践也层出不穷。根据智能制造系统架构[9]标准，系统层级自下而上共五层，分别为设备层、控制层、车间层、企业层和协同层。依据系统层级，自下而上地实现智能制造是一条常见易行的路径，包括五个步骤：

　　一是在底层构建网络，使得机器、工作部件、系统和员工持续地保持数字化交流，通过将以控制器、数控系统、伺服电机为代表的智能部件"植入"设备实现单元设备的智能化。

　　二是通过以PLC、DCS（Distributed Control System，分布式控制系统）为代表的工控系统，将单元设备连接起来协同运作，逐层向上地实现生产线的智能化。

　　三是在生产线智能化的基础上，通过以MES（Manufacturing Execution System，制造执行系统）为代表的工控系统，实现车间的智能化。

　　四是在数字化工厂运行过程中，结合工业大数据技术，通过采集数据、海量数据存储、分类、提取、分析和优化，为决策提供数据支持；工业互联网将生产设备、智能产品、管理系统进行互联互通，最终实现互联工厂；在这一阶段，数字化模型的支撑作用逐渐显现并贯穿所有层级，即依托以CAD、PLM（Product Lifecycle Management，产品生命周期管理）为代表的工业软件，对整个制造过程进行数字化仿真，建立物理世界在虚拟世界的映射（数字孪生），实现软硬结合与虚实结合。

　　五是使数据在价值链中自由有序流动，实现企业间的高效协同。

　　智能制造的系统层级体现了生产装备的智能化和互联网协议（IP）化，以及网络的扁平化趋势。五个层级是企业进行制造信息化的传统路径与视图，每个层级的含义如下：

1）设备层级包括传感器、仪器仪表、条码、射频识别、检测与装配装备、数控机床、机器人等感知和执行软硬设备，是企业进行生产活动的物质技术基础。

2）控制层级包括 PLC、SCADA、DCS 和现场总线控制系统（Fieldbus Control System，FCS）、工业无线网络（Wireless Networks for Industrial Automation，WIA）等。

3）车间层级实现面向工厂/车间的生产管理，包括制造执行系统（MES）等。

4）企业层级实现面向企业的运营管理，包括企业资源计划系统（ERP）、供应链管理系统（SCM）、客户关系管理系统（CRM）、PLM 或产品数据管理（PDM）等。

5）协同层级由产业链上企业之间通过互联网络共享信息实现协同研发和协同制造服务等。

随着产品设计的标准统一、新型自动化控制架构全面集成，以及 MES 向运营管理系统的全面升级，以往制造业相对孤立的 ERP/SCM/CRM/PLM 等各个环节被连接起来，信息"孤岛"被消除。理解环环相扣的五大阶段的智能制造实施路径，就能更好地满足企业定制化生产的需求和提高运营效率，明确各个部门的主要职责和跨部门跨企业的合作，有效地推动企业的智能制造转型。

2.1　设备层

设备也称装备，是实施智能制造的第一个支点。智能装备是智能工厂运作的重要手段和工具。制造装备经历了从机械装备到数控装备的阶段，目前正在逐步发展到智能装备阶段。智能装备主要包含智能生产设备、智能检测设备和智能物流设备。设备层也有决策问题。当把产品交给"智能"的机床后，把数字化产品定义和人的知识经验输入给机床，机床的智能软件将按照指令自动加工，甚至这个软件还可以优化加工路径以达到省时、省力的目的。在设备层这一最低执行层级，决策通常是在明确的目标和确定的资源下做出的。

智能生产设备的实例有：智能化的加工中心应具有误差补偿、温度补偿等功能，能够实现在机检测；工业机器人通过集成视觉、力觉等传感器，能够准确识别工件，自主进行装配，自动避让人，实现人机协作；金属增材制造设备可以直接制造零件而不需要模具；能够同时实现增材制造和切削加工的混合制造加工中心。智能物流设备则包括自动化立体仓库、智能夹具、AGV、桁架式机械手、悬挂式输送链等，如 FANUC（发那科）工厂就应用了自动化立体仓库作为智能加工单元之间的物料传递工具。

实现装备智能化的关键步骤，是将一个没有通信能力、"又聋又哑"的物理资产（如非数字化的传统机器、设备等），改造成为一个可以在数字世界中定义、表达、交换信息的"新型资产"（也可称为"智能制造装备"）。制造装备一般都比较复杂，而且批量可能较小，使得生产成本通常较高，装备的开发周期长，这导致装备研制的风险较大。另外，装备制造的难点很大程度上是在软装备上面，即以工业软件为代表的软装备，包括 CAD/CAE 这样的软件工具本身就是高端工业产品，也往往非常复杂。没有软装备，就不可能有"数字化、网络化、智能化"。因此，装备智能化是智能制造实施过程中首要的，同时也是最艰难的步骤。

装备智能化可以分为三个阶段：

1）数字化设备。这一阶段的标志是单体的机器设备可以通过传感器或 RFID 标签持续收集数据。现场数据是智能制造系统的源头、活水。我国制造企业普遍还处于这一必然经历的起步阶段。处于这一阶段的很多制造企业仍然认为推进智能工厂就是自动化和机器人化，盲目追求"黑灯工厂"，推进单工位的机器人改造，推行机器人换人，购买只能加工或装配单一产品的刚性自动化生产线或加工单元，只注重购买高端数控设备，但却没有配备相应的工业软件系统。这使得生产设备产生的数据仍然没有得到充分利用，设备仍未能表达其健康状态也不能进行故障预警，还处于"半哑"状态，由于设备故障会造成非计划性停机，影响生产。因此，在这一阶段应着重利用传感器技术、通信技术实现设备数据采集，包括生产工艺数据与设备健康数据，以期顺利进入第二阶段。

2）网络化设备。这一阶段的标志是，在自动化数字化设备的基础上，通过工业软件的嵌入以及网关的接入，通过具有交互功能的互联设备实现设备数据的自动采集和车间联网。设备可以进行数据采集、数据交换与指令交互，还可以在无人参与的情况下做出部分决策。目前诸多制造企业以及系统解决方案供应商致力于从"铁疙瘩""哑设备""哑操作"改造入手，提取数据上传数据中心或云端。在这一阶段应着重利用信息网络技术、数据分析技术将 CNC、工业机器人、加工中心和自动化程度较低的设备集成起来，使其具有更高的柔性，提高生产效率。

例如，ABB 推出的一款智能传感器，可直接安装在电机的外壳上，通过蓝牙和智能手机直连，由手机作为网关将电机的数据上传到 ABB Ability 云平台进行分析；西门子实现了 SIMOTICS 系列电机的"物联网化"，通过 WiFi 通信接入 MindSphere 云平台，基于外壳的振动数据，监控电机的运行状态，实现最大的透明度和最高的生产率；力士乐公司的一款扭矩扳手，它会自动记录汽车装配线上工人操作的工件数量、力矩、拧紧过程和各种参数，当扳手充电时向云端上传这些数据，做到每个零件、每个工位的操作都可记录、可追溯，使原本离线的"哑操作"实现了数字化，如图 2-4a 所示；在工业缝纫机上安装了"工业缝纫机大数据采集与管理分析平台"和"RFID 工业缝纫机控制系统（驱动器 + 控制器）"后，形成的"互联网 + 缝纫机"可以监测实时的车缝线的密度与用量、服装产量等数据并上传数据中心，通过数据中心的分析，可以为工厂提供操作改善、生产调度等方面的建议，也可通过手机可视化远程监控，如图 2-4b 所示。

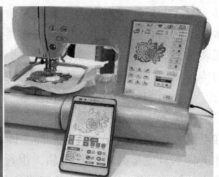

a）操作可追溯的扳手　　　　　　　　　　b）"互联网+缝纫机"

图 2-4　使离线的"哑操作"实现数字化、网络化升级

设备间的数据交换与指令交互的双向通信通常是通过"询问/被询问"和"通报/被通报"功能实现的,如图2-5所示。在"询问/被询问"功能中,设备可以被询问工作状态是否可以用来生产当前或下一张订单、调整工装所需的时间,也可以向生产系统发出订单、物料信息或维护保养细节方面的情况。在"通报/被通报"功能中,设备可以主动通报该设备将按计划或紧急停机,这样计划员或计划系统就不会对这台设备进行排产,对加工过程的波动与偏离进行自我追踪,如果波动或偏离超过了限度,就会发出信号,如更换工装的提示。为满足这一阶段的需求,企业在购买设备时应该向设备供应商与制造商要求开放数据接口,这是实现自动采集数据与车间联网的前提。目前,各大自动化厂商都有自己的工业总线和通信协议,OPC UA(OPC Unified Architecture,OPC 统一架构)标准的应用还不普及。

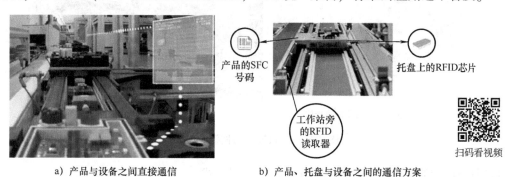

产品的SFC号码

托盘上的RFID芯片

工作站旁的RFID读取器

扫码看视频

a)产品与设备之间直接通信 b)产品、托盘与设备之间的通信方案

图2-5 设备的"询问/被询问"与"通报/被通报"功能

3)智能化设备。这一阶段的标志是,基于机械电子模块化的组合,通过机电设备和内置的带有学习功能的控制器,实现可重构机器工具的控制、可重构的控制系统、自适应控制,让系统的行为更能适应变化的环境。这意味着需要开发嵌入式工业软件以支持设备和机器人的认知功能,以适应非结构化的车间环境;设备具有更加先进的传感和感知,在不可预知的变化下保持稳定性,从而在不确定环境下也能正常工作;设备具有自我监控和自适应恢复能力。

2.2 控制层

智能制造的第二个支点是生产过程控制的智能化。装备智能化解决的是生产过程中"点"智能化的问题;而企业只有实现生产全过程的智能化,才能进一步实现企业全局的智能化,才能够最终实现智能化效益的最大化。发达国家的制造业在生产装备智能化这一点上已经非常领先,尤其是日本和德国,他们已经基本上垄断了全球重大制造业生产装备的市场。而智能制造的下一步的发展,就是要实现生产过程控制的智能化,完成从装备这个"点"向过程控制这条"线"的发展,这是我国装备制造业"换道超车"的技术机遇。在控制层,需要关注的两个主要问题是:人机融合和控制系统。

2.2.1 人机融合

智能工厂的终极目标并不是要建设成无人工厂,而是在追求合理成本的前提下,满足市场个性化定制的需求。因此，人机融合将成为智能工厂未来发展的主要趋势。人机融合的最大特点是可以充分利用人的灵活机动、直觉判断和决策能力完成复杂多变、不确定的工作任务，而机器人则擅长重复劳动与快速计算。人机融合的途径主要包括人机协同和增强现实。

人机分工是一个动态演进的过程。传统的机器人需要采取安全隔离措施才能保证人的安全，而人-机器人协同（Human Robot Cooperation，HRC）可以建立一种相辅相成的关系，可实现更高柔性、更有效率和质量的生产，如图2-6所示。

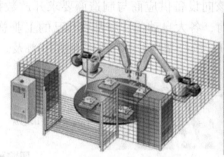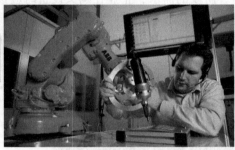

a）传统的机器人安全隔离措施　　　　　　　　b）可示教引导的协同机器人

图2-6　人-机器人协同演化过程

按照协作程度从低到高排序，有五种人机协同方式：

1）安全级监控停止。这是最基础的协同方式，即当人员进入协作区域时，机器人停止运动，当人员离开协作区域时，机器人自动恢复正常运行。

2）示教引导。操作员通过一个手动引导装置以拖动示教的方式将运动指令传送给机器人系统。

3）速度和距离监控。当机器人通过传感器判断人机之间的距离小于安全距离时，或协作区域内人数超过限制时，机器人立刻停止；如果机器人降低了移动速度，则安全保护距离也可相应地缩小；机器人会选择一个不会违反最小安全距离规则的运动路径。

4）功率和力限制。这是一种更主动、高级、安全的协作功能，是对机器人本身所能输出的动能和力进行限制，从根源上避免伤害事件的发生。在该模式下，允许机器人系统（包括工件）与人体之间发生有计划的或者无意的轻微接触。

5）自组织。机器人突破被动接受指令的樊篱，可以持续不停地工作的机器人能实时调整目标与计划来执行新的日常流程，还能自适应、自学习，自主规划任务路径，并告诉与其配合的员工需要实施哪些步骤。

[**案例2-1　博世的人机协同机器人**]　博世推出的APAS（Automated Production Assistant System，自动化生产辅助系统）是一款通过了安全认证的协同机器人。它在通用机器人的基础上，覆盖了一层内置传感器的"皮肤"，因而具有敏感的力反馈特性，可以感知周边人员的位置。当人员靠近它会自动减速，当达到已设定的力时它会立即停止，相当于存在一种隐形的防护网，可确保人员安全。在人员离开该区域后，机器人会自动恢复正常速度。这样在风险评估后可以不需要安装如图2-6a所示的隔离护栏，也能使人和机器人安全协同工作。有一种型号的APAS可以移动，可根据工作需要增加到生产线上。其次，

协同机器人不仅完成预先编程所规定的任务，工人们还能通过交互的方式"训练"这些机器人。他们不必耗费大量时间进行编程，只需重复自己的动作即可，如图2-6b所示。最后，人与机器人之间能协同演进，如机器人可以对各种握姿进行评价，找出最合适的握姿，直接将产品交到工人的手上；机器人灵活调整沉重的车门开合，让人类员工将胶水喷洒到车门的正确位置；还有生产过程中机器人工作应该是无声的，没有令人头疼的噪声，营造安全和舒适的工作环境，让员工能与机器人相处。集成视觉、触觉、听觉等传感器是协同机器人能够与人协作的技术基础。

AR（Augmented Reality，增强现实）是一种将数字摄影机影像技术、3D模型等IT技术相结合，把虚拟世界投影到现实世界并进行互动的技术。在制造中它的核心目标是支持人在生产工厂的中心作用，以处理日益增加的技术复杂性与不确定性。新的工具，包括基于无线网络和可穿戴技术的增强现实设备，会使得生产线上越来越多地应用多模式人机交互界面，使得工人能专注于决策和控制生产。

未来，AR技术将被大量应用到工厂的设备维护和人员培训中。工人佩戴AR眼镜，就可以"看到"需要操作的工作位置。例如，需要拧紧螺栓的地方，工人可以"看到"扳手正确的扭动方向、需要装配的零件及其正确的安装位置，使得工人可以轻易地面对个性化产品带来的生产工艺的各种变化；维修人员可以通过实物扫描，使虚拟模型与实物模型重合叠加，同时在虚拟模型中显示出设备型号、工作参数等信息，并根据AR中的提示进行维修操作；AR技术还可以帮助设备维修人员将实物运行参数与数字模型进行对比，尽快定位问题，并给予可能的故障原因分析。现场工人佩戴AR眼镜的应用如图2-7所示。

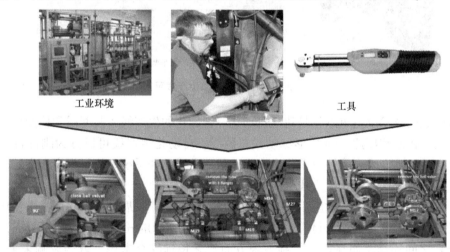

工业环境　　　　　　　　　　　　工具

图2-7　为现场工人提供智能的AR系统

2012年，谷歌就已经推出了一款名为"Google Glass"的AR眼镜，但销售惨淡，因为它无法找到合适的应用场景。之后谷歌又发布了一款企业级的AR眼镜，它的主要目标客户是制造企业。谷歌投资过的AR公司Magic Leap也于2018年发布了"混合现实"眼镜。Magic Leap的混合现实眼镜名为"Lightwear"，可以用于浏览互联网、开电话会议。AR技术在生产制造、设备安装、培训、维修维护等环节的应用将日益普及。

微软的 HoloLens 2 系统采用 MR（Mixed Reality，混合现实）技术，将全息影像融入现实世界，在使用者的现实世界叠加可以与之互动的数字创建内容，提供高沉浸感的体验，已经为空客、ASML 等企业通过远程协作方式解决复杂客户定制产品与设备的维修、维护问题，提供企业级应用。

2.2.2　控制系统

控制系统是生产线的中枢神经系统。智能生产线控制系统应具有的特点是：在生产和装配的过程中，能够通过传感器、数控系统或 RFID 自动进行生产、质量、能耗、设备综合效率（Overall Equipment Effectiveness，OEE）等数据采集，并通过电子看板显示实时的生产状态；通过安灯（Andon）系统实现工序之间的协作；支持快速换模，实现柔性自动化；支持多种相似产品的混线生产和装配，灵活调整工艺，适应小批量、多品种的生产模式；如果生产线上有设备出现故障或异常，能够调整到其他设备生产，或根据新的约束条件寻找最优生产方案；针对人工操作的工位，能够给予智能的提示；能辅助进行微观的人因工程动作分析、中观的人机匹配与交互分析、宏观的生产线平衡仿真分析，如图 2-8 所示。

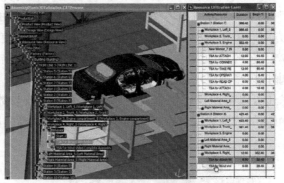

扫码看视频

a）汽车可用性的人机匹配与交互分析　　　　b）汽车生产线平衡仿真分析

图 2-8　人机匹配与交互和生产线平衡仿真

很多企业的技术改造重点就是建立自动化、智能化的生产线、装配线和检测线，如美国波音公司的飞机总装厂建立的 U 形脉动式总装线。自动化生产线可以分为刚性自动化生产线和柔性自动化生产线，柔性自动化生产线一般建立了缓冲系统。为了提高生产效率，工业机器人、吊挂系统在自动化生产线上应用越来越广泛。

选择控制系统时需要考虑应用的规模、可扩展性和企业发展计划、集成需求、功能、可用性、投资回报等诸多因素，目前主要是在 PLC 和 DCS（Distributed Control System，分布式控制系统）之间抉择。如在选择控制系统方面缺乏长远综合考虑，就会影响未来的扩展、流程优化、安全性、用户满意度和公司效益。

PLC 主要适用于离散生产制造，如零部件的装配生产。离散制造设备一般由单独的生产装置组成，从开关控制系统的继电器演化发展而来。由于每个 PLC 都有自己的数据库，因此集成需要通过控制器之间的映射来进行，而这并不容易。PLC 单纯地实现逻辑功能和控制，通常不提供人机界面，实现操作需借助与按钮指示灯、HMI（Human Machine Interface，人机界面）以及 SCADA（Supervisory Control And Data Acquisition，数据采集与监视控制）系统。这使 PLC 特别适用于那些对扩展没有太大需求的小型应用程序。中小企业在控制方面要求低，因此选用 PLC 更经济实惠，可节约成本。PLC 大型化后，其与 DCS 的区别开始模糊。

DCS 主要适用于流程工业的过程制造和比较大的工厂，由过程控制仪表发展演化而来。过程制造设备，如钢铁、化工、制药的生产线，通常是高度自动化的大型生产线，以连续和批处理的方式按照配方而不是按件生产。DCS 将控制器分散在自动化系统中，通常提供通用的接口（包括与制造执行系统（MES）的集成接口）、多样性的控制软件及算法、全局统一数据库，并且 DCS 在整体设计上留有大量的可扩展接口。对各种工艺控制方案更新是 DCS 的一项最基本的功能，当某个方案发生变化后，工程师只需要将更改过的方案编译后，执行在线下载安装，即可在非停车状态下完成新程序发布，而不影响原控制方案运行。系统各种控制软件与算法可以提高控制精度，因此 DCS 易于升级。而对于 PLC 构成的系统来说，控制方案更新工作量极其庞大。另外，DCS 采用了双冗余的控制单元，保证整个系统的安全可靠。总而言之，在大型企业中，控制点位往往上千，控制难度系数大，复杂程度高，对安全要求严格，所以不得不选用价格昂贵的 DCS 控制系统。而混合应用可以同时使用 PLC 和 DCS。

[案例 2-2　Usiminas 公司的智能无线生产监控系统]　位于巴西的 Usiminas 公司是世界著名的钢铁生产商。该公司的重型钢板厂需要一套能够保护工厂贵重设备资产，避免意外停车的方案。一般当辊轴损坏后，钢板制造过程至少要停产 6 小时，以更换备用辊轴。以前该公司需要花费 40000～175000 美元修理一个轴承，像这样的一次事故，公司至少要损失 600 吨产量。

该公司的生产监控系统决定采用具有集成数据库的 DCS。在生产运营中心建设了一面多媒体墙，其上安装了 40 多块等离子显示器，可进行图形化的直观显示。公司决定采用无线方案，8 个无线温度传感器被安装在用于生产钢板的轧辊上，用于测量辊轴油温，智能无线网关则用于收集这些关键信息并将信息传送至公司的 DCS。操作员利用这些无线数据以及网络收集的轧辊回油温信息了解轴承的运行状态，无线方案在严酷的工厂环境中的可靠性要达到 99.99% 以上的工业级要求，更多的精准信息和多传感器信息融合使公司能够更好地维护轧辊轴承，避免意外停机，以保持钢板制造过程平稳进行。即使温度传感器处于极热、有水和有润滑脂的情况下，自组织无线网络依然能提供稳定的数据。无线方案的安装和调试很便捷，用 4 小时就完成了无线设备的调试工作，而以前调试有线设备则需要花费 2～3 天的时间。基于 SAP MII 方案，在 17 个工厂完成了部署，集成了 4 种实时数据库产品、数十个本地系统和数据库、分散在各种生产运营系统的数据。公司打算在整个工厂的监测点采用无线的温度、压力和振动传感器，并采用 pH 传感器监测、分析污水的排放情况。

2.3　车间层

在整个智能制造系统中，智能加工车间承担着产品的生产任务，是智能制造的第三个支点。一个车间通常有多条生产线，这些生产线通过零件或产品相似性、上下游的装配关系的相关性等联系在一起，构成了车间。要实现对车间生产过程的有效管控，需要在设备互联的基础上，利用制造执行系统（MES），对生产状况、设备状态、能源消耗、生产质量、物料消耗等信息进行实时采集和仿真分析，包括依据进阶生产规划及排程（Advanced Planning and Scheduling，APS）等软件进行高效的生产排产和员工排班，提高 OEE 与员工效率，实现生产过程的可追溯，减少在制品库存；需要充分利用智能物流装备实现生产过程中所需物料的及时配送，可以用 DPS（Digital Picking System，数字拣选系统）实现物料拣选的自动化；应用人机界面（Human Machine Interaction，HMI），以及工业平板等移动终端，利用 Digital Twin（数字孪生，或称数字映射）技术将 MES 采集到的数据在虚拟的三维车间数字模型中实时地展现出来，不仅提供车间的 VR（Virtual Reality，虚拟现实）环境，而且还可以显示设备的实际状态，实现生产过程的无纸化，如图 2-9 所示，实现虚实融合。

a）吉利汽车公司的生产建模和仿真　　　　　　b）对生产状态的实时统计和数字化展示

图 2-9　利用工业平板展示虚拟空间

虚实融合就是要实现物理空间与数字空间的感知互动，是智能制造的核心工作，这需要建立物理空间和数字空间的耦合模型。但是具有连续的时空属性的物理空间与离散的无时空属性的数字空间之间存在的差别较大，在描述两者的耦合关系实现双向互动时比较困难。

从"实体物理 + 虚拟赛博"数字孪生的角度分析，智能车间主要包括智能加工中心与生产线、智能化生产控制中心、智能化生产执行过程管控系统、智能化仓储/运输与物流系统，是物理车间与数字化虚拟车间的融合。数字化虚拟车间在生产制造之前，在各资源以及流程的数字化模型基础上，对整个产品全生命周期进行建模和仿真验证；在制造过程中，利用虚拟车间的仿真结果指导实际物理车间的制造过程，并实时监控和调整，实现过程的自适应、自控制、自优化等智能特征。

（1）智能加工中心与生产线

智能加工中心与生产线主要包括智能加工设备、智能刀具管理系统。其中，加工设备有几种不同类型，如焊接、喷漆、装配智能机器人、3D 打印机、数控机床等，不同加工设备负责加工的产品类型不同，每台智能化加工设备上贴有 RFID 标签、RFID 读写器、传感器设备；智能刀具管理系统为生产过程中的刀具、夹具、量具进行整体的流程化管理，通过实时跟踪刀具采购、出入库、修磨、报废、校准等过程，帮助制造系统有效运行。

（2）智能化生产执行过程管控系统

智能化生产执行过程管控系统主要包括 APS、MES、数字化质量检测系统。APS 负责指导企业的生产、采购、库存，它根据车间生产计划及设备、物料、工装夹具、库存量等资源情况，依据工艺步骤，将生产任务向各生产线或制造单元进行优化分配，实现稳定的均衡化生产，优化设备利用率；MES 通过 PLC/DCS 实时采集与分析处理生产过程中各类工艺数据、执行状态等过程数据，根据不同制造需求对工装、物料、刀具、加工等资源进行配置，保证生产进度按照计划顺利进行；同时，生产过程中引用数字化技术，实现数字化的质量检测，保证产品的质量。MES 和 APS 相关内容将分别在本书 2.3.1 节、2.3.2 节详述。

（3）智能化仓储/运输与物流系统

智能化仓储/运输与物流系统主要包括 WMS（Warehouse Management System，仓库管理系统）、智能物料搬运设备（AGV，智能小车）、自动化立体仓库。系统根据下达的生产任务进行优化分配，将物料配送需求分配到适当的 AGV 上，并进行智能的调度规划，对搬运容器、搬运路径进行优化；同时 AGV 的导航/导引系统负责对位置、运动方向、速度、障碍物识别等的调控，以及调用 AGV 的移载系统完成装卸作业。立体仓库的功能以仓储管理和仓储调度为主，实现仓储物料出入库、存储等的优化管理。

（4）智能化生产控制中心

智能化生产控制中心是整个智能车间的核心，主要包括中央控制系统、现场安灯系统、现场监视装置。安灯系统用于实现对生产现场的工位作业管理、设备运行管理，并将相关作业信息传送给中央控制系统，可视为 MES 的一个扩展管理功能；现场监视装置用于监视现场生产过程的工作状态，是生产设备的组成部分；中央控制系统通过无线或有线传感网络及时接收反馈信息，根据反馈信息实时调整、修正相关模型，修正系统中的设计方案并实施相关的控制策略。生产线中不同单元的互联协同能实现设备的调整与健康状态的监测，并进行故障的报警与预警、故障诊断以及维护等，而对于无法处理的情况则及时反馈到智能化生产执行过程管控系统进行再优化与变更。

2.3.1 MES

美国的先进制造研究中心（Advanced Manufacturing Research，AMR）于 1992 年提出了三层的企业集成模型，将企业分为三个层次：计划层（MRPⅡ/ERP）、执行层（MES）、控制层（过程控制系统）。如图 2-10 所示，执行层即 MES，它位于上下两层之间，起衔接、执行作用。MES 为操作人员或管理人员提供计划的执行、跟踪以及所有资源要素（员工、设备、物料、客户需求等）的当前状态。许多企业开始认识到，只有将数据信息从设备层取出，穿过控制层与执行层，送达计划层，通过连续信息流来实现企业纵向信息集成才能使企业获得竞争力。MES 的作用包括：

1）作为生产与管理的桥梁。MES 的主要作用是填补了上层生产计划与底层工业控制之间的鸿沟。它是管理活动与生产活动信息沟通的桥梁，是计划与控制之间承上启下的"信息枢纽"。

2）提供精确的实时数据。MES 采集从接受订货到制成最终产品全过程的各种数据和状态信息，目的在于优化管理活动，对随时可能发生变化的生产状况做出快速反应。它强调的是数据的精确与实时。

3）改善工厂运作。MES 改善设备投资回报率，以及改善及时交货、库存周转、毛利和现金流通性能。

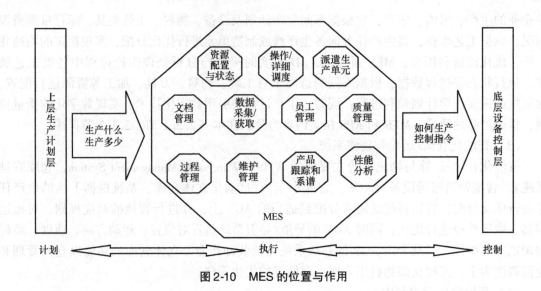

图 2-10　MES 的位置与作用

MES 在智能制造系统中起着枢纽作用。在智能车间中，生产计划、设备状态、质量管控、物料配送、生产防错、作业指导、生产统计等都需要大量的数据采集才能做好这些工作。企业利用 MES 进行生产订单管理、生产数据采集和分析、质量管理、设备管理、生产追溯与物料管理，并最终生成生产统计分析及报表管理。一个典型的实例是海尔车间的虚实融合应用，它把采集到的数据映到三维模型上，来显示实时的状态，工作人员在办公室就可以看到车间内每一条生产线的实时状态及趋势。

MES 的典型功能结构如图 2-11 所示，主要包括：

1）生产建模。包括企业对象建模、生产流程建模、系统基础架构建模、作业指导书、工程资料维护等，为生产仿真优化提供模型基础。

2）物料管理。实现从供应商开始贯穿生产全局的标准化物流批次管理、物料领/退/报废、物料上料确认、短缺看板、物料追溯和支持 JIT 方式拉动式入出库管理。

3）生产过程管理。实现过程控制（开始、完成、分解、合并）、过程监控（排队时间、周期）、员工培训和工时成本计算，能独立采集数据或与 SCADA/PLC/DCS 实时集成。

4）质量管理。基于离线与在线的 SPC（Statistical Process Control，统计过程控制），以及测试系统实时集成、采集工程资料、缺陷数据等关键数据，提供异常预警等专业分析手段。

5）机台与工具管理。实现对设备与工具的减量、开/停车等状况及属性的管理，并进行设备及工具的故障预测和原因分析追踪，达到预防性维护的目的，提高设备利用率。

6）看板与报表。提供批次精确追溯、在制品状况、物料状况、投入产出、质量报告、设备综合效率、物料良率、人员效率分析、订单完成状况和 KPI 等数据展示，界面包括报表生成器、查询器、趋势分析器等工具，提供报表生成、趋势分析、数据查询、故障追忆等功能，具备多种对实时和历史数据进行访问的方式，全面反映企业生产的全貌。

7）完工入库与报工。将工单完工信息及物料、工时、WIP、完工数等相关信息提供给 ERP。

8）与 ERP 整合。包括与主流的 ERP、APS、SCM、LabVIEW、RFID 和 RF-PDA 等第三

方系统集成。接收 ERP 发布的工单并进行管理，并将物料消耗、在制品状况、工单完工信息回馈至 ERP。

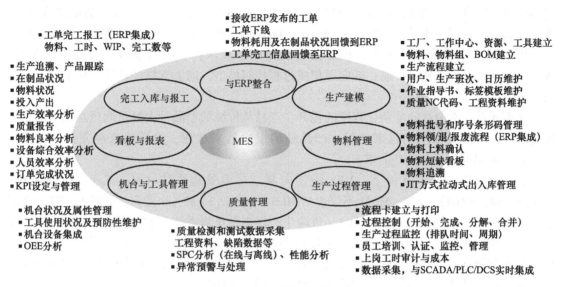

图 2-11　MES 的典型功能结构

以某汽车公司动力总成车间为例，MES 的架构方案如图 2-12 所示，系统总体分为数据中心 MES 服务器、现场 MES 设备以及现场与自动化设备的连接和数据采集。通过 EAI（Enterprise Application Integration，企业应用集成）中间件。MES 与 ERP 通信获取整车基础数据及向 ERP 报工；通过 OPC，MES 从自动化设备中采集数据，并把生产订单和相关指令传给

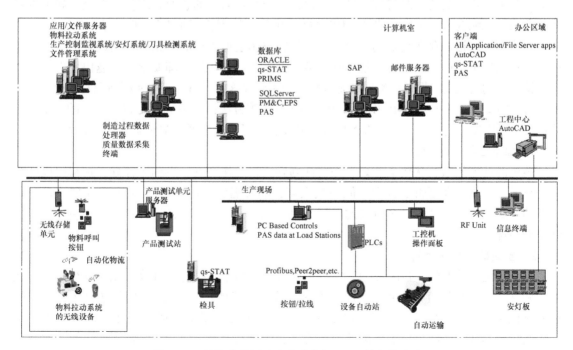

图 2-12　某汽车公司动力总成车间 MES 的架构方案

生产线 PLC；通过 EAI 中间件，MES 也与物流执行系统等其他系统进行通信。MES 系统配置一台或多台服务器，用于实时采集车间自动化转运系统和其他自动化设备的数据，包括车间车辆过点信息、自动化设备的运行状态、报警、故障等。MES 的客户端分为电脑客户端、手持设备（又称掌上电脑）（Personal Digital Assistant，PDA）两种。PDA 使用网页浏览器，主要用于过点扫描或数据采集。MES 需要满足以下要求：①高可靠性；②高可维护性；③可监控性；④配置化可扩展；⑤向下集成过程控制模型，向上支撑经营管理模型；⑥信息高度共享。

然而随着企业制造的复杂化程度的提升，产品从传统的单品种大批量向现在的多品种小批量转变，产品生命周期越来越短，产品结构层次越来越深，设计越来越复杂，传统的 MES 已经难以同时满足这些需求。

在智能制造的技术支撑下，MES 慢慢向制造运营管理系统（Manufacturing Operation Management，MOM）过渡。MOM 不仅包括 MES，也包括 EAM（企业资产管理）、JIT（准时生产）、QMS（质量管理系统）、APS（进阶生产规划及排程系统）和 EH&S（环境卫生与安全）等，是一个集成的软件平台，向上连接 PLM 软件，向下连接工控及自动化系统。此外，MES 是车间级或工厂级的，服务于企业管理的一个"孤岛"，而 MOM 延伸到上下游产业链，是联系用户、外部资源商的集成的系统，是企业间的连接器。

2.3.2 APS

APS（Advanced Planning and Scheduling，进阶生产规划及排程）系统是一种基于约束条件（如物料、能力或人力资源等的制约因素）、规则（如按客户重要性、先到先得、瓶颈工序的利用率等决定供货次序）、业务模型和算法，将客户订单转换成车间订单，并用直观的图形反映生产资源负荷状况与订单进度，快速响应客户需求的企业管理信息系统。如果将智能制造系统比喻为人，人脑相当于 ERP/APS，中枢神经则相当于 MES/PLC 或 DCS。

现代工厂的运作存在越来越多的矛盾，如精益制造追求按照节拍的均衡式生产，而按订单生产易造成不均衡；产品结构越来越复杂，但生产计划与排产却要求越来越快；生产计划高度精密，同时又要根据现场情况动态调整。为了解决这些矛盾，工业实际情况对工业软件提出了很高的要求，传统的 ERP/MRPⅡ/MES 多阶段决策方法已经不能满足智能工厂的需要，因此具有全局模型与整体最优特点的 APS 在近几年得到了迅速发展。APS 应具有如下特性：

1. 扁平性与实时响应

传统的计划体系，从战略计划、经营计划到销售运作计划，再到主计划、物料生成计划和物料需求计划，在逻辑上合理，但层次太多，响应迟缓。因此 APS 系统的计划体系应是动态的、扁平的、组合的，多阶段的计算与决策融合为一个阶段，这样才有可能更迅速地得到全局最优解。

2. 多目标最优化计算

APS 系统是动态的、自闭环的，它每天要做订单的小时排查，计算产能，进行模拟与能力的调度，实时满足四大约束（产能、物料、员工、模具），无论是长期的还是短期的计划都要有优化与可执行性，还要同时满足多种目标，如交期最短、成本最小、能力利用率最高、共享成本加工时间最短等。因此可以说，它既满足全部需求，又考虑整体供给，实现同步规划，得到企业资源限制下的最优化规划。巨大的计算工作量一方面要求 APS 系统需基于内存计算模式，能快速反应；另一方面要求 APS 系统的软件供应商在搭建软件架构时，需要根据解决不同的问题来决定采用适用的多目标模型与最优求解算法。

APS 系统的优化算法主要有：①数学规划方法，如线性和混合整数规划等数学建模方法，较适用于战略计划（如网络选址、采购寻源）等略简单但需要精确求解的问题；②启发式算法，如基于约束理论或模拟仿真等，较适用于战术计划或运作计划（如生产排程）等问题；③人工智能，如专家系统、人工神经网络、遗传算法等，较适用于有大量的可能方案选择的问题；④基于复杂系统理论的人工智能，如基于 MAS（Multi-Agent System，多智能体系统）的动态调整算法。由于计算能力的限制、数学规划方法的应用尚少，现在企业中大部分使用的是易于开发的启发式算法，但人工智能应用正在逐渐增多。

3. 多种排程运作模式

APS 系统的排程运作模式通常包括：①预见性排程，给一组订单预先准备优化的排程；②响应性排程，在多变的环境中适应变化以保证排程的可行性；③交互式排程，用甘特图等可视化工具手工拖拉工序计划，甘特图包括自动编程生产计划、模拟中长期生产执行、任务自动分配到设备、自动平衡设备负载、物料及工具的生产准备、人员自动排班和负载平衡；④高级排程，对车间进行智能优化调度，高级排程可以实现自动替换设备、工艺路线、合理安排班次来满足交期，可以实现自动跟踪订单完成情况，以避免订单延迟，还可以实现自动调度设备、人员满负荷、满足资源利用率等。高级排程的建模包括物料、工艺路径、生产订单、班次、资源和规则的模型建立，如规则需要考虑订单下达规则、顺序规则、选择规则和资源分配规则。

用甘特图手工拖拉实现的交互式排程是最为简单的排程优化方法，如图 2-13 所示。例如，当接到客户订单后，根据订购产品数量及产品生产工艺路线计算对每台设备的产能需求；以完工时间为时间基准倒排计划，直至最初工序得到安排；当发现最初工序时间已经落入过去时区，即为不可行，因此进行第二次尝试，将最初工序往后延一个空闲能力区间使之落入未来时区，相应地延后、调整下游工序，确认最末端工序完成时间满足客户的交付要求；通过先安排大型任务、与空闲能力区间匹配度最高的任务，进行任务的插入、组合、替换等多种操作优化，减少零散的闲置时间，提高设备与资源的利用率。

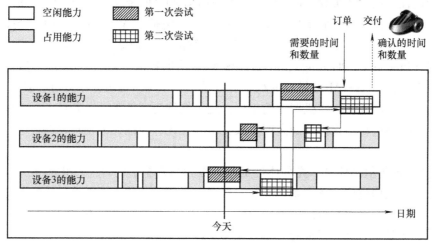

图 2-13 用甘特图手工拖拉实现的交互式排程

4. 精准与精益

应用工厂级的 APS 系统，掌握工艺、设备、员工与能源等各类资源要素的数据，能进行滚动排产、模拟仿真、插单处理、瓶颈分析和知识管理，以应对频繁的插单、客户与供应商的变更、品种改变、停机与产品质量波动等不确定事件，并把物料需求时间精确到秒，因此可以要求物料供应商按时直接送物料至生产点的对应工位和产品上，免去了采购与排序，不占库存，甚至线边库（暂存库）都不需要，也就是工厂的生产计划与外部物流完全集成，形成了 SCM（Software Configuration Management，软件配置管理）供应链。未来，基于物联网技术，在实现设备数据采集的基础上，APS 系统可以进行分析与优化，如某台设备出现故障，APS 系统在排产时自动排除该设备。

国内企业在智能化车间建设上有了显著进步。据调查统计，在机械行业，MES/APS 平均取得产品交付周期缩短 10%~15%、生产效率提高 15%、运营成本降低 10%~15% 的经济效益。

> [案例 2-3　茂名石化的生产动态调度]　茂名石化的炼油生产动态调度系统（Orion）实现了将生产过程信息管理系统（PIMS）的优化排产结果分解成旬调度排产及三天调度排产，结束了茂名石化用黑板手工排产的历史，提高了生产计划作业人员对生产安排的预见性，若遭遇突发事件可及时调整调度作业计划；系统基于数据模型与平衡算法，实现组分平衡、物料平衡、公用工程平衡，辅助石化企业进行集成成本管理、绩效考核、生产管理决策，实现了石化工厂车间的智能化、自动化生产与管理。

2.4　工厂层

一个工厂通常由多个车间组成，而大型企业有多个工厂。作为智能工厂，不仅生产过程应实现自动化、透明化、可视化、精益化，同时，产品检测、质量检验和分析、生产物流也应当与生产过程实现闭环集成。同一个工厂的多个车间之间要实现信息共享、配送准时、作业协同。智能工厂依靠的无缝集成的信息系统，主要包括 PLM、ERP、CRM、SCM 和 APS/MES 五大核心系统，如图 2-14 所示。大型企业的智能工厂需要应用 ERP 系统制定多个车间的生产计划（Production Planning），并由 APS/MES 根据各个车间的生产计划进行排产（Production Scheduling），APS/MES 排产的粒度可以是天、小时，也可以小至分、秒。

仅有自动化生产线和工业机器人的工厂，还不能称为智能工厂。智能工厂是在数字化工厂的基础上，把制造自动化扩展到高度集成化、柔性化、智能化的生产系统，它应包含六项显著特征：

1）精益化的价值链体系。充分体现工业工程和精益制造的理念，由智能采购、先进制造技术、智能物流构成价值链体系，能够实现按订单驱动、拉动式生产，实现快速换模以适应多品种的混线生产，采用 JIT（Just In Time，准时化）/JIS（Just In Sequence，定时排序供货）物流，极大地减少在制品库存，消除浪费。

2）数字化透明化的运营管理。应用工厂层的 PLM（产品生产周期管理）、SCM（供应

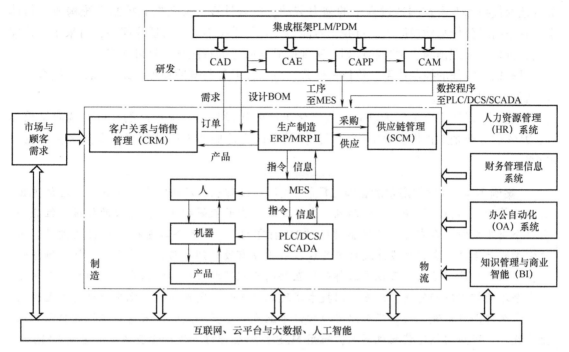

图2-14 智能工厂结构及其核心系统

链管理)、CRM（客户关系管理）、ERP（企业资源规划），车间层的 MES/APS，以及控制层的 PLC/DCS 等工业软件，充分融合先进制造技术、信息网络技术、云计算、大数据和人工智能技术，实时显示工厂的运营数据和图表，展示设备的运行状态，并可以通过图像识别技术对视频监控中发现的问题进行自动报警，实时洞察工厂的运营，实现多个车间之间的协作和资源的调度。

3）去中心化的控制体系。智能工厂的重要目标之一是根据终端客户的个性化需求，以特定方式来提供定制化产品服务。只有形成由传感器网络、控制系统、机器人构成的控制体系，实现设备与设备（M2M）自主互联，通过扁平化的网络，基于集中控制与分布式计算共存的模式，通过智能设备主体之间的自主协商应对解决动态出现的问题，提高制造柔性以及应对市场不确定性与动态性的能力。

4）柔性自动化的生产线。智能工厂可以有多种生产模式混合并存。对于产品品种少、生产批量大的产品线，应实现高度自动化，乃至建立黑灯工厂；对于小批量多品种或客制化的产品线则应着重实现少人化、人机协同；通过 AGV、桁架机械手、悬挂式输送链等物流设备实现工序之间的物料传递，并配置物料超市，缩短物流路径；广泛使用助力设备，减轻工人劳动强度。

5）绿色化、人性化的工厂。能够及时采集设备、生产线和车间的能源消耗，并进行分析优化，实现能源高效利用；在危险和存在污染的环节，优先用机器人替代人工；减少噪声，减少切削冷却润滑液等污染物排放，能够实现废料的回收和再利用；构建高效、节能、绿色、环保和舒适的人性化工厂；实现绿色制造。

6）人机智能融合的分析体系。实现了人与智能机器的相互协调合作，去扩大、延伸和部分地取代技术专家在制造过程中的脑力劳动；由云计算、大数据和控制系统构成分析体系，具备高级分析与建模能力、自我学习能力、自行维护能力、自适应能力，可采集、建模仿真、分析、推理预测、判断和规划；实现产品与服务的智能化并且可配置。

具有以上特征的控制体系、价值链体系、分析体系等与赛博物理系统（CPS）结合在一起，就形成智能工厂。

智能工厂以数字化工厂为基础。数字化工厂的建设也是一项艰巨的任务。调研结果显示，91%的工业企业正投资数字化工厂，但其中认为他们的工厂已经"完全数字化"的仅占6%。

> **[案例2-4　红领与海尔的智能工厂]**　我国建设智能工厂的需求十分旺盛，已涌现出海尔、美的、格力、红领、东莞劲胜、尚品宅配、索菲亚等智能工厂建设的样板。红领公司整个企业就像一台完全由数据驱动的"3D打印机"。红领公司支持客户自主设计、客户需求驱动生产，在客户设计及订单处理过程中没有设计师参与，不需人工转换与纸质传递，数据实时共享传输。每位员工都是从互联网云端获取数据，按客户要求操作，确保了来自全球的订单准确传递，用互联网技术实现客户个性化需求与规模化生产制造的无缝对接。海尔佛山滚筒洗衣机工厂可以实现按订单配置、生产和装配，采用高柔性的自动无人生产线，广泛应用精密装配机器人，采用MES系统全程订单执行管理系统，通过RFID进行全程追溯，实现了机机互联、机物互联和人机互联。

2.4.1　PLM

PLM（Product Lifecycle Management，产品生命周期管理）主要包含CAX软件（CAD/CAPP/CAM/CAE等工具软件）、PDM（产品数据管理）软件，具有文档和版本管理、工作流管理、项目管理和配置/配方管理等功能，也是与产品创新有关的信息技术的总称。从另一个角度而言，PLM是一种理念，即对产品从创建到使用，到最终报废等全生命周期的产品数据信息进行管理的理念。在PLM理念产生之前，PDM主要是针对产品研发的过程和数据的管理。而在PLM理念之下，PDM的概念得到延伸，成为基于部门协同的PDM。

产品结构是PLM的一个核心概念。采用计算机辅助企业生产管理，首先要使计算机能够读出产品的结构和所包含的物料，为了便于计算机识别，必须用某种数据格式及文件来描述产品结构，这种文件就是物料清单，即BOM（Bill of Material）。因此，BOM又称为产品结构表或产品结构树；在流程工业领域，可能被称为"配方"。

BOM是系统识别的产品结构。在PDM系统的配置管理功能中，当输入适当的条件后，系统就会把不符合条件的零部件筛选剔除，快速组合形成一个符合规则要求的变型产品。如图2-15所示，在冗余节点的自行车BOM中输入检索条件，如骑行环境、价格等，PDM系统即可删除不符合规则的轮胎节点，剩下合乎要求的零部件，快速得到满足用户需求的自行车产品变型设计方案。

由于BOM是ERP和PLM共同的核心文件，因此成为了PLM与ERP集成的接口，是设计与制造的桥梁。产品要经过工程设计、工艺计划、生产制造三个主要阶段，因此有三种重要的BOM。首先在CAD系统中的产品工程设计生成了工程设计视角的BOM，体现了设计图

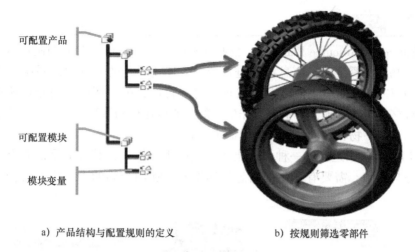

a) 产品结构与配置规则的定义　　　　b) 按规则筛选零部件

图 2-15　自行车的 BOM 与配置管理（所用软件：PTC Windchill）

纸零件明细，称为工程 BOM，即 EBOM；然后工艺工程师以 EBOM 为依据进行工艺设计，根据生产工艺的需要添加工艺计划、装配顺序、工序等数据到 BOM 中，使之成为了计划 BOM，即 PBOM；最后，制造部门根据已生成的 PBOM，对工艺装配步骤进行详细设计，主要描述产品的工时定额、材料定额及所用的设备、工装夹具信息，产生了制造 BOM，即 MBOM，这时的 BOM 不仅可以指导生产，而且是财务部门核算成本的重要依据，甚至还可以建立服务 BOM，即 SBOM，表达交付的产品服务体系。因此，BOM 的变化反映了产品生命周期的各个阶段，以及各个部门的协同，如图 2-16 所示。

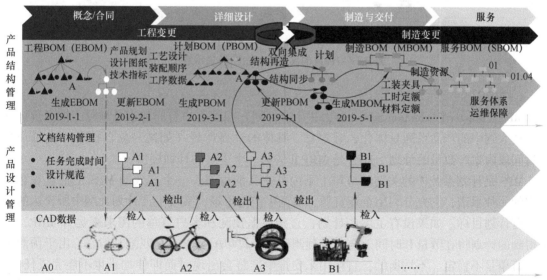

图 2-16　BOM 是联系企业设计制造和生产经营管理的桥梁

扫码看彩图

2.4.2 ERP

ERP（Enterprise Resource Planning，企业资源计划）是一种主要面向制造行业的、将企业的三大流（物流、资金流、信息流）进行全面一体化管理的管理信息系统。ERP 的功能除了 MRPⅡ（主要包括生产控制、供销管理、财务管理）外，还强调将企业所有资源包括人力资源进行整合集成管理，并扩展至非生产的公益事业机构管理。其中，生产控制的核心功能是主生产计划、物料需求计划、能力需求计划。

传统的 ERP 反映了这样的一种强调集中控制的生产模式，其特征是需要有一个预定的稳定均衡状态与节拍，需要有固定的信息传递机制，强调全局的中央生产管控，如图 2-17 所示。

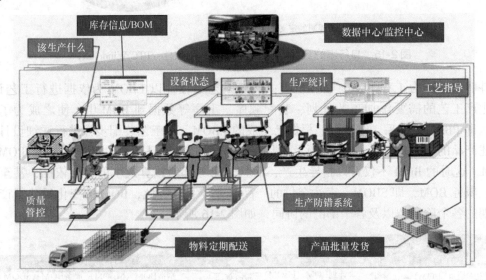

图 2-17　传统的集中控制生产模式示意图

1. MPS

MPS（Master Production Schedule，主生产计划）根据客户合同和市场预测，把经营计划或生产大纲中的产品系列具体化，确定每一具体的最终产品（如某一款自行车）在每一具体时间段内生产数量的计划。MPS 是 MRPⅡ 的第一个重要的计划层次。

MPS 是计划系统中的关键环节与上下内外交叉的枢纽。一个有效的 MPS 是企业对客户需求的一种承诺，它充分利用企业资源，协调生产与市场，实现生产计划大纲中所表达的企业经营计划目标。如果没有主生产计划，直接根据预测和客户订单的需求来运行 MRP，那么得到的计划将在数量和时间上与市场预测和实际订单的需求完全匹配。但是，由于预测和实际订单是不稳定、不均衡的，直接用来安排生产将会出现时而即使加班也不能完成任务，时而设备、员工闲置的现象，这将给企业带来巨大的冲击。只有经过 MPS 按时段平衡了供应与需求，吸收需求不确定性与波动带来的冲击之后，才能作为下一个计划层次——物料需求计划的输入信息，以期实现均衡生产。

MPS 的编制和控制是否得当，在很大程度上关系到 ERP 系统的成败。它被称为"主"生产计划的原因，就在于它在 ERP 系统中起着"主控"的作用。

MPS 的编制步骤为：①选择足够长的计划展望期（大于最长累计提前期）和适当计划时区；②统计订单，并进行需求预测；③根据实际订单的需求与预测的需求两者之中的较大值计算总需求；④基于一定的策略（均衡策略、跟随策略或混合策略）编制 MPS 的草案；⑤计算各时区的预计可用量和主生产计划量；⑥第 0 时区的预计可用量 = 初期可用量；⑦第 $K+1$ 时区的预计可用量 = 第 K 时区预计可用量 + 第 $K+1$ 时区 MPS 量 − 第 $K+1$ 时区的总需求量（$K=0，1，\cdots$）；⑧在计算过程中，如某时区预计可用量为负值，则在该时区安排一个生产计划量或采购等措施，这通常由人来决定；⑨用粗能力计划评价 MPS 草案的可行性；⑩模拟选优，MPS 最优方案确认。

MPS 的策略包括：

1）均衡策略。指生产计划是均衡稳定的，生产量不随需求的波动而变化，生产量曲线为水平线，即在每一时区的产量都是相同的，仅在总量上满足市场需求。当销售低于产量时库存增加，当销售量大于产量时，库存减少甚至脱销。

2）跟随策略。或称追赶策略，是指生产计划随需求的变化而变化，生产量曲线就是需求曲线。这种策略的库存最少，但需要频繁调整生产要素，包括员工的招聘、辞退或换岗和关键设备的采购或闲置。

3）混合策略。指生产量曲线呈现阶梯状，从长时间范围看是跟随需求的，但在一定的短时间范围内看则是均衡的。混合策略存在组合爆炸问题，甚至存在无穷多个方案，需要较好的算法才能找到全局最优方案，而常用的反复试验法通常只能得到较优方案。

2. MRP

MRP（Material Requirement Planning，物料需求计划）是指根据产品结构各层次物品的从属和数量关系，以每个物品为计划对象，以完工时间为时间基准倒排计划，按提前期长短区别各个物品下达计划时间的先后顺序的一种工业制造企业内物资计划管理模式。

MRP 系统的输入信息源包括 MPS、来自厂外的零部件订货、作为独立需求项目的需求量预测、库存记录文件和 BOM 等。

MPS 是 MRP 系统的主要输入信息源，它提供了"要做什么产品"的数量信息。MRP 系统要根据 MPS 中的项目逐层分解，得出各种零部件的需求量。

厂外零部件订货作为独立需求，只需在相应物料的毛需求量中加上这类物料订货的数量。

库存记录文件是由各项物料的库存记录组成的，它提供了"已经有什么物料"的数量信息。实际需求量是在相应物料的毛需求量中减去这类物料库存的数量。库存记录文件必须通过各种库存事务处理来随时加以更新。

BOM 包含产品结构信息，即"怎么做"的信息，则作为需求分解的依据。如图 2-18 所示，假设某产品已经制定主生产计划，该产品的结构包括三种零部件：一个 A、一个 B 和两个 C。假设产品装配提前期为 1，则可计算出三种零部件在每个时段的毛需求。

进一步地，按如下步骤进行物料需求计划：

1）对一项物料的计划订单的下达就同时产生了其子项的毛需求。

2）父项的下达与子项的毛需求在时间上完全一致，在数量上有确定的对应关系。

3）此过程沿 BOM 的各个分枝进行，直到外购件（零部件或原材料）为止。

物料需求计划的实例如图 2-19 所示。一个产品 X 包含一个部件 A，一个 A 包含两个 C，

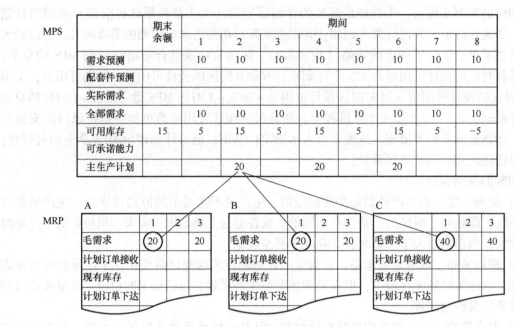

图 2-18　MPS 与 MRP 的关系示例

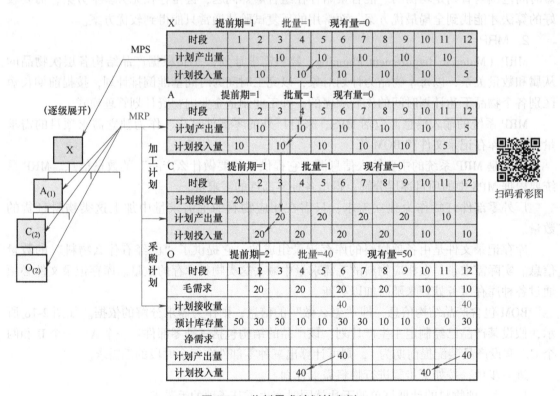

扫码看彩图

图 2-19　物料需求计划的实例

一个 C 包含一个外购件 O。计算过程如下：

1）MPS 决定在第 5 个时区生产出 10 个 X 后，就需要在时区 4 开始生产，因为提前期是一个时区；

2）因为一个产品 X 包含一个部件 A，可以计算出在时区 4 时必须产出 10 个 A，所以就必须在时区 3 时开始生产；

3）因为一个 A 包含两个 C，所以可以计算出在时区 3 时要生产出 20 个 C，同理需要在时区 2 时开始生产；

4）计算得出在时区 2 时要产出 20 个外购件 O，因此本来时区 0 时需要开始生产，因为外购件 O 的提前期为 2，但是由于现有库存量 50，实际需求量是 -30（$=20-50$），所以不需要生产或采购。

至此，由于 O 是外购件，MRP 运算结束，得到了未来一段时间的物料生产计划与采购计划、关于未来的库存量预报和库存状态信息、下达或调整或撤销计划的建议信息等。

通常，最初的进度安排可能不具备可行性，而 ERP/MRP 系统难以准确判断进度安排的可行性。令人沮丧的事情是，在前面所有管理环节都顺畅的情况下，最后的生产过程却有可能不如人意，ERP/MRP 可以按人的意愿调整时间，却不会告诉人这个时间不可能完成任务。因而，有必要将物料的实际需求与生产能力进行比较。如果发现现在总进度计划不可行，管理者就会决定增加生产能力（如通过购买瓶颈工序设备、加班、外包等），或者修正进度计划。为了更好地完成这一工作，需要应用能力需求计划。

3. CRP

CRP（Capacity Requirement Planning，能力需求计划）是对 MRP 所需能力进行核算的一种计划管理方法。具体地讲，CRP 就是对各生产阶段和各工作中心所需的各种资源进行精确计算，得出人力负荷、设备负荷等资源负荷情况，及早发现能力的瓶颈所在，并做好生产能力负荷的平衡工作。

广义的能力需求计划分为粗能力计划和细能力计划。粗能力计划是指在主生产计划后，通过对关键工作中心生产能力和计划生产量的对比，判断主生产计划是否可行。细能力计划是指在闭环 MRP 通过 MRP 运算得出对各种物料的需求量后，计算各时段分配给工作中心的工作量，判断是否超出该工作中心的最大工作能力，并做出调整。

CRP 的对象是能力，CRP 把物料需求转换为能力需求，具体地说，是把 MRP 的计划下达生产订单和已下达生产订单的能力需求，转换为对每个工作中心在各时区的负荷，MRP 与 CRP 的关系如图 2-20 所示。

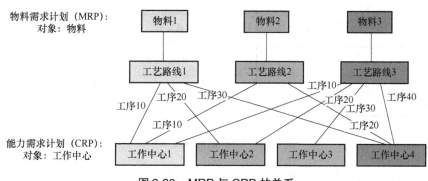

图 2-20　MRP 与 CRP 的关系

能力需求计划的逻辑流程如图 2-21 所示，它以订单（或称定单）需用负荷、需用能力、可用能力作为输入，经过计算与人机协同调整得到平衡负荷/能力。

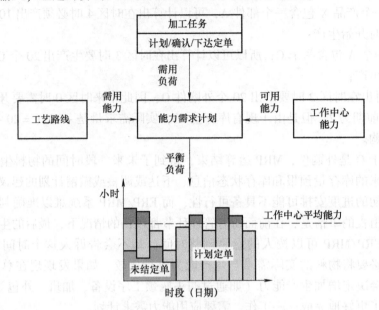

图 2-21 能力需求计划的逻辑流程

考虑能力需求计划的计算方法时，需要把物料需求计划的物料需求量转换为负荷小时，即把物料需求转换为能力需求。不但要考虑 MRP 的计划订单，还要结合工作中心和生产日历，同时还得考虑工作中心的停工及维修情况，最后确定各工作中心在各时间段的可用能力。简单地说，以一个工作中心 M1、两种物料为例，能力需求计划计算过程示例如图 2-22 所示。

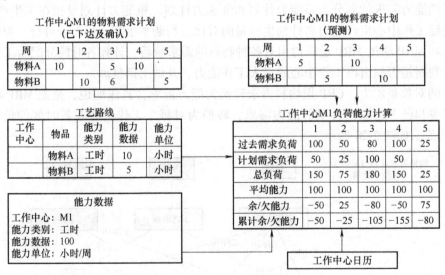

图 2-22 CRP 的计算过程示例

生产能力需求计划是确定短期生产能力需求的过程，其主要步骤如下：

（1）收集数据

必需输入项有 MRP 计划、当前车间负荷、工艺路线、工作中心能力数据和工作中心日历等。通常，能力需求计划在具体计算时，可根据 MRP 下达的计划订单中的物料数量及需求时间段，乘以各自的工艺路线中的定额工时，转换为能力需求清单，加上车间中尚未完成的订单中的工作中心工时，成为总负荷需求。再根据现有的实际能力建立起工作中心可用能力清单，有了这些数据才能进行下一步的计算。

（2）计算与分析负荷

将所有的任务单分派到有关的工作中心上，然后确定有关工作中心的负荷，并从任务单的工艺路线记录中计算出每个有关工作中心的负荷。然后，分析每个工作中心的负荷情况，计算余/欠能力，确认导致各种具体问题的原因所在，以便正确地解决问题。

（3）能力/负荷调整

解决负荷过小或超负荷能力问题的方法有三种：①调整能力；②调整负荷；③同时调整能力和负荷。调整能力的措施包括：调整、重新分配劳力；根据需要增加工人；安排培训；安排加班；重新安排工艺路线，把一部分订单安排到负荷不足的替代工作中心上去；外包，如果在相当长的时间超负荷，可以考虑把某些瓶颈作业外包给供应商。调整负荷的措施包括：一件流（或称单件流）的并行作业，部分已完成的零件传至下道工序同步加工；分批生产，将一份订单的批量细分成几个小批量，在同样的机器上同步安排生产；减少准备提前期，将准备过程规范化，减少准备时间；调整订单，把一份订单提前或推迟，或先完成一份订单的一部分，推迟其余部分，或取消有些订单。由于存在优先需求和构成部件可获得量的限制，向前或向后移动生产过程极具挑战性。

（4）确认能力需求计划

输出包括工作中心的负荷报告。在经过分析和调整后，将已修改的数据重新输入到相关的文件记录中，通过多次调整，在能力和负荷达到平衡时，确认能力需求计划，正式下达任务单。

经过上述的 MPS、MRP、CRP 三个清晰的、顺序执行的步骤，得到了生产计划与外购计划，并对其可行性作出评估。然而，这种传统企业资源计划虽然步骤清晰，但逻辑存在如下问题：

（1）无限能力假设问题

MRP 在进行 BOM 展开时的无限能力假设使得生成的生产计划有缺陷。尽管 ERP 软件有进行能力平衡计算的 CRP 模块，但它只能被动地校核能力，在发生能力冲突时无法自动平衡能力冲突，只能由计划人员凭经验进行手工平衡。显然，当系统与产品比较复杂、能力冲突严重时，手工调整往往只能解决局部的 1~2 个瓶颈环节的能力冲突，而不能解决整个企业范围内的能力冲突问题。

（2）固定提前期问题

MRP 的 BOM 展开是按固定生产提前期进行的。生产提前期一般由生产准备时间、加工时间、转移时间和等待时间构成。在实际生产中，等待时间、准备时间甚至加工时间等都是不确定参数，目前水平的 MRP 系统无法处理各种时间的不确定性，只能按统计平均值设为固定时间。实际上，每种时间的概率分布是不同的。例如，等待时间应该是系统负荷的函数，它随系统负荷的变化而发生较大的改变。当系统生产负荷轻时，等待时间可能会很短，甚至可以忽略不计，而当系统生产负荷重时，等待时间可能会很长；加工时间受到上游工序及本工序的质量问题的影响，当需要检验或纠正质量问题时，加工时间将发生异常的波动。

（3）优化机制问题

MPS/MRP 的运算逻辑没有优化机制，MPS、MRP 和 CRP 是顺序执行的，缺乏相互的协调和系统的优化，因此制定出的生产计划往往缺乏可行性。这种事后的串行校验、反复修正的处理方式，为企业带来极大的不便，是许多生产计划员的噩梦。尽管 MRP 有一个闭环的反馈机制，在发生能力冲突时可以通过人工调整主生产计划来平衡能力负荷，但对于复杂的系统，这种调整是相当困难的，调整的复杂性往往超出了人的智力范围。计划人员缺乏细致考虑各个部门、各种设施能力综合平衡的计算手段，无法真正实现对企业内部资源的整体协调和优化。使用 APS 系统及优化算法来协调统筹是解决问题的方向，但由于当前水平的 APS 系统还不是一个企业资源全面优化的工具，难以考虑多个层次的全面约束，建立完整的模型，并在可接受的时间范围内完成求解，因此只能在局部问题的简化模型上求得优化解。

（4）不确定性问题

固定提前期问题是不确定性参数问题的一个特例。生产经营决策涉及几种类型的不确定性。在智能制造模式中，特别是在开放式的云制造模式中，因而经营决策者拥有的信息往往并不完全透明，客户也是不固定的，客户之间以及客户与生产方之间存在多样化的竞争合作关系，不可避免地会导致获取交互信息时会出现延迟或难以获取对方准确、可信、完整的信息的情况，这种信息获取的不对称进一步会影响到合作意愿与博弈行为。因此，在智能制造模式下生产服务系统的不确定性包括四种：模糊性，如资源优选决策过程中就存在定性指标的模糊性，以及定量指标的区间估计问题；随机性，如生产设备停机故障次数与时间变化；灰性，如客户订单数量未具体确定，只知变动范围；未确知性，如生产成本与收益是客观确定的，但主观上还没弄清。某些信息往往具有两种或两种以上不确定性，形成的不同的不确定性组合往往需要用不同的数学方法处理，同时对于具有四种不确定性的信息的数学处理目前还没有一致的观点。因此，问题的不确定性近年来得到了更多的关注。

为了应对不确定性，人们做了各种各样的尝试。项目评估和评审技术（PERT）是一种早期尝试，旨在将不确定性纳入项目进度中。三点估算法使用最悲观时间、最乐观时间、最可能时间这三个点来估算 PERT（Program/Project Evaluation and Review Technique，计划评审技术）图中的每个活动节点的期望完成时间。蒙特卡洛技术，又称为随机抽样技术，是将所求解的问题结合概率模型，通过模拟和随机抽样，以获得解决问题的近似值。

数学规划模型用于在不确定性条件下寻找最优方案，它主要分为三种：随机规划、鲁棒优化和动态规划。随机规划一般基于已知概率分布这一假设展开，因此在实际中存在一定的局限性。鲁棒优化一定程度上解决了因为数据模糊性带来的难题，它通常假设该分布未知但属于某一概率分布集合，通过构建合适的概率集合可将原优化问题转化为考虑最坏情形下的随机优化问题并加以求解，但是该过程中概率集合的构建极为困难，若集合设计不当极易导致计算过程难以收敛。同时，由于鲁棒优化更关注在最差情形下的优化方案，因此易造成最终方案在不确定环境下过于保守，而稳健保守的代价往往是生产效益降低。而动态规划模型通常受限于其维度问题，求解效率较低。因此，如何在生产服务运营决策中，实现各方利益最大化，并降低风险，是智能制造模式应用实施过程中面临的关键问题之一。

（5）同类项合并的逻辑问题

MPS/MRP 的指导思想是品种越少越好，批量越大越好，所以 MRP 的算法中"同类项合并"的思想贯彻始终：不同订单的同类产品（或零件物料）合并，同一时段（月、周、日）内同类产品合并；在 MPS 时产品合并，在 MRP 时零件合并，在采购中也有采购订单合并与加大采购规模的需求。批量设定的不合理往往造成能力资源的浪费和库存成本的增加。

首先，同类项合并导致无法跟踪订单。由于"同类项合并"和"大规模定制"的操作，客户的个性化订单需求犹如小溪汇流到大规模生产的海洋里，难以分辨和追踪。当生产能力不足，在无法按预期的时间和数量生产出所需的所有零部件时，则难以确定具体影响哪些客户订单，无法针对具体情况做出相应的处理。

其次，由于紧急订单、技术意外和质量事故等不确定性事件，按某种规则次序发生的某些"同类项合并"操作合理性基础可能会消失，这时需要撤销合并或更改合并次序，而这由于系统复杂性而难以操作。

前三个问题是生产计划的能力约束问题，最后两个问题是生产计划模型设计核心问题。

研究方向是用一个优化模型取代 ERP 的核心模块，将 MPS、MRP、CRP 和 APS 等系统的功能集成到一个模型中，使得：

1）BOM 展开时就考虑能力约束。

2）提前期可变，每道工序的加工时间、工序之间的等待时间等由优化模型根据优化准则自动确定，是系统负荷及不确定事件的函数。

3）参数更真实地反映客观世界的不确定性，建立不确定性优化模型并用快速精确的算法进行求解。

4）同时完成主生产计划、物料需求计划和能力需求计划的制定，并能优化产品组合。

4. ERP 与 SCM、WMS、APS、MES 等的集成

ERP 与 APS、MES 的纵向集成接口如图 2-23 所示，在理论上，上层的 ERP 制订计划作出生产什么、生产多少的决策；中层的 MES 作出如何生产的决策，并对控制层发出控制指令；APS 作为协调的中心，负责排产调度优化。

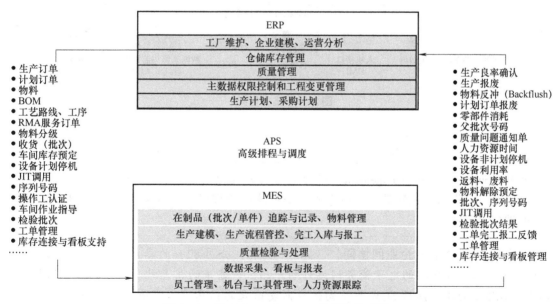

图 2-23　ERP 与 APS、MES 的纵向集成接口

但在实践上，首先存在功能重叠现象，如 ERP 系统向下包含了部分 MES 的功能，生产控制管理模块的车间控制、制造标准等功能，而这些功能本是 MES 的强项；MES 也向上包含了部分 ERP 系统的功能，如人力资源管理、生产流程管控、质量检验与处理等模块，这

些是 ERP 系统更擅长的功能。

其次，由于 ERP 系统与 APS 系统、MES 这三类系统软件在建模过程中的侧重点不同，而且一般由不同的软件公司实现，形成异构的数据格式、数据库与集成架构，这为 ERP 与 APS、MES 系统的协同运行带来了一系列的技术问题，其包括系统复杂化、实施费用增加。两个系统的数据通信与集成通常需要由中间件技术来解决。

ERP 与 APS、MES 的数据融合与系统集成是一个重要研究方向。如果在规划设计阶段就考虑系统集成，将使 ERP/APS/MES 的功能更完善、更强大，产生 "1 + 1 > 2" 的效果。在获得 MES 提供的底层数据支持以后，ERP 系统可以根据准确实时的信息制定准确的生产计划，并且可以根据实时的数据对生产现场进行合理调度，提高准时交货率与生产资源利用效率。

ERP 与 SCM、WMS、APS、MES 等系统的集成框架如图 2-24 所示，APS 系统与 MES 结合，共同起着承上启下的作用。

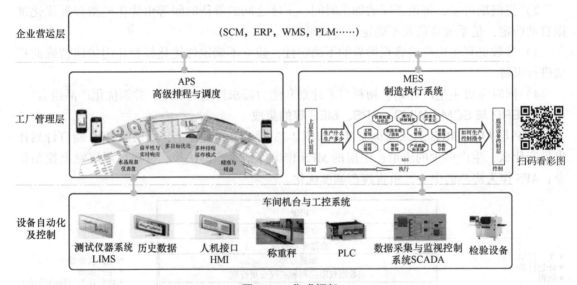

图 2-24　集成框架

2.4.3　SCM

SCM（Supply Chain Management，供应链管理）是通过信息的共享，将供应商、制造商、分销商、零售商，直到最终用户连成一个整体的管理模式。SCM 关注从原材料到最终消费的端到端的整合。

[案例 2-5　思科的企业间协同]　思科（Cisco）公司 82% 的客户订单是通过网上下达的。一位顾客在思科的电子商务网站订购产品，一连串的信息就会自动产生，思科的 ERP 系统审核订单，然后 SCM 系统向供应商发出采购信息：一家协力厂商制造电路板，另一家制造外壳，分销单位供应电源器等一般设备，再由一家工厂装配成成品。每家供应商工厂的 ERP 系统都迅速接到通知，且早有准备，整个流程都实时自动运作，没有仓储、没有存货、没有纸上作业。SCM 系统的精髓就是上下游的合作伙伴把自己的信息开放，让伙伴分享原来视为机密的信息。

2.5　协同层

2.5.1　企业内部协同

部门协作和配合的问题是大公司企业核心管理团队所能碰到的最大问题之一。企业内部协同就是要使企业内部各个部门、项目小组，甚至整个供应链上的企业和合作伙伴共享客户、设计、生产经营信息。如图 2-25 所示，企业内部协同就是要从传统的串行工作方式，转变成并行工作方式，在结构化程度、复杂程度上达到最优化，从而最大限度地缩短新品上市的时间，缩短生产周期，快速响应客户需求。

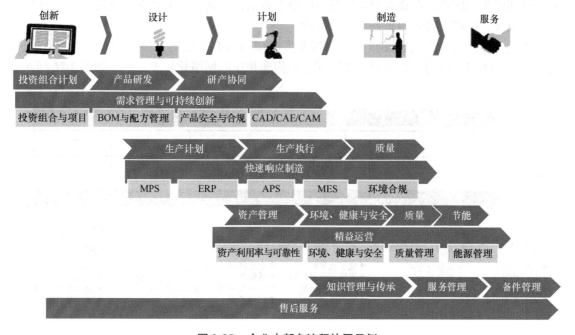

图 2-25　企业内部多流程协同示例

华为 CEO 郭平与黄卫伟提出了"云、雨、沟"的概念。"云"指外部行业变化、技术变化、市场机会、内部核心价值观等环境因素；"雨"指企业内部各部门的经营活动；"沟"指跨部门、跨领域的工作流程，如 IPD、CRM（Customer Relationship Management，客户关系管理）、LTC（Leads To Cash，从线索到现金，指营销与供应链管理）、ITR（Issue To Resolution，问题得到解决，指问题管理）等跨部门流程体系。只有促使云转变为雨，并使雨水汇集到沟里流动起来才能发电。华为 CEO 就是用这个比喻来强调企业内部的跨部门流程的重要性。流程的作用就是把大家的力量汇集在一起，产生更大的能量。

以研发流程为例，如果没有像雨水一样流动顺畅的、跨部门的协同研发流程，华为就不可能把几千人组织起来开发 4G、5G 无线通信系统。但流程过多会约束思维，也会抑制创新。因此流程应该要经过不断简化与优化、结构化与规范化。流程应该结构化到什么程度，也有规律可循。当不确定性较高时，如出现颠覆性技术并对行业造成重大冲击时，应该调低规划与研发流程的结构化程度、复杂程度以提高灵活性；反之，在一个外部环境相对稳定且行业变化渐进缓慢时，就需要更结构化的、严格规范的流程来不断优化现有的业务和产品。因此，研发设计流程的结构化程度应低于生产制造流程，因为新思想、新方案的产生具有很高的结果不确定性。

2.5.2 企业间协同

近年来随着互联网及通信技术的迅速发展，世界制造业范式发生了根本的变化：不仅是物质资源，更是智力资源的全球网络化开发与利用，突破了传统物理空间的樊篱，实现了实体与虚拟的有机结合、产品/服务与市场的零距离开发；基于信息技术平台，实现了规模经济与范围经济的空前协调；打破了传统产业界限和企业边界，实现了研发、设计、制造与服务的高速同步与融合。在新的全球化制造网络平台上，不同类型的企业可以迅捷地协同参与研发、设计、生产、物流和服务等增值活动。

企业间协同最终演化形成面向产品服务生命周期所有阶段的互联协同，包括研发、制造、供应、物流、营销、服务的互联协同，并构建相应的网络化生态系统，如图2-26所示。

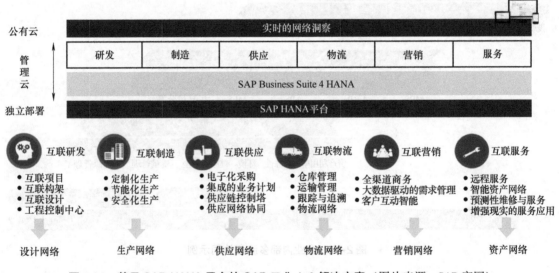

图2-26　基于SAP HANA平台的SAP工业4.0解决方案（图片来源：SAP官网）

2.6 贯穿层级的纵向集成

纵向集成是传统的制造信息化的经典内容。德国"工业4.0"战略计划实施建议指出，纵向集成主要是"将各种不同层面的IT系统集成在一起，如执行器与传感器、控制、生产管理、制造和执行及企业计划等不同层面"。更具体地说，纵向集成是将企业内不同的IT系统、生产设施，包括数控机床、机器人等数字化生产设备进行全面的集成，建立一个高度集成化的系统，在企业内实现研发、计划、工艺、生产、服务各环节之间的数据自动流动，实现顶层指令下达底层，下层数据上传顶层，为将来智能工厂中的个性化定制、数字化、网络化生产提供支撑。

跨企业的业务协作过程如图2-27所示，这存在横向水平的企业间协同，也包含了密不可分的纵向集成的企业内部协同，构成了一个T形的集成架构，其步骤主要包括：

1）建立产品模块化平台，打通设计向制造的BOM转换，实现PLM与ERP的集成。

2）提供网上产品定制工具，并与生产系统对接，实现电子商务平台与PLM和ERP的集成，并对需求信息进行感知和预测。

3）建立开放式集成工厂，实现一个流的垂直集成，ERP与APS/MES、APS/MES与设备层的集成。

4）建立机器与机器、机器与应用之间的数据通信，实现机器数据的全方位应用。

5）供应链协同，建立供应商协同机制，实现ERP与SCM的集成。

6）搭建设备云，对从设备获取的大数据进行分析，实现预测分析，包括设备健康管理、能耗分析、工具/夹具/刀具分析等。

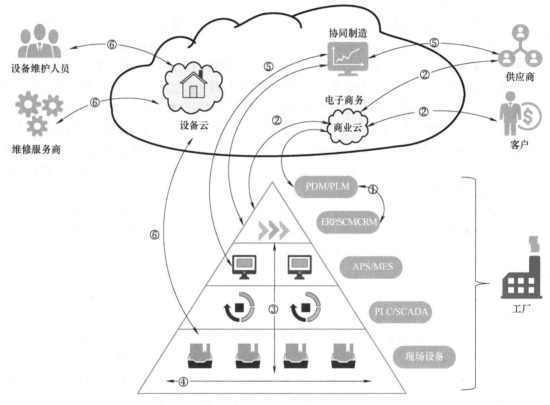

图2-27　跨企业的业务协作过程

贯穿控制系统层级的纵向集成将实现扁平化的工业控制。在传统运营管理模式中，ERP系统分配的任务必须由管理人员分配至车间，透过MES或车间管理人员传送至工控系统来控制制造设备。这样的工作流程无法应对实时定制的客户订单带来的任务变更，也无法使得订单为客户所见，MES无法直接连接到制造设备。基于面向服务的体系结构与纵向集成理念，使得企业管理层的ERP、运营管理层的MES和现场控制层的工控系统能够互联互通并相互理解，使得制造设备能实时地执行 ERP 系统分配的任务，从而实现订单的可视化和"最后一秒"的变更。

而在这方面，德国企业早在多年前就进行了精心的提前布局，再基于自身雄厚的嵌入式技术、工业软件等优势，使得德国在纵向集成方面具有领先优势。2007 年 4 月，西门子公司以 35 亿美元并购美国 UGS 公司，将后者全球领先的 CAD/CAM/PLM 系统纳入囊中，2014 年又并购美国知名 MES 厂商 Camstar 公司。至此，西门子形成研发、管理、生产、设备和控制器等软硬件系统的全面集成，在全球范围内实现了最强的纵向集成能力。作为"工业4.0"的另一重要供应商，SAP 公司也在 2008 年完成了对 MES 厂商 Visiprise 的并购，打通了企业资源管理与生产管理的鸿沟，实现了上游信息化系统的纵向集成。

2.7　实践案例：克莱斯勒公司的生产执行优化模型

1. 关于克莱斯勒

克莱斯勒公司（Chrysler Corporation）是美国第三大汽车制造企业。公司总部设在密歇根州海兰德帕克。克莱斯勒公司主要生产道奇（Dodge）、克莱斯勒和吉普（Jeep）等品牌的汽车。克莱斯勒的技术独特之处体现在于运用紧凑轻便的发动机实现高水平动力和性能，该发动机非常适合城市环境。该公司还认识到，员工是其主要优势，并通过了规范，如不管其职位层次如何，所有员工都穿同样颜色和质量的面料制服，并在同一食堂一起共进午餐。团队作为主要的组织形式，解决各种运营问题，包括在职培训、质量小组和持续改进。这种文化氛围弥漫在克莱斯勒。公司关注三个关键指标：产品质量、安全性、成本。克莱斯勒致力于通过遵循爱德华兹戴明推广的"计划-检查法"（PDCA）循环并不断改进。PDCA 的概念是跨功能部门和职位层次的。

菲亚特公司兼并克莱斯勒公司成立菲亚特-克莱斯勒公司后，和我国广汽合资成立广汽菲克公司，地址位于广州市番禺区，生产和销售吉普自由光及后续其他型号的吉普汽车。

克莱斯勒公司位于密歇根州底特律市以南的工厂由三个车辆工厂（工厂 A、B 和 C）组成，每个工厂都包括一个焊接车间、一个油漆车间和一个装配车间。工厂 A 还有一家冲压车间。克莱斯勒公司有 10 个型号的汽车需要生产，其中在密歇根工厂生产 8 个型号汽车的零件，其他工厂生产 2 个型号汽车的零件。

工厂 A 的冲压车间由 6 台冲床组成，根据设备的年龄进行编号：M1、M2、M3、M4、M5 和 M6。M1 是最旧的，而 M6 是最新的。冲压车间是克莱斯勒公司最大的部门。它为密歇根州的三家工厂，一些其他克莱斯勒工厂和一些合资企业提供冲压过的车身板。因此，冲压车间的资源被广泛使用。冲压车间内的部门有：质量部门、模具维护部门、安全管理部门、生产计划部门、排产与轮班部门和预算控制部门。每个部门都由一名部门经理领导，并由他向职能部门负责人汇报。

2. 冲压工艺与生产计划

冲压生产主要是利用冲压设备和模具实现对金属材料（板材）的批量加工过程。钢卷来自全球多家供应商。钢卷用剪切刀片或成型刀片修剪冲压至精确的尺寸，然后将毛坯送入冲压机的成型模具，通过施加压力将毛坯成型冲压为车身镶板。修剪冲压与成型冲压动作被合称为"冲压"。剪切刀片往往是通用的，而成型刀片与成型模具通常是专用的。一个成型模具用于成型冲压特定的一种部件，并且在生产一定批量的某种零件之后，拆下该模具并装上另一个模具以生产另一种零件，这种更换称为"换模"或"模具切换"，以适应个性化产品混线生产的需求。不同冲床的换模时间是不同的，冲床吨位越大换模时间越长。冲床每次冲压的成本也是不同的，如大吨位的 M2 每次冲压成本为 0.65 美元，而小吨位的 M1 冲床的每次冲压成本仅为 0.29 美元。每班成本是固定的，每班成本是指一台机床每安排一个班次就会发生的成本，包括人力成本、设施的油电水气费用等，这一费用是固定的 15 美元，与这一班次的生产量无关，见表 2-2。冲压成本与冲压次数即批量大小线性相关。

表 2-2 冲床的平均切换时间与成本

冲 床	换模时间/秒	每班成本/美元	单次冲压成本/美元
M1	1125	15.00	0.29
M2	4500	15.00	0.65
M3	1425	15.00	0.52
M4	1075	15.00	0.39
M5	1075	15.00	0.39
M6	1500	15.00	0.58

生产批量大小由两个因素驱动：零件存储空间大小和零件托盘容量。托盘不仅用于保存零件，还用于将它们从一个地方转移到另一个地方。典型的批量大小是 2.5 天的库存。冲压过程完成后，板件移至焊接车间。

生产计划与控制（Production Plan Control，PPC）部门负责根据市场营销的需求规划对所有工厂车辆的生产进行计划。生产计划需要在一段时间内（通常是一个月内）与工厂的能力需求同步。工厂需要根据主生产计划进行生产计划排产与执行调度，见表 2-3。

表 2-3 2017 年 7 月前半个月的 8 种车型的主生产计划

汽车型号	天															半个月总和
---	1	2	3	4	5	6	7	8	9	10	11	12	13	14	15	---
CH1002	53					53	59	53	52	53			53	53		429
CH1011	55					55	55	55	55	55			55	53		438
CH1030	79					79	79	80	79	79			79	79		633
CH2011	38					39	40	35	40	40			40	40		312
CH1333	35					30	30	26	30	30			35	35		251
CH1153	66					67	67	57	67	67			67	67		525
CH1043	9					9	9	9	9	9			10	10		74
CH2341	71					71	71	71	71	71			71	71		568

在 PPC 会议中，生产计划员凭经验提出了下个月的零件-冲床分配和产能计算，如图 2-28 所示。

在听取了冲压部门负责人和生产计划员的计划陈述之后，生产总监表示担忧，认为大部分计划的制订都依赖于经验和直觉，希望能够利用一种客观的、科学的方法过程制定生产计

汽车型号	每日需求	冲床						零件总数①	灵活性障碍矩阵⑥					
		M1	M2	M3	M4	M5	M6		M1	M2	M3	M4	M5	M6
CH1002	53	7	2	6	2	3	0	20	0	0	6	0	0	0
CH1011	55	7	4	3	3	5	3	25	0	0	3	0	0	3
CH1030	79	3	6	2	10	0	3	24	0	0	0	0	0	3
CH2011	39	7	4	4	3	2	3	23	0	0	4	0	0	3
CH1333	31	8	4	2	0	3	3	20	0	0	2	0	0	3
CH1153	65	6	4	7	2	2	3	24	0	0	0	0	0	3
CH1153	9	0	0	2	0	0	0	2	0	0	2	0	0	0
CH2341	71	1	3	2	13	0	3	22	0	0	2	0	0	3
CM128374③	136	1	1	0	0	0	0	2	0	1	0	0	0	0
CM128361③	7	0	1	0	0	0	0	1	0	1	0	0	0	0
冲压数量总计② (S_j)		2111	1696	1474	2231	735	1020							
每分钟冲压次数④		2.53	4.93	3.25	4.03	3.72	2.73							
冲压成本 /美元		0.29	0.65	0.52	0.39	0.39	0.58							
所需总冲压时间 /h		13.89	5.73	7.56	9.22	3.30	6.22							
每次换模时间 /h		0.31	1.25	0.40	0.30	0.30	0.42							
所需的总换模时间 /h		5.00	14.50	4.43	3.94	1.79	3.00							
总冲压时间＋每模的换模时间 /h		2.52	2.70	1.60	1.75	0.68	1.23							
所需班次最小值⑤ (Y_j)		3	3	2	2	1	2							

冲压成本/美元	4229.41
换班成本/美元	195
总成本 (Z)/美元	4424.41

图 2-28　零件-机器分配和产能计算

① 零件总数 = 零件 M1 + 零件 M2 + 零件 M3 + 零件 M4 + 零件 M5 + 零件 M6。

② 冲压数量总计 = 每台机器的每日需求×零件。

③ 在克莱斯勒的其他工厂制造的车辆。

④ 每分钟冲压次数是衡量冲压机生产率的一个指标。过去三个月的数据已经被采纳。这不包括零件更换时间。

⑤ 所需班次最小值 = 总冲压数 ÷（每分钟平均冲压数×每小时 60 分钟×每班 7.5 小时）。任何冲压机每天最多可以进行三次切换。

⑥ 灵活性障碍矩阵显示，每台机器上可以冲压的每个汽车型号的零部件数量，如第一行的"6"表示 CH1002 车型的 6 种零件可以在冲床上冲压。

划，要求"尽可能关注降低生产成本，但不要在质量上有妥协"。

直观地将零部件分配给冲床是日常工作。向生产计划员汇报的一位高级助理以往都是通过手工的、试错迭代的方式完成冲床任务分配。现在，受到生产总监意见的启发，部门负责人和生产计划员决定引入一种科学的方法来优化生产任务分配与成本。两人都知道，其复杂性在于并非所有部件都可以在任何冲床中互换使用。

一次将特定的模具从一台冲床转移到另一台冲床上时，由于模具通常比较重而且体积大，如图 2-29 所示，将需要一些辅助设施或工具，这些辅助设施或工具应指定适当的、明确的地方，如图 2-30 所示。

为了制定这个生产计划，他们需要讨论和选用数学优化模型，思考实施的过程和方法，对比成本节约以及这种变化对有关人员的影响。

图 2-29 产品切换时需要更换的模具

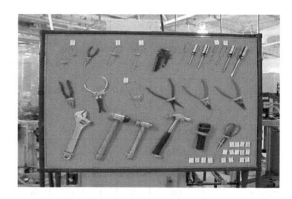

图 2-30 工具的摆放

他们尝试引入整数规划模型，考虑该模型分两步构建并求解。第一种模型可以包含除切换时间以外的所有相关元素。第二种模型引入切换时间，这增加了约束、假设和对模型的修改。第二种模型是第一种模型的延伸。

他们首先思考了模型的决策变量，这包括：各个型号汽车的冲压零件在各台冲床上的分配数量 X_{ij}、每台冲床每天安排的班次 Y_j。设 X_{ij} 为分配给机器 j 的汽车模型 i 的部件数量。当前有 10 个型号的汽车和 6 台冲床，也就是说，$i = 1，2，\cdots，10，j = 1，2，\cdots，6$。因此，从 X_{11} 到 X_{106} 总共有 60 个 X_{ij}。设 Y_j 是第 j 台机器应该运行的每天轮班次数。

目标函数是最大限度地降低总成本，总成本有两个组成部分：冲压所需的成本、轮班切换成本。表 2-2 给出了在不同机器上的冲压成本，例如在 M1 每次冲压成本为 0.29 美元，为换班操作任何机器都需要花费 15 美元的换班成本。根据决策变量，得出总成本（Z）的表达式

$$Z = 0.29 \times S_1 + 0.65 \times S_2 + 0.52 \times S_3 + 0.39 \times S_4 + 0.39 \times S_5 + 0.58 \times S_6 + 15 \times (Y_1 + Y_2 + \cdots + Y_6)$$

其中，对于所有的 $j = 1，2，\cdots，6$，根据表 2-4 中的每日需求，有

$$S_j = 53 \times X_{1j} + 55 \times X_{2j} + 79 \times X_{3j} + 39 \times X_{4j} + 31 \times X_{5j} + 65 \times X_{6j} + 9 \times X_{7j} + 71 \times X_{8j} + 136 \times X_{9j} + 7 \times X_{10j}$$

式中，S_j 是所有车型分配到机器 j 上冲压的零件的总数。

模型中有五组约束条件，每个约束都来自不同的考虑因素：必须在 6 台冲床上分配汽车型号的所有零件，并且不得将任何零件留在未分配状态，也就是说，如果我们将特定零件在所有机器上的分配相加，必须得到该零件的总数；每台冲床每天最多可以三次轮班，每次轮班换模一次；平均每台冲床的产能限制了模具在 1 小时内平均不超过一定次数的冲压；每模次的最大可用时间为 7.5 小时；某些零件只能在某些冲床上冲压。

他们使用 Excel 的 Solver 功能可以找到此模型的优化方案，求解时运用了"单纯形法"作为求解方法。在获得的最佳解决方案中，零件的分配和冲床调度如图 2-31 所示。我们注意到，M1 冲床进行三次换模轮班，M5 冲床进行两次，而 M2、M3、M4 和 M6 每台冲床仅进行一次。

在模型 2 中（图 2-32），生产计划员尝试引入换模时间到模型方程中。生产一批后，模具组更换，开始下一批量的生产。换模时间见表 2-2。这种成本并不是直接以货币形式体现的，而是以切换中的生产时间损失为代价的，这是一项非增值活动。要注意到，冲床在换模时，通常所有分配到该冲床进行冲压的零件都需要等待。通过引入针对所有零件的冲床换模时间，根据"典型的批量大小是 2.5 天的库存"的特点，考虑每种零件平均每天发生的切换次数。

汽车型号	每日需求	冲床						零件总数	灵活性障碍矩阵					
		M1	M2	M3	M4	M5	M6		M1	M2	M3	M4	M5	M6
CH1002	53	13	0	6	0	1	0	20	0	0	6	0	0	0
CH1011	55	0	0	3	18	1	3	25	0	0	3	0	0	3
CH1030	79	6	0	0	0	15	3	24	0	0	0	0	0	3
CH2011	39	14	0	4	1	1	3	23	0	0	4	0	0	3
CH1333	31	15	0	2	0	0	3	20	0	0	2	0	0	3
CH1153	65	19	0	2	0	0	3	24	0	0	2	0	0	3
CH1153	9	1	0	0	0	0	0	1	0	0	0	0	0	0
CH2341	71	0	0	2	10	7	3	22	0	0	0	0	0	3
CM128374	136	0	1	0	0	1	0	2	0	1	0	0	0	0
CM128361	7	0	1	0	0	0	0	1	0	1	0	0	0	0
冲压数量总计 (S_j)		3418	143	973	1739	1965	1020							
每分钟冲压次数		2.53	4.93	3.25	4.03	3.72	2.73							
冲压成本/美元		0.29	0.65	0.52	0.39	0.39	0.58							
所需总冲压时间/h		22.4868	0.48311	4.98974	7.18595	8.81166	6.21951							
每模冲压时间/h		2.99825	0.06441	0.6653	0.95813	1.17489	0.82927							
所需班次最小值 (Y_j)		3	1	1	1	2	1							

冲压成本/美元	3626.29
换班成本/美元	135
总成本 (Z)/美元	3761.29

图 2-31　基于优化模型 1 的计算

汽车型号	每日需求	冲床						零件总数	灵活性障碍矩阵					
		M1	M2	M3	M4	M5	M6		M1	M2	M3	M4	M5	M6
CH1002	53	1	0	6	13	0	0	20	0	0	6	0	0	0
CH1011	55	0	0	3	19	0	3	25	0	0	3	0	0	3
CH1030	79	20	0	0	1	0	3	24	0	0	0	0	0	3
CH2011	39	0	0	4	8	6	3	21	0	0	4	0	0	3
CH1333	31	1	0	2	0	14	3	20	0	0	2	0	0	3
CH1153	65	3	0	2	16	0	3	24	0	0	2	0	0	3
CH1153	9	0	0	0	0	2	0	1	0	0	0	0	0	0
CH2341	71	12	0	2	5	0	3	22	0	0	2	0	0	3
CM128374	136	0	1	0	0	1	0	2	0	1	0	0	0	0
CM128361	7	0	1	0	0	0	0	1	0	1	0	0	0	0
冲压数量总计 (S_j)		2711	143	973	3520	822	1020							
每分钟冲压次数		2.53	4.93	3.25	4.03	3.72	2.73							
冲压成本/美元		0.29	0.65	0.52	0.39	0.39	0.58							
所需总冲压时间/h		17.84	0.48	4.99	14.55	3.69	6.22							
每次换模时间/h		0.31	1.25	0.40	0.30	0.30	0.42							
所需的总换模时间/h		4.63	1.00	3.01	7.41	2.75	3.00							
总冲压时间 + 每模的换模时间/h		2.99	0.20	1.07	2.93	0.86	1.23							
所需班次最小值 (Y_j)		3	1	2	3	1	2							

冲压成本/美元	3670.08
换班成本/美元	180
总成本 (Z)/美元	3850.08

图 2-32　基于优化模型 2 的计算

我们注意到，将所有冲床累计，优化方案每天需要的切换比当前方案少，从原来的13次下降为基于优化模型2所得的12次，因此节省了每天一次切换的固定成本。

在优化方案中，冲压零件在多台冲床上进行优化分配，使得总冲压成本显著降低，从4424美元降至3850美元，节省了574美元，节省的百分比为12.97%。假设冲压机每年工作300天（允许停机维护、故障等），这将转化为每年节约 574×300 美元 = 172200美元。尽管对于像克莱斯勒这样的大型组织而言，这一数额本身很小，但必须看到，这个数额仅是6台冲床产生的成本节约，而这只是该组织的很小的一部分。

思考练习题

1. 冲压机床最符合成本效益的分配方案是什么？
2. 最佳解决方案与当前分配方案相比有何异同之处？
3. 在生产过程中，除冲压和换模成本外，生产还涉及哪些成本？请考虑轮班、试验、运输环节。
4. 其他类型的数据可以帮助完善决策吗？
5. 生产标准化能否帮助控制与此方案有关的某些成本？
6. 在实施具有成本效益的方案时，与冲压车间的人际关系有何关系，注意事项是什么？
7. 尝试动手建立数学优化模型并求解，并与案例中的结果作对照。

回顾与问答

1. 产品族、产品变量、产品视图、产品子项、产品子项变量和物料之间是什么关系？请绘图说明。

2. 请从战略层、战术层、运营层的层次角度理解各种工业软件在体系中的位置。

3. 试指出 ERP、APS、MES 系统的区别，并举例说明，可以采用生活中实例，如烹饪。

4. 如何理解扁平性与快速响应的 APS 系统？传统的计划体系与多阶段决策过程有何问题？请举例说明。

5. 为什么说主生产计划是冲击吸收器？它有何作用？请举例说明。

6. 在一个面向库存生产的制造企业中编制生产规划，如果期初库存为1000个单位，年销售量为5000个单位，期末库存为2000个单位，要制定一年的生产规划。那么，月生产率是多少？

7. 根据表2-4的销售预测，均衡策略、跟随策略、混合策略下主生产计划所要求的每月生产量分别是多少？

表2-4　每月销售预测值

期初库存量 = 200　　　期末库存量 = 200

月	1	2	3	4	5	6
销售预测	200	300	400	600	300	300

8. 试用图来表达上题中的三种主生产计划的策略。

9. 试回答在什么情况下 MRP 会重排？

10. 为什么说 BOM 是设计与制造的集成接口？

11. 试分析公司的 ERP 系统与 SCM 以及其供应商的 ERP 系统中的对应的功能模块之间的信息流。

12. 请根据如下数据进行 MRP 运算得到物料需求计划，进行 CRP 得到的能力需求计划，分析计算所得计划存在的问题，提出针对 MPS/MRP/CRP 的优化方法并实施。

中国中车公司是全球规模领先、品种齐全、技术一流的轨道交通装备供应商。考虑中车公司在 10 个生产周期上的资源优化问题，中车某分厂利用 4 种原材料生产 6 种零部件，装配制造 3 种最终产品，见表 2-5。

表 2-5　BOM 表

父 物 料	子 物 料	数　　量
车体地板	边梁	4
	地板	3
车体车顶	车顶板 1	3
	车顶板 2	4
车体侧墙	侧墙板	6
	车体门框	4
边梁	板材 1	3
地板	板材 2	2
	型材 1	2
车顶板 1	型材 1	2
	型材 2	1
车顶板 2	型材 2	2
侧墙板	型材 1	2
	板材 1	2
车体门框	板材 1	3
	板材 2	3

表 2-6　工艺能力需求及其周期内的分布

物料类型	使用工艺	周期 1/h	周期 2/h
车体地板	IGM 自动焊	1	
	焊后机加工	1	
车体车顶	IGM 自动焊	1	
	焊后机加工	1	
车体侧墙	IGM 自动焊	1	
	焊后机加工	1	
边梁	焊前机加工	1	
地板	焊前机加工	3	
	手动焊		2
车顶板 1	焊前机加工	0.5	
	IGM 自动焊	0.5	
	焊缝打磨		1
车顶板 2	焊前机加工	0.5	
	IGM 自动焊	0.5	
	焊缝打磨		1
侧墙板	焊前机加工	2	
	IGM 自动焊	1	
	焊缝打磨		1
车体门框	外协件	1	

表 2-6 中的数字是生产单位产品或部件时需要的工艺能力及其在各周期内的分布。如地板的生产提前期为两个周期，在生产的第一个周期需要 3 个单位时间的焊前机加工工艺，在生产的第二个周期需要 2 个单位时间的手动焊工艺。

产品、部件和原材料的其他经济参数见表 2-7、表 2-8。

表 2-7　产品、部件和原材料的其他经济参数

物料类型	每件采购价格/百元	提前期/周	每库位最大库存	每库位每月库存成本/百元	销售价格/百元
车体地板	0	1	15	5	450
车体车顶	0	1	15	5	350
车体侧墙	0	1	15	5	480
边梁	0	2	22	2	0
地板	0	2	22	2	0
车顶板 1	0	2	22	2	0
车顶板 2	0	2	22	2	0
侧墙板	0	2	22	2	0
车体门框	6	2	22	2	0
板材 1	4	0	52	1	0
板材 2	4	0	52	1	0
型材 1	5	0	52	1	0
型材 2	5	0	52	1	0

表 2-8　工艺能力与成本数据

加工中心	月加工能力限制/小时	每小时正常成本/百元	月加班能力/小时	每小时加班成本/百元
焊前机加工	850	3	300	4
焊后机加工	90	3	50	4
IGM 自动焊	400	4	150	5
手工焊	150	7	50	9
焊缝打磨	400	2	100	4

按以销定产的方式，根据市场订单，拟订了主生产计划见表 2-9。生产计划员通过本章的学习发现了生产计划中存在的问题。

表 2-9　主生产计划

产品	各月生产计划/件										销售收入/百元	小计/百元
	1 月	2 月	3 月	4 月	5 月	6 月	7 月	8 月	9 月	10 月		
车体地板			16	24	24	24	16	24	24	24	79200	
车体车顶			16	24	24	24	16	24	24	24	61600	309760
车体侧墙			32	48	48	48	32	48	48	48	168960	

第 3 章

智能制造的生命周期维度

启发案例：汇专公司的刀具全生命周期管理

汇专绿色工具股份有限公司（简称汇专公司）是成立于广州市的一家切削工具制造公司，主营超硬精密刀具、超声波刀具、四轴或五轴分度盘、机床冷却系统等产品，是苹果公司、奔驰汽车公司的刀具供应商。

在制造业企业的生产过程中，刀具管理无疑是影响生产效率的重要因素之一。刀具管理是否合理、科学，很大程度上决定了生产效率的高低。汇专公司原有的刀具管理模式如图3-1所示。刀具数据见表3-1，汇专公司的刀具产量大，作为一种易耗品，刀具使用寿命短暂，维修频繁。基于原有的模式，公司在刀具维修质量控制过程中存在着刀具维修不及时、资源要素效率低等问题。

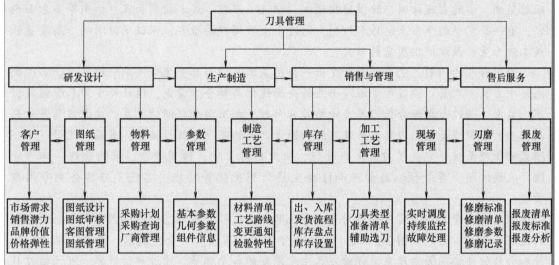

图 3-1　汇专公司原有的刀具管理模式

表 3-1　主要刀具种类与基本数据

序号	刀具类型	材　　料	产值/百万元	成本	寿命均值/h
1	整硬刀具	硬质合金	50	中	100
2	超硬刀具	PCD/MCD/ND/PCBN/陶瓷	60	高	1000
3	螺纹刀具	高速钢	60	低	80
4	超声波刀具	超声系统及刀柄	100	超高	20000

1. 维修质量控制存在的问题

（1）刀具维修不及时

1）机器产能有限，修磨刀具有时排不上生产计划。生产计划不合理导致生产负荷不均衡。

2）生产部门易遗忘订单，导致刀具修磨不及时。

3）销售人员反馈信息不及时，导致刀具修磨被延误。

4）技术人员给出修磨方案不及时，导致刀具修磨被搁置。

（2）资源要素效率有待提高

1）手工记录方式使刀具流通领域占用的人员比重大。

2）修磨设备综合效率（OEE）不高，占用资金量大。

3）刀具管理信息化迟缓，导致刀具及数控机床利用率低。

4）采用了基恩士加工过程监测系统，可以离线测量刀具磨损量，但该系统与 MES 系统及数控机床未实时互联，导致需要根据刀具磨损量在数控机床上手工设置刀具补偿量。

5）刀具管理尚未形成系统管理模式，缺乏数据融合、分析、管理及标准体系，缺乏优化的刀具切削工艺技术标准与使用规范。

2. 刀具全生命周期管理模式

理想的刀具全生命周期管理模式应该涵盖产品规划、研发设计、采购、物流、制造、跟踪监测、实时在线诊断、故障磨损预测、回收、修理、成本控制和客户协同等多方面内容，有一套完整的体系来运作和控制，通过全生产周期的服务，保证及时准确、高质量低成本地为生产系统提供所需的刀具。

针对存在的问题，汇专公司开发出一套覆盖客户的刀具全生命周期管理系统，实现供应链中刀具、人员、设备等资源跨企业的全面优化与整合。首先，设计开发刀具管理数据库；其次，通过大数据分析刀具寿命与刀具参数、加工参数之间的关系，建立刀具寿命预测模型，准确地反映出刀具寿命及其影响因素之间的高度非线性关系；最后，设计了 B/S 模式的管理系统，完成了刀具参数管理、组刀拆刀管理、借用管理、采购管理、库存管理、在线诊断、寿命预测与管理和修磨生产计划优化等功能，实现了刀具全生命周期管理。

刀具全生命周期管理是一种对其自身及其使用过程健康状态的影响因素进行全面管理的过程。其核心思想如图 3-2a 所示。要从可靠性、质量、安全、成本、效益、环境、制度和合作伙伴协同等角度系统评价刀具生命周期的各个环节。通过评估计算，可预估刀具的磨损量以及剩余寿命，提前制订修磨计划，提高生产均衡率与 OEE。其次，在刀具磨损超差或崩刃导致产品质量或事故之前对刀具进行回收、维护或修磨涂层处理，保证客户生产不中断，增加刀具的使用次数，延长其生命周期，降低用刀成本，提高产品切削质量。刀具全生命周期管理平台的总体逻辑框架如图 3-2b 所示，通过远程监控服务与健康预测增强效果，通过数字化移动设备的智能调度与可视化支持提升效率。

3. 基于实时大数据的混合智能

（1）曲面拟合与预测方程

当刀具的磨损与故障产生机理简单明晰，产生因素特征易于提取且相互独立时，使用曲线或曲面拟合可以高效率地利用数据集，挖掘出故障结果与产生因素之间的关系，获得函数拟合方程，当系统有输入时可以迅速做出输出评估与预测。

导致刀具寿命短的原因包括：①刀具类型与材料、刀具前后倾角、刀具切削用量、吃刀深度和工件表面粗糙度的选择不当，从而造成刀片强度不够；②生产或运输过程中对刀具保护不当导致刃口崩缺；③温度控制不当，使得刀具在使用中骤冷骤热，刀片材料受到热冲击的作用产生热应力出现热裂纹；④机床-夹具-工件-刀具加工系统刚性不够，使切削

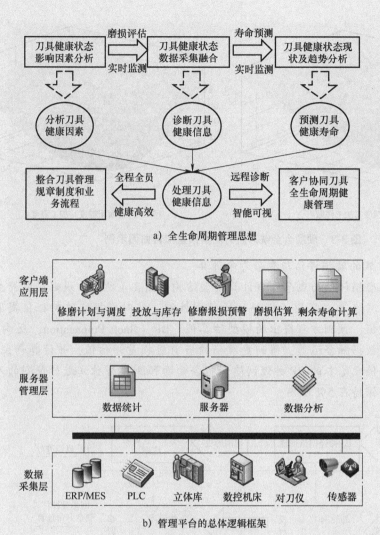

a) 全生命周期管理思想

扫码看视频

b) 管理平台的总体逻辑框架

图3-2 刀具全生命周期管理模式

过程产生振动；⑤加工方式不正确导致刀具寿命缩短，如主轴转速、进给速度、切削宽度等参数选择不当。

　　对于各种磨损量影响因素，收集实时的刀具切削参数及磨损测量数据，每个参数组合分类下选取95%的置信度，使用二次多项式拟合出多种曲面，每种曲面对应一个特定的预测方程组。

　　图3-3a所示为吃刀深度（Y轴）、加工件数（X轴）与磨损量（Z轴）的关系曲面，它指出硬质合金铣刀的吃刀深度选取在0.10mm时刀具磨损最少，该规则提示工艺员在进行工艺设计与工人在切削时应选择优化的吃刀深度。图3-3b所示为工件表面粗糙度、加工温度与磨损量的关系曲面，它提示工件表面粗糙度Ra值为0.227时刀具磨损较少，因此原材料采购或材料预处理环节应有相应标准；温度越高则磨损越快，因此在切削时要持续有效降温。

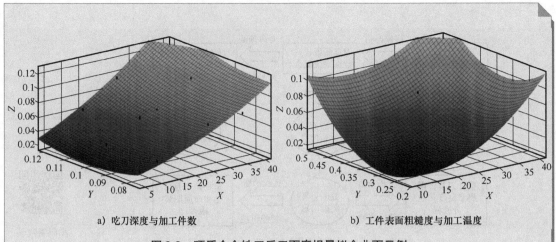

a）吃刀深度与加工件数   b）工件表面粗糙度与加工温度

图3-3　硬质合金铣刀后刀面磨损量拟合曲面示例

（2）基于混合智能的磨损评估与剩余寿命计算

基于混合智能的磨损评估与剩余寿命计算模型结构如图3-4所示。规则提取产生的规则库可用来补充神经网络等"黑匣子模型"的预测性能。实时数据经过特征值提取，与检测到的磨损量测量值、预测方程得出的模型估算值、BP（Back Propagation，反向传播）神经网络预测值进行数据融合运算，得到更准确的当前磨损量评估值，并计算剩余寿命。组合模型预测的寿命值比基本的BP神经网络和拟合曲面预测模型独立进行预测的寿命值更为准确，相对误差保持在5%以内。

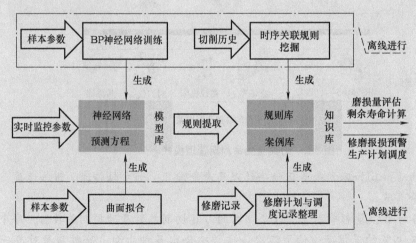

图3-4　基于混合智能的磨损评估与剩余寿命计算模型

系统将每一型号刀具的寿命预测模型存储在数据库中。在每一把刀具个体从新刀使用开始，每次切削时的切削用量、切削时间及吃刀深度等实时工艺参数值通过网络进行数据采集并记录在数据库中。每次使用刀具进行切削前，可根据数据库中存储的该刀具寿命预测模型，计算出该刀具个体在本次切削用量下的最大可切削时间，为刀具的修磨报损提供预警；结合由切削历史记录进行关联规则挖掘得到的规则库，以及由修磨记录整理所得的案例库，给出优化的生产计划与调度方案。

4. 刀具的全生命周期管理流程

刀具的全生命周期管理流程如图 3-5 所示，功能模块包括资源管理、采购与库存管理、在线监测、磨损评估与剩余寿命预测、生产计划与调度、知识管理和系统管理。在传统管理方式下，刀具跟踪卡录入、数据统计及整理、走动巡检等日常重复工作占据工作量的 80%；使用刀具全生命周期管理系统后，通过数据的自动上传代替手工录入，以及 AGV（自动导引小车）代替人工搬运，使得以上工作占比降至 20.5%，工作人员可将更多时间投入生产改善与研发工作中。公司的服务改进计划是：首先是通过智能增强效果，

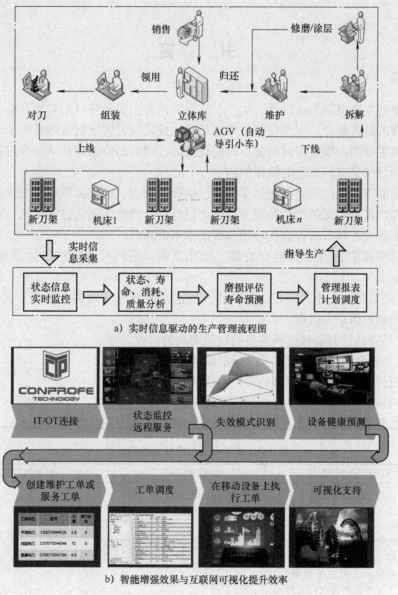

a) 实时信息驱动的生产管理流程图

b) 智能增强效果与互联网可视化提升效率

图 3-5 刀具的全生命周期管理流程图

基于混合智能系统向客户提供智能物流、切削工艺优化服务；其次是通过工业互联网实现现场可视化管理，提升效率；最后基于全生产周期管理远程监控平台提供工艺、质量、效率、成本等全面外包服务，向国际刀具管理服务等级中的最高等级第5级迈进。

思考练习题

1. 该公司的产品管理的重点环节发生了什么变化？其技术支撑是什么？管理模式发生了什么变化？可以产生什么样的新型商业模式？

2. 变革后公司可以取得什么效益？

引　言

产品服务的生命周期是由设计、生产、物流、销售、服务等一系列相互联系的价值创造业务环节组成的链式集合。本章与第2章的相同之处是探讨智能制造的某一个维度，区别在于智能制造的生命周期维度探讨的是有时间概念的、动态的价值变化活动全过程，而智能制造系统层级探讨的是空间概念的纵深结构。

面向产品服务的全生命周期包括了设计、生产、物流、销售和服务共五个业务环节，涵盖了从接收客户需求到提供产品及服务的整个过程。与传统的制造过程相比，智能制造的过程更加侧重于各业务环节的智能化应用和智能水平的提升。

产品生命周期中各项活动相互关联、相互影响。不同行业的产品生命周期构成不尽相同。

1）设计是指根据企业的所有约束条件及所选择的技术来对需求进行产品构造、仿真、验证、优化等研发活动的过程。

2）生产是指通过劳动创造所需要的物质资料的过程。

3）物流是指物品从供应地向接收地的实体流动过程。

4）销售是指产品从企业转移到客户手中的经营活动。

5）服务是指提供者与客户接触的一系列活动过程及其结果，包括维修、监控等。

在产品生命周期的五个业务环节中，智能制造与传统制造的区别见表3-2。

表3-2　智能制造与传统制造的区别

业务环节	传统制造	智能制造	智能制造的影响
设计	常规产品；面向功能需求设计；二维设计；周期长	虚实结合的个性化设计；面向客户需求设计；三维数字化设计；周期短	面向全生命周期设计理念；设计方式与手段的改变；产品功能的改变
生产	加工过程按计划进行；自动化加工与人工检测；高度集中生产组织；人机分离；减材加工成型；以金属、塑料为主	加工过程柔性化，可实时调整；智能化加工与在线实时检测；生产组织柔性化；网络化过程实时跟踪；人机融合与智能控制；减材、增材成型结合；复合材料比重增大	劳动对象变化；生产方式改变；生产组织改变；质量监控方式变化；加工方式多样化；新材料、新工艺不断涌现

（续）

业务环节	传统制造	智能制造	智能制造的影响
物流	传统物流；企业间简单的买卖关系，缺乏协同	综合物流；信息协同；研发协同；生产协同	形成良性生态系统；协同创新；管理范围扩大
销售	企业内管理；人工管理为主；交易营销；实体商店销售	延伸到上下游企业；计算机信息管理；机器与人交互管理；基于大数据的需求挖掘与销售预测；全渠道营销	管理对象变化；管理方式变化；管理手段变化；大数据分析；线上线下相结合
服务	产品本身；售后服务	产品服务系统；产品全生命周期	服务对象范围扩大；服务方式变化；服务责任扩大

本章力图从产品全生命周期的角度出发，提炼出一条按生命周期阶段划分的智能制造的实施路径。广大具有设计、制造、销售全面职能的中小企业可以选择从研发业务环节开始，分阶段地逐步向下游环节扩展来实现智能制造，见表3-3。

表3-3 生命周期单一维度的"智能+制造"融合深度模型

级别	设 计	生 产	物 流	销 售	服 务
L1	二维图文档设计	基于文档的工艺设计；二维工装设计；主生产计划与MRP	订单、计划调度、信息跟踪的信息化管理	销售计划、客户关系的信息化管理；纸质管理模式	维修资料等要素的纸质文档管理
L2	二维与三维结合的设计；EBOM管理；产品定制化管理；企业内部协同	三维辅助工艺设计；NC代码辅助生成；PBOM/MBOM管理；MES；ERP；智能产线设计	利用条形码、RFID、传感器以及全球定位系统等先进物联网技术	客户需求预测/实际需求拉动生产、采购和物流计划；研发、制造数据衔接；工程更改贯彻一体化	维修资料等要素信息化管理；内容管理；研发与服务未实现一体
L3	全三维结构设计MBD；研发与生产智能互联；研发与运营智能互联；基于知识库的参数化设计与仿真优化；智能产品设计	三维工艺规程、工装设计与工艺仿真；设备互联及实时监测；基于物联网和AR的智能作业指导；综合集成	运输过程的自动化运作、可视化监控和对车辆、路径的优化管理；多种策略的运输整合	基于三维MBD的设计制造数据模型一体化与协同；研制与服务信息互联；产品质量工程	数字化维修分析；交互式电子手册；维修工程设计；维修执行过程管理；基于服务体系的反馈优化
L4	需求工程；基于模型的系统工程设计；基于虚拟样机的验证；基于大数据的研发创新	数字化工厂设计；生产工程；制造供应商协同；设备健康管理；全过程的闭环与自适应	基于知识模型的运输路径的优化	智能产品技术状态管理；智能互联质量管理；基于知识模型的准确的销售预测	维修执行过程管理；基于物联网的产品运营智能监测；一站式服务；基于云平台知识库的服务
L5	数字化分包设计；个性化协同设计；云研发平台；众创协同	基于数字化交付规范的制造分包；云制造；基于智能算法实时调度、纠正与优化	精益化管理、可视化智能物流	基于人工智能的更准确的销售预测；全价值链企业间的协同供应链管理；基于大数据的运营管理与个性化营销	维修供应商数字化维修与数据交付；客户协同；产品健康管理；计时服务；利用客服机器人或大数据智能分析实现智能化个性化服务

3.1 设计与研发

设计是通过产品及工艺的规划、设计、推理验证及仿真优化等过程，形成设计需求的实现方案。"智能+制造"融合深度（简称智能深度）的提升是从二维设计到三维设计，从与制造装配工程师的企业内部协同到与客户及合作伙伴的企业外部协同，从基于经验设计和推理验证到基于知识库的参数化/模型化、模块化设计和仿真优化，再到设计、工艺、制造、检验及纠正、运维等产品全生命周期的协同，最后到基于云平台、大数据与知识库的个性化协同设计，体现对个性化需求的快速满足。数字模型是智能制造的重要基础，不能以"跨越式发展"为由忽略了这一阶段。

3.1.1 发展趋势

价值链转型的出发点在研发环节，并以此为基础形成辐射效应。未来研发的主线要围绕创新主题开展，并呈现如下的趋势：

1）产品智能的设计。产品的智能化特性不断增加，以及产品即服务模式的出现，使得产品研发从以机械设计为主转变成真正跨学科的系统工程，这里不仅包括传统的机械、电子、软件等专业，还包括产品互联、嵌入式服务、用户体验等新的学科。

2）满足高度个性化定制需求。不同的客户分层、不同的地域、不同的应用目标都对产品多样性提出了要求，在研发前端即考虑对个性化定制的支持，可以大大降低定制的成本。企业未来将加大软件个性化定制的支持比重，以减轻多样化对硬件带来的成本压力。

3）快速的产品持续改进。实现产品的持续改进是获得持续性竞争优势的关键要素，未来企业将通过产品互联实时提取产品运营质量信息，并将其与数字化研发及仿真模拟过程进行融合，以实现产品在其生命周期中任意环节上的持续改进。

4）虚实结合与数字孪生（Digital Twin）。狭义上的虚实结合是指充分利用物理模型、传感器更新、运行历史等数据，集成多学科、多物理量、多尺度、多概率的仿真过程，在虚拟空间中完成映射，从而反映相对应的实体装备的全生命周期过程。在广义上，以智能制造为目标的企业就是一种虚实结合体，富士康管理层就认为富士康是一个由虚的"技术流、信息流、资金流"和实的"人流、过程流、物流"构成的六流企业。

综上，未来创新研发趋势是面向智能产品，引入系统工程、并行工程、DFX（Design for X，面向产品生命周期各/某环节的设计）、模块化设计等先进方法，采用数字化、虚拟化、物联网、增强现实、云计算、大数据等技术，并支持众创众包的新模式，构建智能互联产品的创新研发环境，支持全生命周期、多层次、多模式、多维度的研发协同，提高创新研发核心竞争力。

3.1.2 业务模式

创新的设计与研发业务模式包括三个层面：企业内研发、价值链广域协同研发、研发持续优化。

1．企业内研发

围绕智能产品和个性化定制，优化原有的企业内研发业务，主要业务模式如下：

（1）面向客户定制的需求工程

研发人员在产品设计之前进行系列化产品规划，以适应客户未来选配及定制需求，即面向个性化定制的设计规划；市场营销人员与客户进行需求互动时，可以基于平台为客户提供灵活配置的推荐方案，并基于定制化结果，利用手持终端、增强现实技术等给出可视化的产品互动体验；客户需求确定后，在产品研制中，客户可以基于需求对研制全过程进行透明化实时监控，并可以根据情况进行相应的需求更改。

客户定制是并行工程的一种形式。个性化定制需要工业软件的支持，包括 CAD/CAE/CAE/CAPP/DFX/PDM/ERP 等工业软件和系统。以汽车行业为例，如果为了满足个性化的生产，当生产计划下达时再按照生产计划去仓库准备物料显然是来不及的。为了实现按单个性化定制，每一台车的物料就必须是事前准备好的。这也意味着为了一辆车的定制，在开始生产车身之前的某个时间点上，就已经开始准备该车所有需要的模块，再按照该订单的配置把所有的模块组装在一起。实现这一流程需要的就是数据流动的自动化，以及多种工业软件。

（2）数字化样机（DMU）与基于模型的定义（MBD）

智能制造的基础是数字化，而数字化的核心是建模。MBD（Model Based Definition，基于模型的定义）是指使用一个集成化的三维数据模型表达完整的产品定义信息，成为制造过程中的唯一依据。MBD 三维数字化产品定义技术不仅使产品的设计方式发生了根本变化，不再需要生成和维护二维工程图纸，而且对企业管理及设计下游的工序，包括工艺规划、车间生产等产生重大影响，使得下游的工艺实验、生产制造、使用回收等环节也可以进行模拟仿真，这引起了数字化制造技术的重大变革，开启了三维数字化制造时代。

利用模型复现产品特征，并通过对模型的实验来研究存在的或设计中的产品，称为仿真、模拟或计算机辅助工程（CAE）。如图 3-6a 所示，通过对飞机建立可运行计算的模型，并记录、分析动态数据以探讨飞机起降及飞行全过程的运动特性，减少物理风洞次数，提高

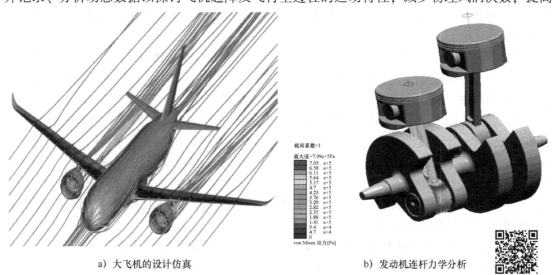

a）大飞机的设计仿真　　　　　　b）发动机连杆力学分析

图 3-6　三维数字化产品设计

扫码看视频

设计效率。引入有限元分析等方法，可实现动态可视化的分析检验，保证设计方案的可靠性。如图 3-6b 所示，玉柴机器集团有限公司曾通过仿真分析方法，克服了以往通过专家会议主观判断设计方案可靠性、缺乏数据基础的问题，清除了长期偶发性发动机连杆断裂和打缸的事故顽疾。

智能制造在产品设计中的重要作用之一是重新定义了产品模型和数据交换标准，使智能化产品设计在价值链上的不同部门不同用户之间能够进行完整、精确、及时的数据交换，通过一致性的产品模型，数据集成和提取更加安全。举例说明：A 工程师使用西门子的 PLM NX 软件、B 工程师使用达索的 CATIA 软件、C 工程师使用 Autodesk 的 Inventor 软件，工程师之间及软件之间很难交流。但随着 ISO 10303 的诞生，使得 A、B、C 三个工程师之间都能看懂相互之间的设计。ISO 10303-242 的基于模型的 3D 系统工程非常有价值，该标准广泛应用于航空航天、汽车等行业中的制造商及其供应商，其主要内容包括 PDM、设计准则、关联定义、2D 制图、3D 产品和制造信息等。参考国际通用的产品设计标准，能提高智能化产品设计过程中数据交换和使用的效率，形成一致性的产品模型，保障信息与数据的安全性。

数字孪生（Digital Twin）是虚实融合的模型，是智能制造最重要的基础。如在一台自行车上安装监测速度、加速度、骑行者生理参数等信息的各种传感器，骑行过程中这些参数可以回传到产品数字化模型中来作为仿真优化所需的边界条件。以前在做产品仿真时，很多边界条件和参数是假想的，而现在基于这种虚实融合的模式，可以把产品实际运行参数回传到数据模型，实现虚实结合。

数字孪生还可以与工程仿真技术结合。以前仿真工作中的边界条件、载荷等都是仿真人员自己假设的理想状态，现在基于物联网应用，可以将传感器感应到的产品运行真实数据作为仿真条件。如在海上风电设备维护中，若出现数据异常，传统的方法是根据经验来进行相应调整或维修，而基于设备实时环境和状态参数进行仿真，分析采取的措施的效果，这样更加安全可靠。

围绕智能产品客户定制需求，采用基于模型的系统工程方法进行智能产品架构设计及虚拟验证。在架构设计中重点通过行为模型等对产品智能特性进行描述，以指导后续对智能特性的实现及验证。在虚拟验证中，支持验证需求、架构设计、虚拟仿真、问题整改的完整闭环过程管理。

离散制造企业在产品研发方面，已经普遍应用了 CAD/CAM/CAE/CAPP/EDA/PDM/PLM 等工业软件和系统，但很多企业应用这些软件的水平并不高。企业可以通过如下途径提高研发领域的工业软件应用水平：

首先，要缩短产品研发周期，可通过建立基于 MBD 技术的虚拟数字化样机，开展多专业的方案设计、详细设计、试验验证和多学科仿真，支持机、电、软多学科的协同配合以及机、电、软等多专业的协同设计；与传统产品设计不同，复杂产品系统更强调面向智能特性的设计、嵌入式软件研发及其一体化管理；通过仿真减少实物试验；依靠贯彻标准化、系列化、模块化的思想，支持大批量客户定制或产品个性化定制；将仿真技术与试验管理结合起来，以提高仿真结果的置信度。

其次，在 DMU（Digital Mock-Up，数字化样机）工程化应用的基础上，在研发过程中引入 AR（Augmented Reality，增强现实）和虚实映射，实现基于 AR 技术的半实物仿真（Hardware-in-the-loop）、基于虚实映射技术的实时仿真 RMU（Real-time Mock-Up）等，提高产品研发水平和效率。

最后，借助 PLM 系统下的产品数据管理 PDM，可以从产品设计开始时就将数据通过数据平台进行共享，使得不管间隔多少层，相关人员在后台看到的都是最新版本数据。而研发人员还能借助 PLM 系统下的 3D CAE 进行仿真模拟，将设计误差及失误消灭在研发阶段；在 PDM 这一集成框架下，借助 CAD/CAM 等计算机辅助系统将数据传送到机床上，图纸不落地，实现从设计到制造的融合，缩短产品投放市场的时间。相对于离散制造企业，流程制造企业已普遍开始应用 PLM 系统实现工艺管理和配方管理，LIMS（Laboratory Information Management System，实验室信息管理系统）系统的应用范围也已经比较广泛。

[案例 3-1　MBD 标准的诞生]　波音 777 客机的研制是三维设计与二维画图并存的局面，因为三维模型在当时还表达不出材料信息、工艺信息、检测信息，这导致大量的额外工作也容易造成错误，如三维装配图转为二维图纸后难以被装配工人理解而产生装配错误。因此 ASME（美国机械工程师协会）于 1996 年制定了 MBD 标准，使得在三维模型上可表达标准、工艺、制造、检测等所有信息，而不再需要二维图纸。

2. 价值链广域协同研发

未来的协同业务将打破地域、资源短缺、应用部署复杂等限制，实现全球范围内的研发协同，并支持新的研发模式，如众创等。

（1）全球供应商协同研发

企业可以基于全球供应商协同环境实现与供应商的高效研发协同，主要协同业务包括供应商技术接口管理、交付需求及计划管理、研发样机协同、交付数据协同管理、工程协调和基于 AR 的研发协同评审等。工业软件的一致性及高效的协同设计机制是全球供应商协同研发的基础。

[案例 3-2　空客 A380 的延误]　空客由德国、法国、英国、西班牙四国参股，德、法两国各自拥有 22.5% 股份以维持权利平衡。波音坚信有利于直航的中型飞机将成为主流，而空客则认为改善交通拥挤的最好办法是大型飞机。A380 的设计目标是成为史上最大的远程商务客机，比当时载客量最大的波音 747-400 型的 416 座容量还要多出 20%，其标准航程为 1.5 万公里。2006 年 10 月，空客宣布 A380 的交付时间至少推迟两年，这给空客带来了 60 亿美元的损失。其主要原因是 A380 架构设计环节的开发工具和组装环节使用的软件版本不一致。空客在 4 个国家的 16 个地方设立了办公室和生产工厂，拥有大约 4.1 万名员工。各个地方的分公司在选择软件时根本不注意其他公司正在使用什么版本的软件。德国工程师主要负责飞机的机身设计，使用的是达索公司的计算机辅助设计软件 CATIA V4，而在法国图卢兹市的工程师们则使用了新版本的 CATIA V5 进行装配工艺设计。直到在法国总装厂的最后装配环节，两国的工程师才发现彼此之间使用的软件竟然不相容，当两国工程师坚持用自己的软件及方式解决问题时，事情变得越来越糟糕。早有迹象表明，在 A380 的设计过程中，由于合作主体的相互独立与松散耦合，辗转于各个国家间的一些烦琐请示、审核、沟通等无效率的支出增加了 25% 的管理成本，众多的装置设备需要从一个工厂搬运到另一个工厂花费了大量的时间，还需支付高昂的运费。

（2）协同研发云平台

一方面，新技术的加速发展需要越来越多地依靠产学研的联合研发力量，需要技术链多个机构及产业链多个企业共同参与，这也对协同研发尤其是异地协同研发提出了更高的要求。另一方面，越来越多的企业选择强强联合的方式，以降低成本，巩固和加强自身在行业内的竞争优势。如广汽与蔚来，宝马与长城汽车，大众与滴滴，以及南车与北车合并为中车等。企业合并不仅是财务报表归并，更是企业内部资源包括研发资源整合。由于合并后的企业仍然是异地办公，因此对于异地协同研发的需求逐渐显现。

面向企业联盟或众创参与成员，建立协同研发云平台，提供按需定制的研发工具及应用环境，支持各协作主体基于云端协同环境开展高效协同。

针对协同研发中各成员企业异地协同应用场景的具体要求，应用云技术可以部署基于协同研发应用的研发云数据中心。在云数据中心中，基于云技术，将 IT 系统基础设施云化部署，实现了计算与存储网络的虚拟化、资源共享、可弹性扩展。云数据中心可以有效地解决异地研发团队之间设计数据交互、设计冲突消解、实时响应的问题，同时采用私有云的部署结构，还可以在充分利用企业已有计算资源的基础上，有效地确保存储数据的安全性。

3. 研发持续优化

通过物联网等技术，将运营、运维环节与研发环节紧密结合，推动研发的持续、快速创新。新产品开发团队要依靠企业其他部门提供的资源、信息及主要的内部供应者的支持。其主要模式包括：

（1）并行工程与集成产品开发（IPD）

并行工程包括 DFM（Design for Manufacture，面向制造的设计）、DFA（Design for Assembly，面向装配的设计）、DFE（Design for Environment，面向环境的设计）、DFSC（Design for Supply Chain，面向供应链的设计）等统称为 DFX 的内容，促使在研发决策时考虑到可制造性与可装配性、供应商网络与物流成本、工艺设计和报废回收与绿色环保等下游环节因素。

IPD 是并行工程的重要实践成果，它对研发流程进行如下优化：

1）跨部门、跨系统间协同。采用跨部门间的产品开发团队，进行有效的沟通、协调及决策，能够尽快将产品推向市场。在技术进展迅速的行业，广大企业普遍采用跨部门团队，各领域专家形成合力，各个职能部门退居幕后，为这些跨部门团队提供资源和支持。

2）同步开发模式。把并行思想应用于开发活动中去，通过合理的接口设计把很多后续需要单独串行的活动提前进行，以解决之前提出的项目分工合作性的问题。

在研发流程优化中，产品包是一个核心概念。产品包是有形的产品、无形的服务与影响的总和，其包括性能、功能、价格、包装、质量标准、售前服务、售后服务、保修、企业形象和企业品牌的认知等。而产品仅是其中的重要组成成分，是可独立销售的物理实体，如图 3-7 所示。在产品设计时，就需要进行完整的产品包的设计开发与验证。在传统的方式中，服务体系的设计验证通常置于开发阶段的末期，而在 IPD 模式中，这些因素都放置于产品包中，它们与产品同时进行设计与验证，以缩短产品开发周期，提高客户满意度。

由于将产品拓展至产品包的概念，所以在广义上，IPD 是指端到端的产品管理体系，甚至可以延伸到公司管理体系。

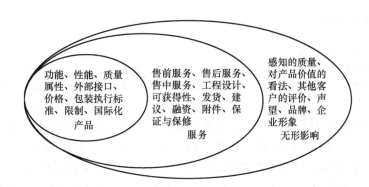

图 3-7　产品包示例图

3）结构化的流程。参考 IPD 模式的产品开发流程，把优化后的产品研发流程划分为六个阶段，分别为概念阶段、计划阶段、开发阶段、验证阶段、发布阶段和运营维护阶段。在整个研发流程阶段需要对决策评审点清楚地作出规定，明确每一阶段应做的开发工作、相应的顺序以及相关的必需文档等，借此解决结构化的流程问题。

（2）数据驱动的研发优化

通过物联网、大数据分析等技术，与生产、产品运营环节进行互联，通过实时监测生产质量及运营效果，对产品研发进行持续优化。研发人员也可以通过大数据分析能力，预测产品的故障问题，通过改进设计解决产品缺陷。

[案例 3-3　通过数据分析指导设计]　某灯饰制造企业利用面向中山古镇灯饰产业集群的工业设计网络协同服务平台收集数据，其发现：家庭灯饰总产值占市场总产值约为 1/3，并且每年还以 20% 的速度增长；家庭在购买灯饰时，决定权主要在于年轻的妻子，约占整个调查人群数量的 40%；对灯饰品质的要求比例分别为时尚 34%、创新 21%、简洁 16%、趣味性 15%、色彩 14%，而其他因素占的比重偏小；60% 的消费者都选择较亮的白色作为家居产品的颜色，25% 的年轻一族选择比较酷的色系，如黑色；重款式、轻价格；重客厅、轻厨卫。因此，设计师决定：将设计重心投入到客厅灯饰设计中，而厨卫灯饰造型风格与客厅灯饰一致即可，并且提出购买客厅灯饰赠送厨卫灯饰的销售策略；将目标客户定位为年轻女性，设计出色彩温馨浅亮、造型时尚新颖、高档次的灯饰。最终，该企业提高了自主开发能力，避免了以打价格战、促销战求生存的困境。

扫码看视频

3.2　生产与制造

当产品设计的雏形完成之后，要考虑的下一个步骤便是生产制造。生产智能深度的提升是从以生产任务为核心的信息化管理（如数字化工厂仿真与规划、生产执行）开始，到各项要素和过程的集中管控，最终达到采购、生产计划与排产调度、生产作业、仓储物流和完工反馈等全过程的闭环自适应、数据驱动持续优化，实现基于智能算法及约束条件的实时调度优化与全球制造协同。

3.2.1 发展趋势

制造环节是资源利用及成本消耗的重点，如何在制造环节体现卓越，实现工厂持续运营和智能化生产，成为生产型企业未来转型的重点方向。未来的趋势如下：

1）加减结合与3D打印。"加"是指增材制造，"减"是指传统的切削加工工艺。与传统的制造模式中的去除材料加工制造技术不同，智能模式下以3D打印（3D Printing，3DP）增材技术为主。3D打印是快速成型技术的一种，是一种以三维数字模型为基础，运用粉末状金属或塑料等可黏合材料，通过逐层打印增加材料的方式来构造物体的技术。激光喷丸增强（Laser Shock Peening，LSP）可应用于3D打印件的强化以改善其疲劳寿命，因而将3D打印技术推向成熟应用阶段。

2）黑白结合与复合材料。"黑"是指铁或以铁基合金为代表的硬金属，"白"是指非金属材料（如白色陶瓷），以及高分子材料（如软物质）。黑白结合是指多种工程材料结合形成的复合材料。波音787是世界上第一个复合材料占整个结构重量50%的客机，这意味着超过90%数量的零件和结构件采用了复合材料。按与小汽车可比的五人座位换算，其百公里仅耗油15升。航空发动机的发展史就是一部复合材料的发展史。航空发动机最核心的部件当属"叶片"，其制造占据了整个发动机制造30%以上的工作量。涡轮叶片不仅要承受超过1700℃的高温，而且还需承受着相当于三峡大坝底座的高压。科学家们发现高温合金中随着铝、钛和钨、钼含量的增加，材料性能持续提高，但热加工性能反而下降；而加入耐高温的钴之后，可将材料的寿命和可靠性提高一个数量级；加入熔点为3180℃的铼制成的铼镍合金单晶叶片，使得发动机在猛烈加热冷却及强烈机械冲击和振动的条件下，也具备长时间工作抵御变形和开裂的能力。

3）数字化/模块化工艺规划。生产单位未来将不断优化产业结构，供应链协作体系将不断变化。从总装角度，在工艺规划环节将采用数字化、模块化手段进行规划和设计，为柔性生产和供应链体系调整提供基础；零部件制造商将在工艺规划环节采用数字化手段，以对接研发和总包商。在服务上采用混合现实（Mixed Reality，MR）技术，使数字化虚拟空间和现实物理空间之间、生产物流现场与后台管理监控之间实现信息同步、数字孪生，以便用户的感知和交互。将产品、工艺设计、工装设计、制造流程、物流规划、加工装配和检查包装等各环节数字化，并统一于智能化平台。

4）远程监测持续运营。智能化车间建设完成后，要实现设备、车间、企业的垂直集成，并以此为基础构建工厂运营远程监测、设备健康管理等能力，以实现工厂的持续运营，减少设备停机带来的生产效率影响。

5）智能化生产。将生产过程与工厂运营管理紧密结合，即以IT/OT互联为基础实现生产及运营集成管控，不断引入新的智能生产设备，并建设相应的网络基础设施和物流配送设施等，支持生产计划、工艺设计、生产执行、设备运行和物料配送等过程的集成化管理。

6）智慧企业。智慧企业是一种建立在数字化感知，通过运用先进智能技术促使企业在面临多方位、复杂的生态环境中能够实现耳聪目明，具有开放性、自主学习、自主演进特征的有机体。

综上所述，未来制造企业将面向制造金字塔，实现研发、工艺、生产横向集成和企业、车间、设备纵向集成，引入模块化工艺及生产等先进方法，采用数字化、虚拟化、物联网、大数据等技术，构建工艺规划、工厂规划、生产运营的集成管控环境，实现高效快速生产。

> **[案例3-4 国电大渡河的"智慧之河"]** 国电大渡河是集水电开发建设与运营管理于一体的大型流域水电开发公司。能源行业正面临越来越严苛的环保要求，水电企业在能源竞争中正面临激烈的市场竞争，拼资源、拼规模的时代已经结束，电力产能相对过剩的矛盾突出。基于包含自动预判、自主决策、自主演进的自动管理的概念，以"精准预测、智能调控、科学决策"为核心的多维变尺度预报调控一体化平台已在大渡河集控中心建成投运，实现了大渡河下游梯级水电站群的远程集控、统一调度和人机智能化协同运行。
>
> 大渡河智慧调度建设以水情气象预测预报为核心，建成高精度水情气象预报系统，加强对各类气象、水情、市场大数据运用与分析，改变以往以定性预报、经验预报为主的传统预报模式，解决预报区域范围笼统、时间跨度大、预报精度低的问题。提高水情气象预测预报技术的精准度需要庞大的数据支撑。大渡河借助美国国家气象局、欧洲中期天气预报中心等世界权威机构的数据支撑，结合自建的105个遥测站、覆盖全流域的水情自动测报系统，实现了定点、定时、定量预报功能。公司于2015年牵头与大渡河干流5家主要开发运营主体单位签署了流域信息共享协议，通过自主开发流域信息共享平台，实现对全流域水情数据的在线采集与数据共享，根据预测数据来实时平衡、优化大坝的蓄水量与发电量。通过对大数据信息的挖掘与运用，保证大渡河干流9个控制性断面的水情预报精度达到90%以上。数据显示，瀑布沟及下游7级水电站累计增发电量37.7亿千瓦时，增加售电收入9.1亿元；减少电煤消耗130.1万吨，减排烟尘88.4万吨，减少温室气体338.8万吨；拦蓄洪水40亿立方米，最大削峰率40%；劳动生产率大幅提高，节约成本5800万元。

3.2.2 业务模式

1. 数字化工厂规划及仿真

数字化工厂规划就是指生产者考虑如何搭建一个数字化工厂来生产第一阶段所定义的产品，包括工艺规划及设计、工厂规划及设计，并在规划及设计过程中引入数字化、模块化等先进技术和方法，以提高规划效率及质量。生产者可以参考国际标准IEC/TS 62832，按部就班地搭建数字化工厂。在IEC/TS 62832标准描述的生产系统生命周期中，数字化工厂的数据被不同的活动增加、删除、更新，所以建立数字化工厂的步骤包括：①将工厂中所用到的每一个设备的属性根据IEC标准属性库进行数字化；②建立各个设备间的关联关系，关联关系分为组成关系和功能关系，如描述PLC的构成及电流与电压等工艺参数的匹配关系；③将设备的地理位置信息添加到数字工厂数据库，明确IP级别和区域定义，如是否为爆炸保护区；④建立产品全生命周期中工具与数据库之间的信息交换途径，数字化工厂数据库中的信息将在产品全生命周期中被各种工具使用和交换。

通过结合产品和生产线的数字孪生，能够在实际启动前模拟测试新的生产流程并进行优化，重点实现如下的业务支撑：

1）研发与制造并行协同。工艺人员可以基于成熟度提前开展数字化工艺派生设计、专用大型工装设计、材料定额、工艺分工等工作，如在零件设计最终定型之前，根据确定的零件最大尺寸购买模架。

2）工艺规划及设计。注重数字化规划、设计、流程、资源的一体化管理，并注重工艺的规范化管理和工艺知识库的建立及应用。对于总装单位，引入模块化思想，工艺人员进行模块化工艺设计，以实现模块化生产和与设计环节的无缝衔接。

3）工厂设计及仿真。工厂规划及设计人员采用数字化手段，对工厂中的智能设备、物流配送通道、网络基础设施、员工操作等进行综合规划、设计及仿真。

4）模块化柔性工装设计。面向智能生产线，未来实现模块化柔性工装，即面向混装生产线可以基于模块化快速组建工装配套环境。

以汽车行业为例，集成的制造规划系统功能如图3-8所示，将产品制造过程的基本要素抽象为产品（Product）、工艺过程（Process）、制造资源（Resource），即达索系统公司提出的PPR模型，实际的过程是三个要素相互耦合作用的结果。完整的白车身装焊设计平台的功能包括产品设计、工艺设计、工装夹具设计、机器人编程，如图3-9所示。

图3-8　集成的制造规划系统功能

如图3-10所示，运用人机工程软件，在三维虚拟环境下，可以模拟评估生产一线员工在各种制造环境或维护环境下的情景，达到如下目的：验证人机任务；分析装配工人的可达性、可操作性；评价和预测人的工作效率；姿态/视线分析；优化车间布局。获得如下价值：早期反馈工位设计是否正确；在三维环境下，完整地确认人工装配任务；用来生成装配指导文件或用于操作工人的训练。

在数字化工厂规划的过程中，努力实现如下的转变和升级：

1）智能生产线将由线性静态发展为模块化的动态生产线。

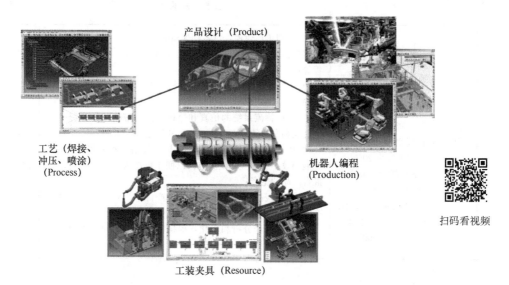

图 3-9 完整的白车身装焊设计平台

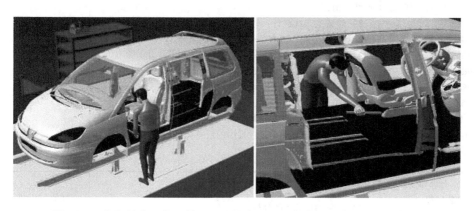

扫码看视频

图 3-10 虚拟制造：人工装配工位仿真（所用软件：达索系统 DELMIA）

2）从功能局限的 MES 到通过与 ERP、MES、APS 系统的融合涵盖价值链全流程。

3）从员工工种单一转变为更好的人机协作、人机融合。

4）从无法满足个性化定制要求到满足定制化需求。

以达索系统数字化工厂仿真解决方案 DELMIA（Digital Enterprise Lean Manufacturing Interactive Application，数据化企业精益生产交互式应用）在汽车企业的应用为例，众多的汽车整车厂通过数字化工厂规划实现如下战略目标：加速新产品引入（New Product Introduction，NPI）；缩短生产线投产准备期，加快量产和投放市场；增强生产柔性和提高总生产效率；提高生产质量；提升生产线产能；缩短生产线停产时间；减少变更产生的成本；迅速实施变更；降低工程和业务成本；统一定义和交流制造工艺；便于企业实施行业规范；将新产品引入有效传递给生产厂和供应商，提高企业资金利用率等，见表 3-4。

表 3-4 数字化制造规划系统对传统汽车整车厂改造的价值

序号	实例项目	价 值	主要解决的问题	数据案例
1	工厂设计和优化	1) 通过流程模拟以消除瓶颈，将现有生产设施的制造力提高15%~20%； 2) 更早验证设想，减少投资风险，将规划新生产设施的投资减少20%； 3) 降低物流成本和改进工作流程，优化缓冲区大小，库存和生产时间减少达20%~60%	1) 虚拟工厂建模：对各种规模的工厂和生产线进行建模，模型包括供应链、生产资源、控制策略、生产过程、商务过程等； 2) 三维工厂布局：对各种规模的工厂和生产线进行三维布局； 3) 生产物流系统的仿真和分析：控制策略的仿真以及系统性能和参数的方案比较、分析和优化； 4) 生产调度系统的仿真和分析：包括生产资源利用率、产能和效率、物流和供需链，以便于承接大小不同的订单与混合产品的生产； 5) 生产线排程：根据实际的生产订单，对单一或混合生产线进行生产计划的在线排程和优化； 6) 生产布局分析和优化：根据距离、频率和成本对各种布局进行分析	大众、沃尔沃福特、通用、宝马、标致雪铁龙、丰田等
2	焊装	1) 焊装项目时间缩短25%； 2) 产量提高10%； 3) 项目投资降低5%； 4) 工程变更单(Engineering Change Order, ECO) 减少20%； 5) 投产时间缩短10%； 6) 机床设备和成本降低10%	1) 焊装生产线规划：在3D环境下规划焊装生产线的工作单元布局、分配资源、优化产量、估算成本和节拍时间、生产线平衡； 2) 焊装生产线设计：焊装工位定义、焊点分配、焊点管理、基准点分配、基准点定位分析和焊枪选择； 3) 焊装工位详细设计：机器人作业的设计、仿真和优化，人工作业的设计、仿真和优化； 4) 车身焊装和测试：对工厂机器人、机器人程序、PLC单元逻辑进行下载和校准； 5) 报告和存档：通过 eBOP (电子工艺表)、报告和电子作业指导书来实现整个企业集团的信息交流和协同作业	奥迪、大众、宝马、通用、福特、克莱斯勒、马自达、标致雪铁龙等
3	涂装	1) 管理和仿真整个涂装过程； 2) 分析涂装质量和颜色分布	1) 涂装质量分析； 2) 涂装颜色分布的分析； 3) 涂装机器人编程	奥迪、大众、宝马、通用等
4	总装	1) 总装项目时间缩短20%； 2) 工程变更单(Engineering Change Order, ECO) 减少20%； 3) 投产时间缩短15%； 4) 劳力和原型成本降低5%； 5) 产量提高10%； 6) 工人生产力提高10%	1) 总装生产线规划：在3D环境下规划总装生产线的工作单元布局、分配资源、优化产量、估算成本和节拍时间、生产线平衡； 2) 总装生产线设计：总装工位定义、零部件装配顺序、零部件插入和取出路径； 3) 总装生产线工位详细设计：人工、自动化和混合型工位的设计、仿真和优化； 4) 总装生产线性能分析：解决瓶颈问题、优化生产量和资源配置； 5) 报告和存档：通过传递电子工艺表 (eBOP)、报告和电子作业指导书来实现整个企业集团的信息交流和协同作业	奥迪、大众、宝马、通用、福特、克莱斯勒、马自达、标致雪铁龙等

2. 生产执行及数据驱动持续优化

当数字化工厂的规划完成之后，智能制造将进入一个实质运作的阶段——生产执行与优化。传统的工业自动化技术与 IT 技术的融合形成了目前较为通用的五层企业垂直架构。在五层架构中，数据的请求或事件驱动或循环发送，这都是响应上一级设备或软件系统的请求，下一级则总是充当服务者或响应者。譬如 HMI 系统可向 PLC 系统请求发送其状态，或者向 PLC 系统下达一个新的生产配方或 BOM；数据采集装置将传感器的电信号转换为数字形式，然后由 PLC 赋予时间戳，再把信息传送至 IT 层的 MES，以进一步提供相关服务。

在新的智能制造模式下，生产执行及持续优化重点实现如下的业务支撑：

1）工艺/生产协同。与传统工艺向生产提交数据、生产依照工艺卡片执行的单向的方式不同，工艺与生产执行环节将实现高度数字化、一体化协同，即一方面工艺向生产提供材料定额、数字化工艺设计、数据变更等，另一方面生产向工艺反馈生产执行状态、更改贯彻的执行状态等。

2）生产运营集成管控。传统的 MES 生产执行管理系统侧重对生产执行过程的追踪和工时定额的管理。未来的企业、车间、设备等纵向企业资源层面，生产计划、生产执行、物料配送、供应链成品供应等生产业务层面，以及质量、成本等管理层面等，将基于 CPS（Cyber-Physical Systems，赛博物理系统）实现整合。设备管理员、物料管理员、车间主任、厂长、企业生产总经理、质量部负责人和用户方等不同的角色可以对生产运营的不同维度实现可视化实时监控。

3）基于物联网及 AR 的智能生产指导。从提高工人车间执行效率的角度，未来车间工人获取信息量将更综合、信息表达方式将更直观、信息处理将更快捷。如工人通过手持终端可以实时获取到推送的生产执行信息，包括产品设计数据、三维工艺规程、工装及资源设备信息等。此外，工人通过可穿戴设备或手持终端可以实时扫描工位或部件标识码，基于增强现实技术显示待装配的零部件以及模拟装配过程，也可以查看具体智能设备加工零部件的实时状态。

4）设备健康管理。从提高设备最大化运营效率的角度出发，未来设备管理人员可以基于物联网、大数据、AR 技术实现对设备的健康管理，主要包括基于物联网实现设备状态的实时监测与健康状态评估，基于大数据预测未来的故障，以及基于 AR 指导设备的维修执行。

5）基于质量大数据的工艺/产线优化。设备生产过程中采集的零部件加工及装配过程中的质量数据、实时状态数据可以用于辅助分析，工艺及产线设计部门可以据此进行优化改进；工艺设计是采用工艺知识积累、挖掘、推理的方法，把设计意图转化为工艺流程来指导生产的过程；工艺优化利用知识管理与优化技术实现对工艺路线、参数等与产量、能耗、物料、设备等的最优匹配，以达到产量高、功耗低和效益高的生产目标。

> **［案例 3-5　徐工的小订单与智能转台生产线］**　徐工重型机械有限公司的客服中心每天要处理来自全球 300 多个销售点的起重机订单。按照之前车间的生产效率，他们已经放弃了很多配置复杂但订货量小的小订单，因为如果订单达不到一定规模，生产就会亏本，但放弃订单会导致客户流失。转台是起重机承载重力的核心，质量达 6 吨。徐工一个14000 平方米的车间每天只能生产 20 个转台，还常常被积压的工件占据了一半面积。转

台有18道生产工序，每一道工序分成5~6个工步，一个工序完成后必须尽快将转台吊运到下一个工序以继续加工。转台运送到下一个工位通常需要等待行车20~30分钟。徐工通过智能生产线的开发革新了这一低效的传统制造方式。柔性工件托盘上有168个固定点，能准确卡住每一种配置的转台工件，使得配置繁复的18道工序可以不停顿地进行。搭载柔性工件托盘的智能有轨物流车会与焊接工作站自动对接。这道工序以前由人工完成，对接精度很难控制，现在完全靠机器实现智能的作业。搭载工件托盘的物流车在进入焊接工位之前，车上两个液压轴承会将6吨重的转台工件举升到与焊接工件等高的位置上。能否保持工件绝对水平决定焊接的质量。工程师们从琴弦中找到技术思路，他们在液压轴承的旁边，装上了可以随液压轴承拉伸的钢丝，钢丝连接的编码器会以每秒36万次的频率实时反馈上传拉力数据，不断给液压系统发出调整指令，保证抬举始终保持水平。转台在液压系统精准控制之下平稳上升，高频数据实时反馈以确保水平。转台抬举到位后，物流车开始运动。由于运动的惯性非常大，要想在精度1毫米以内准确停住是很难实现的。工程师又从钢琴脚踏板能调节音量的原理中得到启发，办法是运用三块脚踏板形状的感应器控制物流车的行驶速度。当物流车接触第一块感应器后，物流车开始减速；第二块触发时开始刹车；第三块触发时则完全停止。最终物流车及装载的6吨工件精准到达焊接工位，高度也精准水平。通过这条智能转台生产线，一个车间目前每天的产量达到了40台，并且可以承接各种复杂配置的小订单。

3. 全球制造协同

未来的全球制造协同将依托互联网等技术，消除地域障碍，进一步提升制造分包的管理规范化水平和制造分包协同效率；从变革制造商业模式的角度出发，通过物联网、云计算等技术，基于云平台实现制造资源的最大化高效利用。

1）全球制造分包协同。总制造商将对制造分包需求、计划、执行、交付和状态控制的完整过程进行管控；分包商将方便地获取分包需求，按照计划和规范交付成果，并实时交互变更情况。

2）云制造。通过云制造平台，转变传统的设备资源与生产能力绑定的商业模式，充分发挥制造商联盟的资源整合优势，减少资源冗余与闲置，实现资源的按需供给。

[案例3-6 空客A380的全球协同制造] 空中客车公司（简称空客）的采购网络遍布全球30个国家，有1500家以上的供应商加盟，其中40%是美国供应商，其他为欧洲、亚洲、非洲和澳大利亚的供应商。空客采购范围涵盖从原材料到飞机结构件和起落架等各类零部件。空客建立了采购门户网站Sup@irWorld，保证整个供应链采购信息的及时沟通。在欧洲，空客总部设在法国图卢兹，A380在法国图卢兹总装配工厂进行总装；机身的前段、后段及飞机内饰在德国设计制造并从德国汉堡启运；机翼在英国布劳顿工厂设计、制造、装配，并通过海运送往法国；驾驶舱、机身中部以及机身和机翼的连接工作在法国完成；两种尾翼在西班牙设计制造。这些国家紧密配合协作生产出世界上最大的客机A380，如图3-11所示。

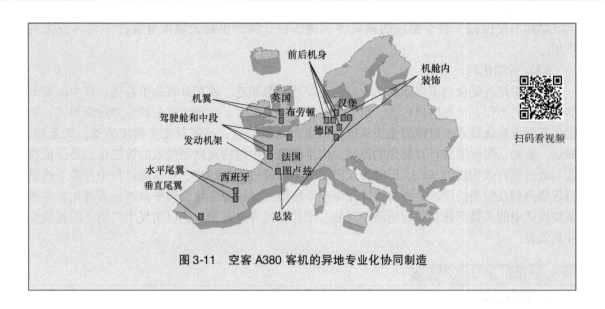

前后机身

机舱内装饰

机翼

英国

汉堡

驾驶舱和中段

布劳顿

发动机架

德国

扫码看视频

水平尾翼

法国

西班牙

图卢兹

垂直尾翼

总装

图3-11　空客A380客机的异地专业化协同制造

3.3　物流

3.3.1　发展趋势

越来越多的制造企业在重视生产自动化的同时，也越来越重视物流自动化，自动化立体仓库、无人导引小车（AGV）、智能吊挂系统得到了广泛的应用；而在制造企业和物流企业的物流中心，智能分拣系统、堆垛机器人、自动辊道系统的应用日趋普及。WMS（Warehouse Management System，仓储管理系统）和TMS（Transport Management System，运输管理系统）也受到制造企业和物流企业的普遍关注。

在智能制造时代，个性化定制的需求对智能物流系统提出了很多全新的要求。例如，在汽车行业，当零部件数量呈爆炸式增长后，各种配置总和可达到 10^{32}，这意味着在一个月甚至更长时间内，一条生产线不会下线两辆相同的车型。为了支持这种生产模式，要求智能制造体系中的智能物流系统必须朝着全流程数字化、网络化、柔性化和智能化的方向转变。物流智能深度的提升是从订单、计划调度、信息跟踪的信息化管理开始，到通过多种策略进行运输整合，再到基于知识模型的运输路径的优化，最终实现精益化管理、可视化智能物流。未来的趋势是沿着"数字化、网络化、智能化"的路径发展。

（1）全流程数字化

在未来智能制造的框架内，智能物流系统能够智能地连接与集成企业内外部的全部物流流程，实现物流网络的全透明与离散式的实时控制，而实现这一目标的基础在于数字化。只有做到全流程数字化，才能使物流系统具有智能化的功能。

（2）网络化

智能物流系统中的各种设备不再是单独孤立地运行，它们通过物联网或互联网技术智能地连接在一起，构成一个全方位的网状结构，可以快速地进行信息交换和自主决策。这样的网状结构不仅保证了整个系统的高效率和透明性，同时也最大限度地发挥了每台设备的作用。

（3）智能化与自组织

自组织是智能化的重要体现。通过物流设施智慧相连，使其具有去中心化、自主决策的能力，它们不仅是任务的执行者，也可以是任务的发起者。有别于以往的生产物流形式，智能生产物流系统模式不仅能智能地从智能设备中获取信息，还能对生产物流活动，如运输、搬运、装卸、包装等进行智能化的控制。而生产系统中的物流路径规划的智能化，是保证智能制造过程有效衔接的基础。同时为保障系统中物流过程的畅通，对物流过程中各类干扰进行智能判别及权衡决策。最终将智能化生产系统模式通过智能化管理平台进行直观化，并将系统模式中的关键问题，如智能路径规划、干扰管理等进行集成，以实现生产物流的智能化和高效性。

3.3.2 业务模式

1. 精益物流

精益物流的三种典型物流方式为顺引、顺建和成套零部件供应（Set Parts Supply，SPS）。

（1）顺引

顺引是指厂外排序依次引取。在顺引模式下，卫星供应商根据主机厂发布的产品装配指令将所需的零部件排序，零部件排列顺序与产品装配顺序一致，按指定的时间将零部件直接引取到主机厂装配线对应的工位并立即使用，厂内各环节不设置仓库，因而最大程度地消除线侧货架库存与搬运浪费，并提高物流效率。

在这种模式下，体积大、价格高、重量大、包装不便、种类或颜色类型多的零件的库存成本及物流成本显著降低，但要求供应商与主机厂的距离较短，供应商的生产运输周期要小于主机厂的装配周期，同时也要求生产顺序准确，供应商能力及零件质量较高，因为零件被送达指定工位后直接被装配使用，而不再有质量检查环节。

（2）顺建

顺建是指厂内物品顺引。供应商将零部件送至主机厂后，由于零部件按供应商排序与生产需求的排序不一致，需要在分类场被转换成按生产顺序排序，以便与生产线需求排序保持一致，并在规定时间内按顺序送至线侧。顺建模式适用于需要在上线装配之前进行进一步的加工且加工后又符合顺引特性的零部件。

（3）SPS

SPS指的是把零部件送到工厂的检收场之后，将其存放在一个被称为P链（Progress Lane，进度链）的临时区域，再按生产进度指示（安灯、看板）将单台产品所需的中小零件组合在专用容器中，为生产线提供供给的物流方式。换句话说，是将同一台车不同工位上的零部件打包，构成一整套来供给，因此能防止漏装、错装，减少线侧面积需求，灵活应对产品变化。

2. 智慧物流

在传统大规模制造模式下，流程控制、机台操作、信息整理、传递以及生产物流调度等生产物流活动大多依赖于人工经验来进行操作，物流搬运更是依赖于人工作业和叉车；生产物流设备间的作业都是相对独立的，软件不通用、不兼容，因此信息流效率低；管控实效性差，且主要以早期 ERP 系统为主。

而智慧物流模式将 IT 技术、互联网技术、物联网技术有机地应用于生产物流过程之中，模式针对对象转向了个性化定制；新型模式减少了对人工操作的依赖；生产物流作业通过机器自主感知、学习推理，进行智能决策，自行解决生产物流中的问题；设备之间互联，以 MES 系统为主要核心，硬件、软件相互协同，信息实时同步，资源实现共享。

智慧物流应该具备以下几个典型特征：

1）去中心化。未来的物流设备不是由中心控制系统来控制和调度，而将是自主、分散控制的。

2）自主性。智能设备具有自己决定工作路线的能力，如美的集团安得智联公司的 Aircarry 机器人靠激光扫描成像来分析导航，可以灵活布置在搬运等物流作业中，自主寻找路径，并且定位精度达到 1 厘米。

3）高柔性化。物流柔性化，是指为了实现物流作业适应消费需求的"多品种、小批量、多批次、短周期"趋势，灵活地组织和实施物流作业。在自动化的基础上，要求对应的物流系统具备更高的柔性。在个性化定制的新生产模式下，首先受到冲击的正是制造企业的物流系统。为了满足用户定制化、快速响应等要求，需要物料配送模式更具有高柔性的自动化，具有根据订单做出快速响应的能力。技术路径是利用物联网技术实现全网覆盖，实时自动获得准确的数据，通过数据驱动流程自适应变化；用输送线连接起来的刚性的生产体系逐步变为由机器人支撑的柔性的智能制造系统。柔性化的物流系统，既包括了流程的柔性化要求，也包括了硬件上、布局上的柔性化要求，并考虑到未来根据生产需求进行布局调整及系统调整的可能性。例如，运输车、托盘、周转箱成为基本智能单元，每辆运输车都是独立的，它们可以根据所在位置与状态自主承接合适的一个或多个订单，以多对多的方式匹配选择适用的托盘或周转箱，并与其他的生产设备和运输车交互，绕过行驶中遇到的障碍。

[案例 3-7 比萨饼店的快递服务] 只要输入顾客的电话号码，比萨店的计算机就能显示顾客所有重要的信息——姓名、地址、住宅方位、附近的标志性建筑，甚至该顾客购买比萨饼的历史记录；如果另一家分店离顾客更近，则将订单自动转到这家分店；点击一下鼠标，计算机不但会显示出顾客的信息，而且会在局部地图上标出顾客的位置所在，显示司机需要找到的街道；自动计算最优路径，显示所有在该路径上朝着店方向行驶的送货车，并按照送货最快、燃油成本最低的方案自动进行送货任务分配；如果路径上某点塞车，则送货计划与路径自动发生变更，如果时间延迟超过阈值则通知顾客；与此同时，计算机屏幕上显示的顾客订单的内容可供厨房内的厨师读取，还在所有的送货车上配备了移动电话，如果出了差错，司机可以随时与店面或顾客通话，以最快的方式解决问题，避免重做一份比萨饼。

4）智能化。如安得智联 Optimus Prime 及 Bumblebee 系统通过设计抓取装置，既实现了平面仓储的智能运行，又提高了立体空间的使用效率。在未来，基于启发式算法与数学规划模型的三维装箱算法将优化物品的摆放，提高三维货架、集装箱、运输车等的空间利用率，降低物流成本。智能化将是人机智能共融的，如员工可以根据新发现的经验知识，在人机界面上输入启发式规则"对剩余物品按体积排序,体积大的物品先放入""某面相同的物品先在该面叠放合并成大的物品再放入"等,这些规划添加到专家系统知识库中,启发式算法将自动运用所有规则,优化物品摆放顺序与位置,提高装箱效率。

> [**案例 3-8 博世的智能化生产物流**] 在洪堡的博世物流中心,设备与工件之间已经借由互联网和传感器建立起了实时的联系:每个工件或者装工件的塑料盒里都有记录产品信息的无线射频识别电子标签(RFID),每经过一个生产环节,读卡器会自动读出相关信息,反馈到控制中心由工作人员进行相应处理,绝大部分生产活动都可以实现自我组织。比如,工件在什么位置,在什么机床上加工,加工的时间长短,物料库存有多少,以及是否需要补料等。这些信息直接与生产管理软件无缝集成在一起,生产过程中所有的数据均可在网络上实现高效、实时流动和可视化展现,可轻松有效地解决生产过程中遇到的问题。新系统投入使用后,工厂库存减少了30%,生产效率提高了10%,由此节约的资金可达几千万欧元。在博世北京工厂,所有的机床实现了互联。一台计算机管理着所有的数控机床,程序集中存储在中心服务器中,每台机床需要加工程序时会远程自动下载,机床的状态一目了然,开机、关机、运行,加工什么产品,加工多少件,故障信息,以及机床的利用率等,所有信息都自动、准确地显示出来,实现了生产过程的透明化和自组织。

3.4　销售

智能销售管理是以客户需求为核心,利用大数据、云计算等技术,对销售数据、行为进行分析和预测,带动生产计划、仓储、采购、供应商管理等业务的优化调整。销售智能深度的提升是从销售计划、销售订单、销售价格、分销计划和客户关系的信息化管理开始,到客户需求预测/客户实际需求拉动生产、采购和物流计划,再到基于知识模型与人工智能的更加准确的销售预测,对企业客户管理、供应链管理与生产管理进行优化,最后到通过对从电商平台上获取的大数据进行分析以实现个性化营销等。

3.4.1　发展趋势

在智能制造背景下,销售管理与研发、制造、服务等环节将紧密融合,并体现智慧化特性。区别于传统的商业智能(Business Intelligence,BI),智能销售管理的趋势如下:

1)可视化。销售管理将在纵向企业资源层面、端到端价值链层面和横向供应链层面实现完全透明化的监控。

2)洞察力。在实现可视的基础,未来将基于大数据分析等能力,对监测到的销售状态进行分析,建立数据之间的关联,发现销售问题的根本原因及关联特性,辅助领导进行决策。

3)优化。在可视、洞察的基础上,未来支持企业在组织结构、管理流程方面对销售管理业务体系进行优化,如新增大数据管理部门及配套业务,构建企业的核心知识资产。

具体业务模式包括客户关系管理、协作型销售、全渠道经营与全流程O2O、基于大数据的销售智能。

3.4.2 业务模式

1. 客户关系管理

客户关系管理（Customer Relationship Management，CRM）的定义是：企业利用相应的信息技术及互联网技术协调企业与顾客间的交互，向客户提供创新、个性化的客户交互和服务，其最终目标是吸引新客户、保留老客户，增强客户黏性，促进销售。

在数字化技术的推动下，RFM 模型被广泛应用。R（Recency）是指最近一次消费的时间，上一次消费时间更近的顾客应该是比较好的顾客。数据显示，如果能让消费者购买，他们就会持续购买；F（Frequency）是指顾客在限定的期间内所购买的次数，最常购买的消费者的忠诚度通常也最高；M（Monetary）是指消费金额，根据帕雷托法则，公司80%的收入来自20%的顾客。

RFM 模型是衡量客户价值和客户创利能力的重要工具和手段。结合这三个维度，如果每个维度分为五个等级，那么就可以把顾客分成 $5 \times 5 \times 5 = 125$ 类，对其进行数据分析，然后制定有针对性的营销策略。某婴幼儿用品公司的营销分析示例如图 3-12 所示。

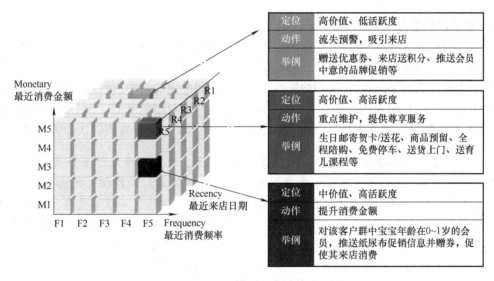

图 3-12 RFM 模型及营销策略示例

2. 协作型销售

互联网对销售管理的第一个变革是促进了销售团队成员之间的协作以及销售部门与生产和服务部门之间的协作，具体来说：一是通过 CRM 与 OA、电商平台的联通，提供一体化的销售管理功能，满足移动场景需求；二是利用社交工具，实时沟通，加强销售团队协作；三是以客户为中心，集成客户信息和产品信息，实时连接产品与技术专家，提高销售成功率。国外的西门子的全球知识管理系统、Salesforce，以及国内的纷享销客、阿里钉钉都是协作型销售系统的代表性供应商。

除去外勤签到、外勤统计、汇报分享等基本功能，纷享销客的"PK 助手"功能直观地展示销售团队之间的业务竞争，通过简单的团队 PK 选项，可以对比各团队在一定时期内销售业绩，并且还可显示胜负承诺以及公证人等，区别于传统的小黑板、报表对比，这种模式能有效激发销售团队的工作热情。阿里钉钉除了具备微社区、考勤打卡、外勤管理、文件调查等基础管理应用外，还具有即时通话功能，依托于网络电话技术，采用网络回拨电话模式，优势在于脱离网络也可以满足日常工作中的需求，可以为用户节省一笔不小的电话开支。

> **[案例 3-9　7-11 分店的协作与共享单车]**　7-11 在日本的 8000 多家分店中的任何一家都是一个订购点。在那里客户可以使用触摸屏进行订购，这些商品可以被送到任何一家 7-11 商店。多个订单可以合并到一起送到同一家商店。7-11 对于在触摸屏上订购的商品接受现金或信用卡支付，解决了没有信用卡或不愿意在网上提供信用卡号码的问题。
>
> 　　类似的例子还发生在共享经济中。用户租赁了一辆汽车后，驾驶到了另一个城市，可以当地归还，而无须开回起点城市，这一模式因方便了用户而大受欢迎。人们可通过 GPS 找到离自己最近的自行车，只需手机扫二维码，就能完成开锁、租车、支付功能；同时在指定区域甚至任意位置，都能通过扫码迅速归还自行车，这种还车方便的优势成就了一种新型的分享销售模式。

3. 全渠道经营与全流程 O2O

互联网对销售管理的第二个变革就是开辟了全渠道销售体系，并最终以 O2O 形式推动了渠道协同，促进销售流程的变革，包括定价、订单处理、发货、退货等，提高了销售效率。如丹麦的绫致时装通过订单管理中心，把实体店和电商的订单进行统一管理，并且以门店作为电商的仓库，实现就近送货。许多公司允许客户实时浏览产品，如一家家具商场使用 48 台"Web 摄像机"在网上展示其存货，并接收客户意见，使存货周转次数大大增加。

> **[案例 3-10　苏宁易购的全渠道销售体系]**　线上、线下及物流结合诞生的新零售对纯电商和纯线下产生冲击。京东、苏宁等电商巨头纷纷提出新零售相关概念，盒马鲜生、无人超市等新业态相继落地。为了实现从消费者体验出发的线上＋线下交易，苏宁推出全渠道智慧零售的方案，消费者可以在线上通过苏宁小店 App 进行购物，可实现 3 公里范围内半小时配送；在线下，货架旁设置二维码，无人配送车自动跟随，还可以自行前往购物车专属结算通道，实现自助收银、移动支付的购物场景。在社区，主要围绕用户的"一日三餐"，主打生鲜、果蔬、熟食等品类；而在核心商圈、人流密集区，则会根据用户群体画像，提供水果、日配、热饮，甚至是日用、医用（医院旁）、运动型（体育中心旁）等差异化的产品与服务种类组合，实现"千店千面"。苏宁易购通过门店互联网化及数据化建设和强化经营质量管控等方式，2018 年上半年财年苏宁易购全渠道销售规模增长 44.55%。

4. 基于大数据的智能销售

企业的客户，包括最终客户、分销商和合作伙伴，是最重要的企业资源。通过大数据分析来满足客户的需要，是以产品为中心向以客户为中心转变的体现，是销售业务模式从网络化进入智能化阶段的标志。

[**案例 3-11 丰田汽车：从数据中挖掘利润**] 丰田的基于大数据的销售智能，将智能化覆盖到客户。美国丰田汽车销售公司（TMS）共有2.5万名员工，负责监管美国的1350多个特许经销商的销售以及运营情况。TMS通过数据挖掘工具对经销商的数据融合进行挖掘，分析得到车主的年龄、收入、职业等属性与所购车型的关系规律，因此可进行有针对性的营销；发现在某城市增加现有经销处的存货，将可以增加市场销售，因而撤销在该地建设新经销处的计划；等等。过去，分析师做一份成本报表需要花费200多个小时，因此只能每年进行一次；而现在几乎可以实时进行，可实时地为将要延迟的送货发出警报，实时地显示错误的送货路线所产生的成本变化等。根据美国汽车新闻数据中心公布的数据，丰田美国的汽车生产量增长了40%，但人员仅增加了3%。

通过大数据分析，在零售业可以预测销售额，决定存货水平和分销计划；在航空业可以找出潜在的热门航线；在广播业可以预测在黄金时间播出的最佳节目，怎样插播广告以获得最大回报；在营销业可以分析消费者人口分布，预测哪些消费者会对广告作出反应；而在银行业，可以预测坏账水平、信用卡欺诈、新顾客的花销和顾客对产品的反应。

[**案例 3-12 英国电信的消费行为分析**] 英国电信是一家大型的电信公司，它的150万用户每天要打9000万个电话。该公司提供4500种产品和服务。它想找到一种最好的与个别消费者接触的方法，解决方案是建立顾客数据仓库。公司使用大量并行处理（Massively Parallel Processing，MPP）的神经计算技术，数据仓库的内存达16GB。通过该系统，公司可以找出单个产品、产品系统和消费者购买特点。应用之一是确定哪些消费者可能会被竞争对手夺走，以及预测销售额巨大的产品的发展趋势。以前市场部门分析的数据是6～12个月前的，而现在信息接近实时。

3.5 服务

服务是通过对客户满意度调查和使用情况跟踪，对产品的运维情况统计分析，反馈给相关部门，以维护客户关系、提升产品，从而达到纵向挖掘客户要求，进而横向拓展客户群的过程。服务智能深度的提升是服务方式从传统信息化到基于服务体系的反馈优化，再到基于云平台与客服知识库或产品故障知识库提升服务质量，最后到利用客服机器人或大数据智能分析实现智能化、个性化服务的转变。

3.5.1 发展趋势

制造企业由以"研发为中心"和"生产为中心"向以"服务为中心"的转型成为发展趋势。通过服务转型，一方面通过给客户提供更多的增值服务，打造新的竞争优势；另一方面通过创新服务商业模式，给企业带来新的利润增长点。基于物联网技术，厂商在产品售出后仍能通过产品的联网能力对客户进行感知，对产品使用数据进行收集，提供预测预警服务，并进一步挖掘用户服务需求。

例如，三一重工集团公司对其卖出去的20万台工程机械的运行状态进行数据分析，主动为客户提供保养服务，降低了自己的备件库存；形成被称为挖掘机指数的宏观经济指标，为我国政府提供决策参考；利用其数字化网络化能力实现挖掘机的远程可视化控制，完成了日本福岛核电站废墟内部的局部清理工作，收获国际赞誉。又如海尔的U+平台，不仅对销售出去的智能产品提供服务，还汇聚了大量的第三方资源，从而进一步满足了客户需求，形成了一个服务生态。

智能制造背景下客户服务的主要趋势如下：

1）服务的高敏捷性。客户服务可以借助基于物联网的运营、基于AR的服务支持等新技术和新业务模式实现高敏捷性。敏捷服务就是以客户为中心，面向智能产品运营，引入维修工程等先进方法，采用数字化、虚拟化、物联网、大数据等技术，构建敏捷服务规划及运营环境，形成规划、运营、优化的互联闭环服务体系，实现产品高效可靠运营，转变盈利模式。

2）服务商业模式创新。产品的智能互联性使得服务商业模式的创新成为可能，企业可以通过提供增值服务带来新的利润增长点，如建立事后维修、预防性维修、预见性维修等多级维修机制，打造一站式服务、计时服务、远程软件产品升级服务和产品运营托管服务的多层次服务模式；企业也可以打破传统的单纯卖产品的销售策略，转向产品即服务模式，采用客户运营数据分析服务、性能保障计划、全球服务协同和产品服务系统等新的商业模式。

3）服务体系化。服务模式的转变需要完善的客户服务业务体系和应用体系提供基础支撑。因此，企业未来需要逐步通过数字化手段，建立客户服务规划、交付、执行、优化和全球协同的完整数字化客户服务体系。

3.5.2 业务模式

1. 服务协同与产品服务系统

（1）研制与维修协同

需要构建数字化的维修规划分析及设计体系，为维修执行提供准确的操作步骤、维修资源、技术能力要求的输入。未来，维修性分析将与产品和工艺研制过程紧密融合，一方面通过正确的输入，使得在研制阶段就保证产品的可维修性；另一方面研制结果可以得到有效的管理并方便追溯。

（2）服务与文化建设协同

文化代表了产品的独特品味，文化与服务构成了产品的延伸层。产品与服务不仅要有实用价值，更要表达一种文化内涵。消费者购买产品与服务，除了要获取其功能与效用外，还要取其内在的文化附加值。文化附加值已成为影响消费者的关键因素。

[案例3-13 九江酒厂的技术研发与文化建设] 九江酒厂位于岭南酒文化浓郁的佛山酒乡，至今已有200多年的历史。目前，九江酒厂拥有20多项发明专利，每年研发投入超过3000万元，参与了豉香型白酒国家标准的制订。

九江双蒸酒以西江水、大米和黄豆为原料，制成酒曲，经蒸馏、贮存后，还需放入肥猪肉酝浸一个月的时间，这是九江双蒸最核心的工艺特色。肥猪肉中包含脂肪酸等许多微量成分，有助于大豆的发酵。同时，肥猪肉能够吸附酒中的杂质，使酒的口感更加顺滑，

带有一股独特的油香。九江酒厂计划利用广东盛产水果的优势，将酒与水果相结合，推出更多口味的米酒，给年轻人提供更多选择。2015年九江酒厂成立了全国唯一的一所米酒研究院。传统酿酒主要依靠不可控的自然条件，而近些年随着酿酒工艺的不断提升，酿酒的环境也达到了可控的程度，包括湿度、温度、益生菌的培育和微量元素的控制。

除了工艺的研发，九江酒厂还格外重视企业运营的数字化管理。在电商起步之际，九江酒厂就建立了自己的O2O平台，并通过"一瓶一码"的管理模式，实现对产品的跟踪管理。此外，通过二维码还可以进入企业的微信公众平台，实现企业与消费者之间的互动。一些有价值的客户沉淀下来，形成了数据库，企业将利用大数据技术，深度挖掘消费者的价值。

在文化建设方面，2009年九江酒厂成立了国内首家酒博物馆——九江双蒸博物馆。在博物馆内，消费者可以自己动手制作酒。近几年企业收购了周边的一些厂房和土地，计划在西江边建设一个集酿酒工艺、旅游与酒品收藏于一体的特色酒庄，对现有博物馆经营的内容、商业模式进一步扩容。此外，九江酒厂还与香港无线电视合作拍摄电视剧《九江十二坊》，其内容就是讲述九江酒厂的前身，十二家制酒作坊曲折发展的历史。九江酒厂首先提倡喝健康酒，然后是健康喝酒，摒弃豪放饮酒的不良习俗，借鉴西方国家的经验，研究酒与食物的搭配、饮酒的氛围、饮酒的温度和酒具等，形成了一种科学和量化的"侍酒文化"。

(3) 产品与服务融合

企业从销售产品转向交付可衡量的业务结果，提供产品与服务融合形成的产品服务系统。例如，种子供应商孟山都收购了一家卫星公司，通过扫描农场土地，采集关于土壤成分、温度、湿度的有价值信息，为农场主制定正确的决策，可提高10%~20%的产量。工程机械企业小松通过卫星与采矿设备进行数字连接，进行远程设备监控。小松通过预测工具来帮助客户进行设备维护和保养，确保设备随时可以为矿山使用，因而获得更多的利润，并提高客户的忠诚度。罗罗公司在飞机发动机上安装传感器，用来搜集发动机的数据，以进行预测性维护和改进产品设计。通过使用大数据解决方案，可以帮助工程师进行发动机诊断并给出修理建议，以及进行配件管理。GE（General Electric Company，通用电气公司）进行工业互联网转型的本质目的是实现商业模式的转变，从制造向服务转变。2016年刚刚收购GE家电并成为GE工业互联网Predix平台最大用户的海尔，也在向服务转型，其定位为信息化的制造服务企业——不仅向客户提供产品，而且要利用现有的研发、物流、制造、销售和服务等资源为客户提供定制化的产品解决方案和服务。

要转向这一新的商业模式，需要提供一套新的定价模型，对所创造的价值进行准确的评估，也需要建立一个平台来管理新的反馈循环流程与数据流，通过云的架构搜集传感器数据并制定预测和优化算法，在全流程上进行创新。

[**案例3-14　中国交建集团的盾构机监控**]　工程机械的数字化管理与实时分析能预知工程事故，减少生命与财产损失。盾构机传感器包括土压、物位、位移、温度、流量和压力等种类的传感器。多年以前，由于刀具监控不力，中国交建集团在上海过江隧道掘进

的过程中曾发生了重大坍塌事故。在2018年2月，由于监控数据的不充分及对数据分析预警的忽略，佛山市季华西路的地铁工地突发透水导致隧道管片变形及破损，引发三十多米地面坍塌，人员未能及时撤出，造成重大事故。中交城投建设公司负责人陆广明说，现在完善了集团级工程机械全生命周期管理系统及相关管理制度，通过对盾构机刀盘上的刀具及土压进行高频实时的数据采集及大数据分析，分析结果显示在指挥监控平台上的远程视频监控系统的巨大屏幕上，同时显示项目施工现场的实时视频画面，如图3-13所示。在各个项目现场地下空间中，搭建了密布于盾构机的传感器及高清的摄像网络，数据感应能力达到毫米级，随时检测温度变化、土压变化，通过物联网卡，设备运作、物资流转等数据每隔3～5秒就能直接传输到集团总部，相当于给集团管理人员安装了"千里眼"，在总部就能看到全球各施工项目的实况。盾构机的即时定位信息、掘进风险点分布和线路图规划，以及项目进度均一览无遗，智能化程序相比人工发现问题再处理，更加精准快捷，可以在隧道崩塌等各种事故之前撤出所有工程人员，甚至可通过改变路线与工艺的方法，提前防止崩塌的发生。另外，随着设备的自动化、智能化，以往1个标段2～3年的工程量，现在仅需6个月就可以完成。

扫码看视频

a）正在组装调试的盾构机前端　　　　b）佛山施工路段拆卸维修中的盾构机刀盘

c）隧道掘进工程中控室　　　　　　d）刀盘传感器实时数据展示分析

图3-13　隧道掘进工程盾构机数据采集与可视化

2. 全球服务协同与服务优化

互联网改变了传统服务的地域分布，并且高带宽网络、高清视频、VR的应用将实现远程即对面的效果。如远程医疗，能把原本集中在中心城市的、稀缺的医疗资源覆盖到更加偏远的农村地区，降低这些地区急重病人的死亡率。并且，互联网带来的便捷化操作使得低收入阶层也能接入和使用。如在金融领域，以前的银行理财业务没法面向大众，因为它的服务成本高，能力有限，而互联网金融使得企业降低了IT成本，能更好地控制信贷风险，所以能够为广泛的低收入人群提供理财服务。

全球服务协同是指制造商利用互联网构建全球服务的组织及协作体系、MRO（Maintenance，Repair and Operations，维护、维修与运行）供应商网络等，提供网络化服务信息支持。其业务内容包括：

1）服务监测与快速响应。产品交付后，在制造商服务管理部门将构建一对多的服务监测环境，基于物联网技术实现对智能产品服务过程的实时监测，并对监测过程中的问题及时做出响应，提供一站式服务，通过收集到的数据优化维修方案等工程环节，形成闭环的服务循环保障体系。

2）AR与VR支持。为客户提供少纸化服务信息支持方案，客户及现场服务人员使用手持终端或可穿戴设备，可以实时获取产品运营状态、维修技术信息，将服务规划过程与实际维修过程紧密融合，基于AR技术实时获取产品运行信息；开发计算机辅助培训（Computer-Based Training，CBT）设施及数字化培训教材，支持培训人员基于AR技术进行虚拟培训。

3）备件预测与预见性维修。为客户提供备件预测和备件建议，通过服务监测及实际备件消耗情况，帮助客户提前预测备件采购及投产需求，制造企业则可以提前安排备件采购及生产计划；技术人员通过运营监测平台发现故障后，可以远程进行问题修复，也可以通过网络指导现场服务人员开展维修工作；通过对产品运营的数据进行分析，结合故障知识库，提前预测可能发生的故障，提前采取行动预防故障的发生。

4）基于知识库与维修大数据的服务优化。借助云平台、移动客户端、知识模型和智能客服机器人等技术，多维度地对客户知识进行挖掘，建立故障知识库，为故障诊断及产品健康管理提供基础支撑；基于服务过程中采集的数据及维修过程中的数据，可以进行大数据分析，以优化设计、工艺、服务规划等工程设计环节，为下一代产品创新提供支撑，向客户提供智能服务和个性化服务。

如工业环境中广泛会用到工业机器人，工业机器人的常见故障有：伺服焊枪断裂、电缆断裂、接线松动、减速机故障等。为了避免这些故障发生，提前监控与预判，可添加传感器对振动、电流等关键参数进行监控。将监测的机器人设备的数据进行采集，通过现场总线和无线通信等技术将数据收集保存在物联网的网关，然后上传到云端，通过大数据服务器和大数据分析软件，对监控机器人的状态进行预防性维护，若有超过设定警戒阈值的异常现象或符合知识库中的某个规则，可通过邮件、短信和可视化界面的形式预警，从而大大减少维修资源和非计划停机时间，提高OEE。

3.6 覆盖全产品生命周期的端到端集成

端到端集成是指产品全价值链和为客户需求而协作的不同公司，通过产品的研发、生产、服务等产品全生命周期的工程活动，实现企业间的数据自动流动，实现围绕产品的企业间的集成与合作。

覆盖全产品生命周期的运营系统的端到端（或称点对点）集成将打破原有各种管理系

统之间的藩篱，将管理融为一体。原有的管理系统（如 PLM、SCM、CRM 等）之间由于信息格式不同等原因无法相互连通。比如 SCM 的信息往往无法直接传递给 ERP 系统，而需要通过人工录入，使得 ERP 系统的资源管理失去时效性。基于面向服务的体系结构等理念将原来不能连通的管理系统连接起来，将应用程序的不同功能单元与服务通过定义良好的接口和契约联系起来，以一种统一和通用的方式进行交互，消除管理体系中的梗阻、重复、冲突和主观随意，企业管理将会更加顺畅和快速。

　　智能制造整体架构中的三层核心为：企业运营与协同层、工厂优化与执行层、工厂连接与自动化层，各层分别支撑不同的六大智能化指标，覆盖从研发到交付的全生命周期，如图 3-14 所示。

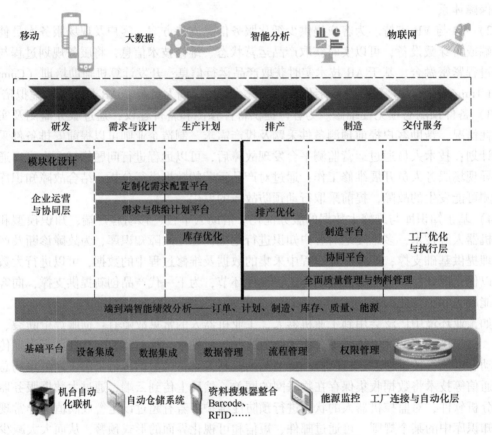

图 3-14　产品生命周期的业务逻辑流程视图

　　德国"工业 4.0"提出端到端集成的起初目的就是使作为"隐形冠军"的广大中小企业通过打造紧密产业链、生态圈，克服企业规模劣势，参与全球竞争。端到端集成或许是中国制造企业的一个突破口。相信在中国成熟的工业化体系的基础上，在如火如荼的"互联网＋"战略的推动下，中国企业在端对端集成方面将走在世界前列，引领智能制造实现突破。

　　海尔的互联工厂，通过互联网，让用户和生产线实现直接对话，用户的个性化需求可以在第一时间反馈到生产线，用户可以远程查看自己所购产品生产的全过程。在定制选择、订单流转、生产过程、物流运输等各个环节，数据实现了自动有序流动，用户将不再是被动的等待者，而是全流程的参与者、监管者，从而获得用户最佳体验，实现制造端与消费端的零距离交互。中国还有很多的互联网公司，如乐视、小米、360等，以产品全生命周期为主线，实现社会化的协作。将来的工厂会改变当前"麻雀虽小，五脏俱全"的局面，会向充分利用社会资源方面发展，包括订单、人员、物料、设备的共享，淡化工厂之间的边界，打破封闭、独立的生产模式，构建成开放的、服务型的平台，通过信息系统将供货商、委外合作厂、客户及内部的各事业部紧密联系成通畅的"水沟"，数据将在工厂内外、人机料之间、信息系统与机器之间的"沟"中通畅地流动。工厂不只是生产产品，更是生产数据，数据将成为企业的核心竞争力，如图3-15所示。

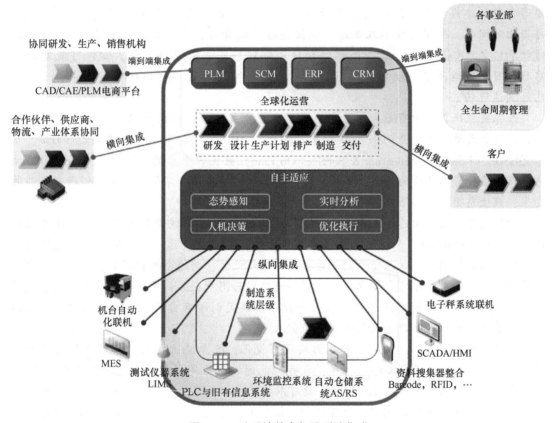

图3-15 跨系统整合与端到端集成

[**案例3-15 沈阳机床公司的产品生命周期管理**] 沈阳机床公司从诞生之日起就是国内机床行业的排头兵，但长久以来由于缺乏核心技术，沈阳机床公司生产的产品只能针对中低端市场，不仅盈利少，而且容易受到经济环境的影响。该公司董事长关锡友发现，机床产品控制精度低的原因，不在于硬件，而主要在于软件。如果缺乏先进的控制软件和科学的参数，再好的机床配件组装后也会发出像拖拉机一样的噪声；机器一旦拆卸再组装恢复，各种接合面的固有频率不一样，参数就应该重新调整。沈阳机床公司的i5系统于2014年研发成功。所谓i5，意即Industry、Information、Internet、Integrate、Intelligent，也就是工业化、信息化、网络化、集成化、智能化。i5系统的操作方式是触摸屏式，基本

上只要按两次按钮，就可以实现其大多数的功能。i5系统加载了一个"专家系统"，并将其嵌入到数控机床当中，这能够将编程智能化，也就是直接将三维模型转换成三维曲面加工程序。

沈阳机床公司通过直接融资、融资租赁、U2U开机付费等模式，让用户以低廉的成本使用数控机床，此类服务由i5系统的金融模块来对接。在使用中，系统对用户使用的每一个机床零件、部件进行全程跟踪，并记录其批次、供应商、使用情况；基于这些数据，提供精准备件的方案，并能够确保及时送达，最大程度上减少停机时间，使机床持续健康运转；基于i5系统累积的大量生产数据及实验数据，对核心部件的使用寿命进行建模；i5系统的智能全生命周期管理系统为每一台机床都建立制造档案，每当出现问题，专家即使不在本地，仅仅通过连接云端，也可以为用户进行远程诊断、维护和修复。如此一来，某一个部件预计寿命到期或者出现问题时，零件可能就已经启程向目的地运送了。理想状态下，当用户的零件预计第二天损坏时，备件前一天就已经到达现场。

i5系统机床订单中有七成企业客户采用租赁方式，一台机床开机一小时平均只收10元钱，这大大降低了企业的一次性投资。该产品2015、2016年销量增速超过300%。基于iSESOL（i-Smart Engineering & Services On Line）数据云平台的大数据，交易双方甚至可以产生多种资源计价的形式，如按时间、按工件、按价值分享等，这又将促进新交易的发生，让生态变得更加活跃。

云端生态系统是制造的未来方向。沈阳机床公司在i5系统上增加了云端的计算机辅助制造系统——iCAM，并将部分机床放置到云端，由用户随意调用，从而实现大规模定制。任何人都可通过互联网登录到平台，直接在线设计、制造个性化产品，用户只需使用软件建模，而加工程序可自动生成。为了更有效地与用户交互，沈阳机床推出了基于微信小程序的用户界面，如用户可以用微信小程序在线定制印有自己生肖、姓名的简单纪念品。个人用户的涌入将产生巨大的流量与需求。

基于产生的大数据，机床生产能力实现可视化，i5系统上搭载的车间智能信息管理系统（WIS）可连接所有工厂的机床，在异地能通过手机完成生产调度，查看生产状态，实现在线经营分析。i5系统上的iCAM就可以将需求与位置最近的闲置资源智能匹配。加工任务可通过互联网被分配到最合理的加工机床上，通过传感器计算消耗，以开机付费的方式按消耗获得收益，最后的生成产品则通过邮寄获得。当iCAM不再能够满足配置供需的要求时，公司开发了iSESOL数据云平台作为一个数据云平台，集中了用户的需求信息和生产力的供给信息，通过算法匹配和在线撮合，使得沈阳机床公司作为平台的运营者获得丰厚的收益。

当机床达到报废年限，沈阳机床公司又基于数据跟踪，第一时间介入回收，使之变废为宝，推出二手机床，使得用户出售的残值最大化。为此，沈阳机床公司成立了一个"再制造事业部"，即把从市场前端回收过来的旧机床，用i5技术让它焕发青春。该公司2017年上线工业操作系统——i5OS。截至2017年末，i5智能机床营运总量已突破2.2万台。2018年一季度公司实现营业收入16.39亿元，同比增长85.42%。

3.7 实践案例：产品服务系统——基于四家企业的案例

本案例中的四家公司的总部都设在广州，客户以国内为主，有少量的海外客户。它们是业务关联的公司，其中围绕"格兰仕"的微波炉等家电产品的生产，"金发"提供改性塑料，"博创"提供注塑机，"毅昌"提供工业设计与制造等服务。这些公司2015年的企业信息见表3-5。

表3-5 案例企业的情况

公司	格兰仕	金发	博创	毅昌
所有权	私营	私营	私营	私营
员工人数	40000	2000	600	3000
销售额/亿元	180	75	3.5	15
成立时间/年	30	16	10	17
行业	家电	化工	机械制造	设计
产品多样化	高+++	高	中	中
模块化程度	高	低	高	高
产品	白色家电(如微波炉、空调)	改性塑料(5个产品系列，2000多种规格)	注塑机(6种产品类型，约60种规格)	机械、结构、模具的设计、制造与计划
工艺	离散装配	连续流	离散装配	离散
供应链位置	装配厂	材料供应商	设备供应商	元件供应商

1. 格兰仕集团

格兰仕集团是全球排名第一的微波炉厂商，在广东省佛山市、中山市拥有微波炉、空调及小家电研究和制造中心，其在中国的总部拥有13家子公司。格兰仕将自己定位为"全球微波炉制造中心"。

格兰仕根据不同的地理区域特点（如温度、湿度）或客户特殊需求，提供定制的产品外观或功能。公司提供"专业、用户友好和高质量"的服务并同时增加产品多样性。公司总经理提出"服务是公司的引擎"这一指导思想。公司进行了大量的投资用于建设服务支撑网络以及服务的标准工作流程从而帮助客户选择产品及开展产品的维修和维护，安全操作及产品相关知识的学习也在这个范畴内加以实现。当产品发生故障时，服务人员需要在两天内到达现场解决故障，提供一站式的服务。

客户通过提供反馈及填写调查表为格兰仕提供市场信息，以支持运营决策参考。通过建立数据仓库，格兰仕收集积累了大量的客户信息和产品使用信息，先进的数据挖掘工具在产品（如电蒸汽炉）可行性分析与方案设计改进、市场趋势分析研究中非常有用。

公司总经理说："在公司的市场部、采购部、研发部的员工之间有非常多的交流，他们组成跨部门的小组进行产品开发。"研发与生产工程师也通过为服务人员提供技术培训，参与到服务供应之中。供应商为格兰仕提供新材料、新技术，以及它们的应用信息，但没有直接参与到产品开发之中。

2. 金发公司

金发科技股份有限公司（简称金发）是一家主营高性能改性塑料研发、生产和销售的高科技上市公司，是中国最大的改性塑料生产企业。

金发的售前服务人员为客户选择适用的塑料。技术人员帮助客户改进制造过程，解决客户在实际生产中碰到的问题。售后服务人员同样到达客户的工作地点以提供注塑工艺过程的指导，以及产品设计改进的建议。回访控制管理有明确的规则。如果客户有特殊的需求，金发通过改变配方提供定制的产品，并确保定制的产品可以由标准的机器及工艺生产。面对超过 60 个应用领域的需求，公司的 5 条生产线可生产出超过 2000 种不同配方的塑料产品。

金发和协同供应商（如毅昌公司）有良好的关系，毅昌公司的高端产品需要和金发一同协作，因为金发的塑料性能优异。在协作中，金发使用流体力学分析软件与毅昌公司、博创公司等协同供应商或客户实时地共享信息，进行协同设计，例如讨论模具的规格。公司依据客户的采购与渠道管理惯例以提高供应链管理的效率。而且，客户为金发提供市场与需求信息，这大大缩短了金发与最终市场的距离。

有渠道协助金发内部的交流，如研发部与市场部的员工协同工作以提供服务。总经理强调了供应链协同的重要性，指出"我们和上、下游的伙伴协同开发了几种国内标准"。每三个月都举办规范的供应商会议。金发组建的工作组由供应商、合作供应商、内部员工和外部专家组成，由工作组来开展新产品开发，解决客户的问题。

3. 博创公司

博创智能装备股份有限公司（简称博创）的综合实力和品牌指数排名均进入中国塑料机械行业前三甲。博创在中国已经建立了 40 家 4S 店。注塑机产品的锁模力（注塑机施加给模具的夹紧力）为 10~4500 吨，理论注射量为 25~150000 克，可满足不同客户的多种个性化需求，并提供"量体裁衣""一站式服务"。服务包括帮助客户选择合适的注塑机、进行车间与辅助设施的设计、监控生产流程和初始化机器与纠错，并提供 24 小时的技术支持。如在售前，对客户厂房的改建、水、电、气等提供图纸，跨职能团队跟进两天，不仅是产品、模具、流程，而是一个系统工程。因为客户对注塑机的选型购买与安装施工不熟悉，需要有一个全方位的服务提供商，帮他们评估风险与进度。公司提供的机器、辅助设施、材料采购计划与车间设计方案构成"钻石服务"集成方案，以覆盖客户的完整的价值创造过程。在博创，因选型错误导致退机、换机的情况发生的概率连 1% 都不到，而有些公司退机、换机的情况频繁出现，概率接近 40%。

设计工程师与市场人员每月都访问客户，有明确的回访计划，一年至少回访 6 次。一线的服务人员、技术中心工作人员用他们 1/3 的工作时间进行实地走访。每个月公司还会组织供应商开放日和客户开放日，请来客户以聆听客户的要求，同时也与专家进行座谈、培训，也将客户反馈的要求转给供应商。相对于主要竞争对手宁波海天机械公司，产品定制服务是企业的优势。如果客户指定参数，如在国际博览会上受到新注塑机的启发而提出新要求，博创公司将对标准的注塑机进行重构以满足客户需要。但由于缺乏完整的产品包需求定义和描述框架，往往把客户对产品的抱怨和意见直接等同于客户需求，形成了 6 个产品平台、120

多个型号的庞大产品阵列和每年 7000 台的产量,其中非标准件约占 30%,这导致博创的产品价格比国内竞品高 10%。

客户根据其营销及海外展销所见为博创提供新产品概念。客户让博创拆卸和逆向分析国外竞争产品,以扩展博创的技术知识。而且,客户直接参与到博创的设计与生产过程当中。如有一个客户通过应用自有的专利帮助博创解决了产品设计中的一个关键难题,在产品上市之后,客户也能提供反馈及改进建议。

博创与供应链伙伴每周都举行跨功能部门和跨项目的会议,以支持一线服务并评估产品开发项目,以解决客户的问题。选择供应商时,博创会评估能否成为该供应商的客户的前两位,如果不是,则考虑更换供应商,因为只有成为重要客户时才会得到重视,才能处理紧急订单。通过与供应商举办正规的会议,供应商提供关于新技术的改进建议与信息,供应商也参与到博创的内部运作当中,包括产品设计、生产制造,共同服务客户。但若供应商在设计阶段切入,会面临产品概念保密的难题。

4. 毅昌公司

广州毅昌科技股份有限公司(简称毅昌)是中国著名的工业设计产业集团,涉及电视、汽车、IT 等行业,服务全球近三百家客户。毅昌以工业设计为核心,以 DMS(Design, Manufacturing and Service;设计、制造与服务)模型为理念,将包括工业设计、模具、结构、注塑、喷涂、钣金和整机等环节在内的完整产业链条打通,形成了设计与制造相结合的服务模式。

公司通过由不同专业特长的人员组成的小组,驻守在客户的工厂,为客户选择合适的产品并提供售后服务(如技术支持),以促进客户的产品尽早上市。而且,毅昌集成了机械设计、结构设计、模具设计、制造及供应链计划等服务内容。例如,它不仅给客户提供车身,也提供汽车内外部的塑料件。该公司总经理说:"我们将根据客户的品牌认知、产品功能以及市场战略,参与客户的产品设计与产品系列规划。"

客户是毅昌进行创新与改进构想的主要来源。客户配合公司的市场调研、评价反馈为公司带来市场信息及产品可靠性信息。毅昌根据客户的能力将客户分类。第一类客户直接参与毅昌的产品开发。通过这样的协同,公司通过客户的需求及偏好确认新的市场趋势,所获得的知识也能用于其他客户。

该公司制造部经理这样评述:"不同部门之间的墙是很薄的。"产品开发由跨功能部门小组完成。毅昌帮助客户与协同供应商进行协作,有目的地管理整个供应链。供应商也参与到毅昌公司的内部运作中。公司与供应商建立起双赢的关系,这改善了整个供应链的透明度。

思考练习题

1. 上述制造商进行了哪些变革?反映了企业发展及智能化的哪些趋势?
2. 在产品服务系统创新过程中,企业采取了何种类型的客户协同方法?
3. 客户协同能为企业带来何种效益?

回顾与问答

1. 产品设计研发可以划分为哪几个阶段？数字化三维模型对于智能制造有何意义？

2. 数字化制造规划为什么能为企业带来效益？其意义何在？其在智能制造中占据什么位置？

3. 用于产品生命周期每个阶段的信息系统分别有哪些？各信息系统之间的联系是什么？

4. SPS 与顺引、顺建有何不同？

5. 举例说明数据挖掘技术在各个行业中的应用。

第4章

智能制造的智能特征层级

启发案例：广州医药有限公司的供应链智慧服务平台

广州医药有限公司（简称广药）成立于 1951 年，是国内最大的中外合资医药流通企业之一，也是"大南药"领军企业"广药集团"商业板块的重点企业。广药的业务在不断发展，异地分布的子公司在不断增加，业务领域及覆盖区域在不断扩大。

1. 平台规划

随着公司业务的快速扩张，新业务伙伴及创新服务产品的不断引入，以及业务运营新模式和管理创新的不断探索，广药在跨组织协同及集团管控方面的要求越来越高，在销售、分销、采购、仓储、物流、零售和药品电子监管等所有环节的精细化管理需求也日益迫切，但许多原有信息系统未能妥善满足并解决新需求与新问题，再加上原有信息系统的功能和主体技术路线在移动互联、云计算、大数据及物联网应用趋势下存在固有的局限性，使得原有信息规划及其指导下的信息系统逐步显现出难以继续高效支撑公司业务及管理创新并维持 OT（Operation Technology，运营技术）与 IT（Information Technology，信息技术）匹配的端倪。

基于对竞争环境与公司现状进行的思考，公司提出了"健康之桥、造福大众"的公司使命，"诚信、稳健、创新、共赢"的核心价值观，以及实现服务最优、网络最广、品种齐全、管理卓越、人才优秀的"中国医药供应链最佳服务商"的愿景。

在信息化方面，公司现有信息系统无法支撑营销总部与各子公司的高效运营，缺乏前瞻性的、集团层面的信息一体化战略规划与部署。具体表现为：整个集团公司层面缺乏一个有效的信息一体化平台，现有信息系统无法有效地让公司本部了解并监管各子公司的品种经营情况、客户网络情况；基于 B2B 的电商平台还未有效地建立起来；现有的 CRM 系统不完善，客户基础数据与系统割裂，缺乏客户分析等高端应用模块；物流配送网络与体系的信息化平台已愈发不能高效地支撑其运营；新加盟或并购的子公司的信息化建设困难重重；现有信息系统管理决策支持功能薄弱，报表制作效率低，报表利用率不高；人力资源管理信息化支撑平台落后；信息系统对财务管理的支撑力度不足等。需要通过架构集团化、运营集中化、网络终端化、服务当地化和管理标准化五个方面，实现全面信息化，以解决以上种种问题。

广药的信息化发展已经到了深度集成的阶段，建设重点从系统实施转向以系统整合、应用提升为主。项目组提出了"战略前瞻、柔性稳定、全面提升、创造价值"的信息化指导方针。信息化目标是打造一个将"集团管控、全链协同、服务创新、智慧凝聚"四个目标集于一体的中国医药供应链智慧服务平台，如图 4-1 所示。

2. 企业应用集成（EAI）方式

公司要成为"中国医药供应链最佳服务商"，就要与上下游的企业的信息紧密集成，才能提供迅速高效的服务，这就需要企业层的集成。在应用集成之前，广药存在的"信息孤岛"、信息的重复存储、系统整合技术混杂等问题亟待解决。已有的信息系统利用应用程序接口（Application Programming Interface，API），通过网络共享目录（Shared Directory），将数据库开放给其他应用程序及采用 Web Service 技术等进行一对一的数据连接。

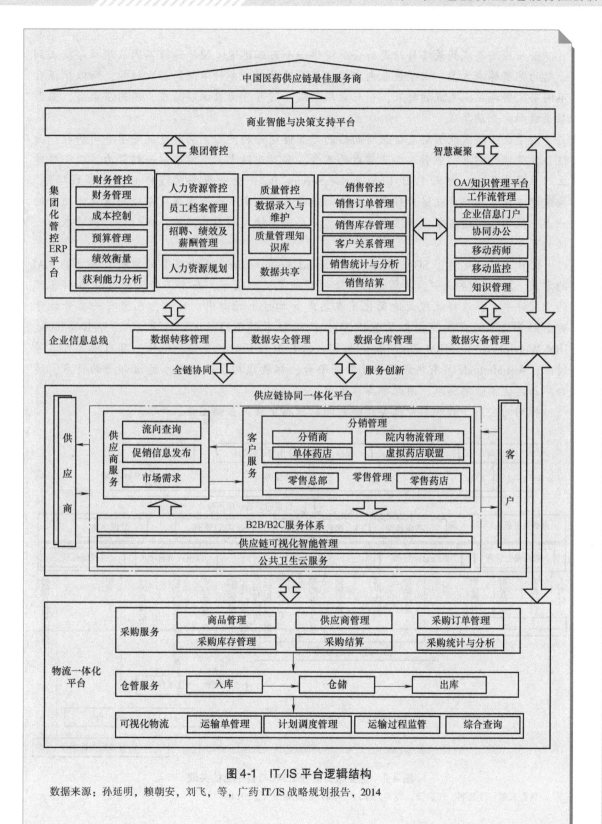

图 4-1 IT/IS 平台逻辑结构

数据来源：孙延明，赖朝安，刘飞，等，广药 IT/IS 战略规划报告，2014

企业应用集成的最终目的是为企业提供一个可以迅速、便捷地将不同应用程序集成到一起的完整解决方案。由于企业内部的应用系统呈现为多种不同的层次结构，所以根据在不同层次实施应用集成的特点，企业应用集成一般可分为数据层集成、应用层集成、业务层集成和企业层集成。

由于企业集成能够解决企业所面临的产业链延伸的问题，同时也满足了公司所处产业链合作伙伴的需求，应引入企业集成的理念，和产业链上、下游公司一起努力，以已经建立的系统为基础，借助 ESB（Enterprise Service Bus，企业服务总线）的企业集成功能，构建起以建立完整产业链为目标的企业间集成系统。由于企业间集成系统的建立，处于同一产业链的公司通过集成网络形成一个虚拟公司，结成利益共同体，齐心协力推动本产业链的发展。

ESB 是特定环境下 SOA（Service-Oriented Architecture，面向服务的架构）中实施 EAI 的方式。在 ESB 系统中，被集成的对象被明确定义为服务，而不是传统 EAI 中各种各样的中间件平台，这样就极大地简化了在集成异构性上的考虑。目前，已经有一些专注于 Web 服务技术的提供商提供了基于 Web 服务技术的 EAI 平台，它们包括 WebMethods、IBM WebSphere 等。IBM WebSphere 长期占据 ESB 市场的行业领先地位，具有稳定可靠等特点；WebMethods 具有集成理念及单一平台、拓展虚拟企业理念、灵活部署的特点，适合广药迅速扩张的需求，因此推荐该平台。

规划的应用平台及企业服务总线之间的数据交换关系如图 4-2 所示。

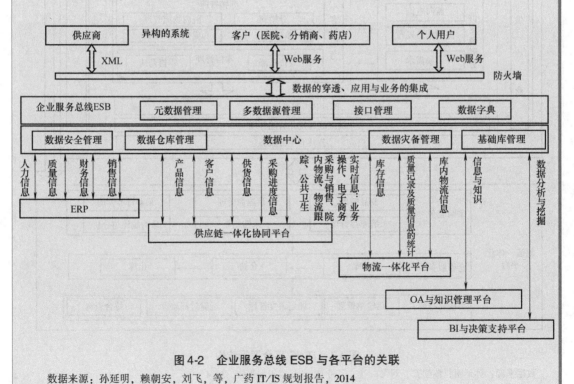

图 4-2　企业服务总线 ESB 与各平台的关联

数据来源：孙延明，赖朝安，刘飞，等，广药 IT/IS 规划报告，2014

基于以上规划，在集团化管控 ERP 方面，形成一套可复制的高效快速整合流程。规划实施之后，公司能够在45天内完成一家新并购企业的信息、管理、业务整合工作；在供应链一体化协同平台建设方面，广药自主开发了支持移动应用的"医院库存管理平台""医疗集中采购平台"等软件，实现与医院采购与库存服务的一体化协同；在物流一体化平台建设方面，广药在全国率先完善了药品流通冷链管理体系，实现了商品从进货到配送全环节、全过程的温湿度实时监控。

3. IT 组织结构

基于广药的业务特点和 IT 组织历史，采用"集权与分权"混合的 IT 组织结构比较合适，即 IT 总部集中 IT 规划、控制和标准，但分散 IT 支持资源到业务团队，主动为业务人员提供服务，从而在体现 IT 集中控制的基础上，发挥 IT 资源的规模效应，以强化 IT 组织的战略作用。在这种集权与分权相结合的 IT 组织结构中，IT 总部和 IT 业务部都担负相应的 IT 职能。IT 总部统一进行 IT 规划，制定广药内部通用的政策、IT 标准，对包括项目、流程、系统、数据和文档等在内的资源进行统一控制；IT 业务部仍拥有一定的技术资源和人力资源，辅助收集业务数据，执行与监控业务绩效。IT 人员分散到各个业务团队会使得团队中的 IT 技术人员的技能退化，故需要 IT 业务部负责制订培训学习计划，从而促进 IT 人员的专业发展。

4. 新业态

广药由于精细化管理需求推动，再考虑到原有信息系统的功能和技术路线的局限性，在 IT/IS 规划方案中提出了如下新业态：

（1）快速协同的供应链一体化协同平台

1）虚拟药店联盟。由于新的 GSP（Good Supply Practice，药品经营质量管理规范）明确要求药品销售加盟店必须统一采购，为此设计虚拟药店联盟模块，以加强零售终端掌控，建立虚拟药店联盟，将大量的单体药店组织起来，形成虚拟的连锁药店。它具有如下功能：会员管理；专业化管理咨询；协同采购；信息共享。系统把药店连在一起，设置会员制，支持协同采购，以及各种专业化管理咨询，提供包括品类规划、门面设计、装修设计等执业药师不擅长领域的方案与建议。当前在我国存在私营的单体店客户约有两三千家，这些单体店管理水平较低，采取这种模式可提高其管理水平，降低运营成本。

2）公共卫生云服务。系统向厂商、经销商，以及全社会提供健康产业相关的云服务。它主要具有如下功能：药品交易监督；居民医疗健康档案；医疗管理人员绩效考核；各地医院病人检测信息共享；远程诊疗；慢性病管理。重视新医改的实施，积极参与和协助各地政府的医疗改革，基于供应链协同一体化智能管理理念和各地政府合作搭建公共卫生系统。

（2）物流一体化平台

1）可视化物流管理。采用 RFID 标签技术与 GPS 技术等物联网技术，实现与冷链信息系统的融合，实现如下功能：货物在途信息查询；实时温度监控和地理位置跟踪；多仓库智能协调配送；数据监控；应急调配。供应链体系可以对从生产厂家到物流配送中心再到医院药库药房，直至最终患者的整个物流流程进行可视化管理，统一调配资源，保证药品全程处于低温冷藏环境，使物流、商流分离，提高药品流通安全性。

2) 院内物流管理系统。院内物流管理系统专门为医院药库药房管理使用。把医院信息系统和广药的 ERP 连接起来，支持信息化的药房托管。它具有如下功能：订单发布；订单货源组织与配送；无线扫描收货；PDA 货架位置推荐；出库、移库和盘点；信息交互。医院药库药房的采购人员可以直接把系统的药品需求转化成采购订单，通过系统发布给广药，广药根据订单组织货源，统一配送到医院指定的药库和药房。医院药库管理员使用无线扫描设备，逐一扫描收货。在扫描收货的同时，完成了收货确认和电子发票的导入，同时订单信息、药品信息和物流配送信息在医院和公司之间互相交互，确保信息完备，提高了验收效率。

(3) 提升创新服务能力的 OA 与知识管理系统

1) 移动药师。药师借助无线 PDA 和移动药师系统，实时掌握病人用药状况，并对各种状况及时进行处理。通过完善医院采购和院内物流的管理，医院的药师逐渐从传统的仓储操作中解放出来，投入到真正的药事服务中去。药师可以借助系统随时随地对医院病人的用药情况、对用药操作和紧急情况进行处理。同时及时将用药数据信息处理反馈至药库，药库根据分析和处理，更加准确地预测用药需求，制定准确的采购计划，合理备用，减少库存积压，避免缺货，降低采购管理成本，提高药品采购管理水平。2014 年，由广药建设的广东省第二人民医院的以移动药师功能为核心的"智慧药房"项目成为全国行业标杆。改造后，药房人员减少 10%，药品储存减少 50%，成本降低 10%，差错率降为 0，效率提升 30%。

2) 移动监控。移动监控包括对业务员的监控和各种客服业务的监控。药物销售员带上移动监控定位器，借助 GPS，拜访客户的移动路径可以远程展示，每天上传回系统。因而销售部管理者可以通过显示设备看到销售员的工作记录，对客户拜访频率及路径进行监控，结合公司整体销售活动数据及历史数据，给销售员关于覆盖区域及个性化推销策略建议，起着督促作用并提高效率。医生与护士带上移动监控定位器，可以记录给病人施药的经历，防止忘记喂药或重复喂药引起医疗事故。客服系统结合 B2B 系统，将全科医生教育等集成在网站上。

在新平台的支持下，至 2015 年，广药实现销售规模 378.23 亿元，同比增长 12.81%，稳居全国同行业前五位。成员企业扩大至 22 家，成为全国规模最大的医药批发分销配送网络之一，为全国 31 个省、市、自治区超过 19 200 个销售客户、5700 多个供应商、98% 的群众提供逾 51 200 种的医药产品。

思考练习题

1. 广药的 IT 规划的过程可划分为哪几个步骤？分别产生什么阶段成果？

2. 广州医药有限公司的信息系统要面对哪些复杂环境？

3. 为什么要制定这样的信息化指导方针？

4. 为什么要制定这四个目标？

5. 广药的各个信息系统之间有何关系？

6. 基于所规划的平台广药能产生哪些新兴业态？

引 言

在智能制造标准体系结构的三个维度中，智能特征（或称智能功能）这一维度明显具有智能深度的特性。智能特征是指基于新一代信息通信技术使制造活动具有自感知、自学习、自决策、自执行和自适应等一个或多个功能的层级划分，智能深度级别包括资源要素、互联互通、系统集成、信息融合和新兴业态五层智能化要求：

1）资源要素是指企业对生产时所需要使用的资源或工具进行数字化过程的层级。它包括战略与组织、员工、设计施工图纸、产品设计与工艺文件、原材料、制造设备、生产车间和工厂等物理实体，以及电力、燃气等能源。

2）互联互通是指通过有线、无线等通信技术，实现装备之间、装备与控制系统之间、人与机之间、员工之间、企业之间相互连接的功能。

3）系统集成是指通过二维码、RFID、软件等信息技术集成原材料、零部件、能源、设备等各种制造资源，自底而上实现从智能装备到智能生产单元、智能生产线、数字化车间、智能工厂乃至智能制造系统的集成。

4）信息融合是指在互联互通与系统集成的基础上，利用云计算、大数据、区块链等新一代信息通信技术，在保障信息安全的前提下，实现信息协同共享。

5）新兴业态是指进行企业间价值链整合的层级，包括个性化定制、远程运维与服务、网络协同制造等新型制造模式。

智能特征维度是智能技术、智能化基础建设、智能化结果的综合体现，是对赛博物理融合的诠释，完成了感知、通信、执行、决策的全过程，引导企业利用数字化、网络化、智能化技术向模式创新发展。

4.1 资源要素

4.1.1 战略与组织

我国在推行智能制造战略过程中，在构建基于人机融合的新型企业组织模式、工作的组织和设计方面，应充分借鉴发达国家的先进经验，包括以下几个方面：

1. 龙头企业带动中小企业

德国、美国、日本的智能制造战略都是由本国的龙头企业组成的产业联盟发起和推动的。我国发展智能制造也要充分发挥龙头企业的引导带动作用，形成大企业引领广大中小企业的良性生态系统。

国内智能制造的生态正在悄悄发生变化。一方面，中国的智能制造出现一批从事智能制造技术服务、提供解决方案的小企业，这对中国制造业智能制造的推进是非常重要的，如果没有这样一批小企业就不能形成很好的智能制造生态。

另一方面，应该有若干个有担当的大企业，他们在打造自己平台的同时要服务于别的中小企业，如海尔的 COSMOPlat 平台、富士康的工业互联网、华为的云平台及 5G-ACIA 智能制造联盟、美的集团的"数据链接人机新世代"战略与工业互联网生态平台，他们的平台不仅是用于自己的企业，也为更多中小企业提供智能制造的基础性服务。

2. 中央研究院模式

大企业引领创新的另一重点是中央研究院模式的总结与推广。中央研究院模式是指由"中央研究院 + 事业部研发机构"组成的研发体系。中央研究院集中从事基础前瞻性研究和关键共性技术研究，事业部研发机构从事面向市场需求的新产品研发，二者通过合理的运行机制实现协同合作，共同组合形成层次清晰、分工合理、衔接紧密的企业研发体系。这不仅减少了创新资源重复建设的问题，而且使创新成果在全公司范围内得到最大程度利用。GE 的全球研究中心（GE Global Research）从事对公司长远发展具有重要战略意义的技术研究；同时，在基础设施、能源、医疗、交通运输等各事业部都分别设置研发机构，主要开展满足当前市场需求的产品研发活动。

借鉴美国大型制造业企业创新具有专注性、前瞻性、持续性特点，在美国制造业创新过程中发挥了引领作用的经验，美的集团等企业的中央研究院实践也证明，大企业应用中央研究院模式能提高研发效率和创新能力，有利于攻克一系列智能制造关键共性新技术的难关。

3. 不同类型大企业组建智能制造产业联盟

通过组建智能制造综合性产业联盟，让大企业成为战略实施的主力军。大企业有以下几种类型，应该分担不同的工作：

（1）制造业龙头企业

制造业龙头企业，如富士康、美的集团、格力、海尔，他们拥有很强的工业实力和制造业经验，两化融合水平高，在供应链整合能力、产品全生命周期数据建模等方面优势明显，在市场引领和生态构建上具有示范引领作用，但也受到组织机制封闭不灵活、信息平台技术经验缺乏、融合型人才储备不足、转型发展风险高等瓶颈制约。因此，制造业龙头企业应侧重于沉淀积累行业知识经验，同时提升数字化、软件化、模块化能力，通过深化与其他创新主体的合作，探索平台化的解决方案和服务，从而形成可复用、高价值的平台创新模式。

> [**案例 4-1 美的集团的工业互联网**] 2018 年 3 月，美的集团在年度战略发布会上表示，在历经近三年的生产标准化、数字化的改造后，美的目前已经基本实现以"一个美的、一个体系、一个标准"为目标的全球协同生产平台，研发出支撑全价值链运营的软件。在此基础上，美的携手全球领先的机器人企业库卡，打通研发端、生产设备端、供应链端、业务端、物流端和用户端，以期做到"零"库存生产、100% 物流追踪管理和"单"个起订的 C2M 定制。美的工业互联网已经可以支持在全球 40 多个基地生产和运作 1 万多种产品，能够为多层加工、复杂加工提供灵活的解决方案。

（2）互联网巨头

互联网巨头，如阿里巴巴、腾讯、百度等，具有平台技术架构、平台运营经验、商业模式创新机制、生态构建能力、大数据和人工智能技术应用等优势，但没有工业基因，缺乏工业专业知识和业务，缺乏工业领域的专业人才，这些短板在工业互联网推进过程中日益显现。因此，互联网企业应重点研发工业互联网平台架构技术，发挥大数据、人工智能等技术优势，通过深化与制造企业的合作，开发面向制造业专业知识、业务和应用场景的跨行业解决方案，构建完善开放生态，为企业提供高附加值的平台化产品和服务。

（3）ICT 领军企业

ICT（Information and Communication Technology，信息和通信技术）领军企业，如运营商中国移动、中国电信、中国联通及设备供应商华为，它们的核心优势是其信息通信技术能力，但它们往往只具备支持平台发展的一部分关键使能技术，缺乏全局观和平台运营经验，生态构建能力较弱。因此，ICT 企业应着力深耕设备接入、网络传输、仿真建模、工业技术软件化等关键使能技术，为制造资源数字化、模块化、平台化和制造能力在线交易等提供技术支持和解决方案。

（4）高校与科研院所

高校与科研院所具有地位中立性、服务公益性、成果权威性等特征，是开展战略性、基础性、前沿性共性技术研究和完善优化公共服务环境的桥梁与纽带，但受制于体制机制、传统的服务模式及较弱的市场化能力等薄弱环节，导致往往难以充分发挥其优势。因此，高校与科研院所应加强与平台各创新主体的深度合作，深入推进"大众创业、万众创新"的进程，构建基于数据的服务评价、应用诊断、咨询培训、评级采信、安全保障等全流程服务体系，提升多平台共享、跨行业协作、海量主体协同的公共服务能力，为平台企业赋能，引导企业精准应用，优化行业精准服务，支撑政府精准施策，促进平台开放价值生态建设。

4.1.2 员工

想要在智能制造的工业革命中胜出，人才培育是最主要的保证。在人机互动范式上的变化中，机器要适应人的需求，而不是人来适应机器。员工如何认知及适应因流程复杂、设备工具技术含量高而多变的工作环境，也成为需要研究的课题。智能制造需要文化合作，公司需要有能够掌握工业技术，同时又能够理解人工智能、数据分析体系的员工。智能制造在对社会就业率带来挑战的同时也在创造新的就业岗位。智能制造是多种技术的交叉融合，自身发展就离不开大量专业技术人员，其催生的新产业生态更可吸纳大量劳动力。目前需要推进分类侧重培养，从科学研究、技术攻关、工程应用等方面培养各领域专业人才。

在社会保障方面，行业协会、政府与教育系统应加快研究人工智能带来的就业结构调整、就业方式转变，以及新型职业和工作岗位的技能需求，建立适应智能制造需要的终身学习和就业培训体系，支持高等院校、职业学校和社会化培训机构等开展智能制造技能培训，大幅提升就业人员专业技能，满足我国人工智能发展带来的高技能高质量就业岗位需要。加强职工再就业培训和指导，确保从事简单重复性工作的劳动力和因智能制造失业的人员顺利转岗。

在技能要求上，智能制造的实施者需要在制造业与自动化技术、信息通信技术融合及软件开发与应用上具有较高水平。每一个单独的专业对于智能制造而言都是非常局限的，专业学生要想办法拓宽专业视野，扩大学科边界，因为在扁平化的、自组织协同的、柔性的智能制造工作组织中，每一位员工和团队都需要与外部组织相互协同工作，发生动态的联系，需要理解别人的工作内容与技术方法才能完成工作，如图 4-3 所示。例如，华为公司要求人力资源管理者必须掌握较深的业务技术，这样才能为企业找到优秀的"战士"。2017 年我国教育部提出了"新工科"的理念,其目的在于为智能制造时代提供有效的工程技术人才培养指导思想。世界经济论坛在 2016 年初发布了"工作的未来——面向第 4 次工业革命的雇员技能与劳动力战略",对智能制造新时代的能力需求给出了参考意见,提出认知能力、系统性技能、复杂问题解决能力等思维能力是未来人的能力发展重点。

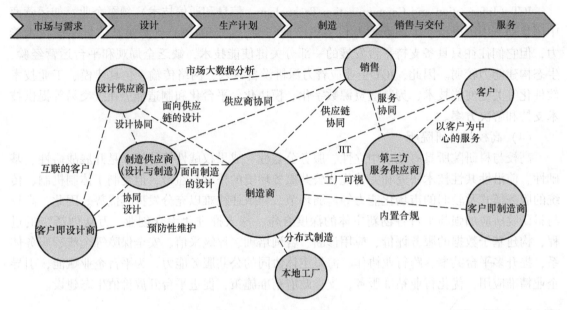

图 4-3　覆盖整个价值网的工作组织中的员工

在岗位的变化上,智能制造系统对于部分岗位的员工需求显著减少,如京东计划在未来十年内利用 AI 技术和机器人将员工数量从现在的 16 万减少到 8 万以下,但现场操作人员必须掌握新的操作方式、测试与维护方法。

据 Gartner(高德纳)咨询公司在 2018 年对全球 460 位首席执行官与企业高管访谈显示,54% 的企业表明其数字化业务的目标就是转型,首席执行官均表示人才专业是实现数字化业务进程中最大的阻碍,将数字化人才培养问题列为其优先级事项中前三位的首席执行官占比从 16% 上升至 28%。

4.1.3　生产设备

智能制造设备(或称装备)是具有感知、决策、执行功能的各类生产设备的统称,是实现高效、高品质、节能环保和安全可靠生产的下一代生产设备。整个产业涵盖从关键智能共性基础技术(如高档传感器、液压元件等关键零部件、元器件)到测控装置和部件(如摄像机等感知功能部件、数控系统等决策功能部件、智能仪表和机器人等执行功能部件),再到智能制造成套设备共三个方面。智能制造设备通过整体集成技术来完成感知、决策、执行一体化的工作。

在智能制造模式下,生产设备正经历"零件定义机器→软件成为零件→软件定义机器"的变革。我们所期待的生产设备,是只要修改几段代码,只要换一个不同的软件版本,它的功能就可以变化。软件可以用来驱动生产设备,将让设备变得更加好用、更加有技术含量、更加智能,因为它封装了工业知识,建立了数据自动流动规则体系。软件定义了设备、产品与制造，这是智能制造的根本。

在工业软件嵌入的方式上，从过去将计算机放在设备边上，通过接口控制设备，后来逐步发展到专门做一个控制柜放置工业电脑，再往后计算机与设备逐渐交汇融合一体化，工业软件直接嵌入到系统里。工业软件与硬件生产设备的关系经历了"分离→交汇→融合→一体化"的微观化、集成化、动态化、智能化的技术演化。

在德国"工业4.0"计划中，不断地升级"赛博物理系统"，使它成为具备"独立思考能力"的"智能工厂"，离散的生产设备因赛博物理系统而获得智能，而到那时，体现互联网思维的云计算和大数据就不过是制造业中一个被利用的对象，德国装备制造业相对于美国将突现竞争优势。

目前，除了高档数控机床、工业机器人、3D打印设备外，我国生产装备的共性短板主要在于如下几个方面：

（1）智能传感与数据采集装备

外国品牌垄断了国内高端数控设备市场，也垄断了设备生产实时传感及数据采集技术。国产品牌缺乏统一的数据接口标准及通信协议。由于OPC UA标准的应用还不普及，国际大自动化厂商都有自己的工业总线和通信协议，对数控设备底层的数据采集接口进行了封锁。

（2）智能检测与装配装备

产品的外观检测、结构检测仍依靠人工。图像识别智能装备、语音识别检测装备暂无法满足制造的需求。如我国的汽车检测与装配装备产业尚处于起步阶段，检测标准各异，制约了汽车制造质量的提升。汽车检测与装配装备将向数字化、小型化、网络化、集成化和智能化方向发展。

（3）智能仓储物流装备

蓝牙信标、智能立体库制造、自动化库站连接等智能仓储物流装备的成套应用远远落后于国际先进水平。以蓝牙信标为例，相比于传统的GPS定位，蓝牙信标具有耗电量小、定位精准、成本低等优势，同时具备发送信息的"信"功能和标明位置的"标"功能。蓝牙信标的中距离通信功能突破了用户种类的限制，在制造业中应用前景广阔，工业企业可以利用信标技术提升资产监控能力与资产利用率；仓库运营商可以使用它来跟踪通过装配线移动的物料；营销人员可以使用位置数据来向经过商店的用户发送优惠信息。然而，当今蓝牙信标市场上存在三个企业标准，即苹果的iBeacon、谷歌的Eddystone、Radius Network的AltBeacon，未见中国企业的身影。

4.1.4 能源

前两次工业革命都是以能源转型推动技术进步从而完成产业升级的，因此新能源和能源管理优化是中国迎接新工业革命应做的准备。可持续性是智能制造的四大目标之一。能源的节省是可持续性的标记。"十二五"时期，全国单位国内生产总值能耗降低18.4%。根据国务院发布的"十三五"节能减排综合工作方案，计划到2020年，全国万元国内生产总值能耗（单位GDP能耗）比2015年下降15%，其中节电是工业企业节能的重点。数字化、网络化、智能化技术为能源节省提供了多种途径。

1. 通过数字化技术代替传统试验手段以节省能源

例如，30吨战斗机的30分钟的风洞试验要花几百万元人民币，试验耗电量相当中国一个中等城市同等时长的耗电量,而波音787飞机一个小时风洞实验耗电是8.8兆瓦时,可折算成3000吨煤。如果采用数字化技术,建立虚拟样机代替部分的物理风洞而进行虚拟风洞试验就可以显著节省能源。在波音787项目中,波音高级副总裁迈克·拜尔(Mike Bair)提到:"在767项目中,我们曾对五十多种不同的机翼配置进行过物理风洞测试。而在787项目中,只通过物理风洞测试了十多种翼型,但质量比767更好。"这是因为787项目在数字化的飞机外形的基础上,在计算机中的虚拟样机上完成了大量的计算流体动力学(Computational Fluid Dynamics,CFD)分析,充分进行了测试,同时减少了物理实体的风洞吹风次数。

又如,传统研制一门火炮需要持续试验,打2000发试验弹才能把火炮定型。美国红石试验场采用数字化技术建立了火炮模型,基于虚拟试验场(Virtual Proving Ground,VPG)技术建立了虚拟试验场来代替部分的火炮实弹试验,最后用一门无后坐力炮只打20发炮弹做验证性试验,大大节省了能源、减少了物资损耗并保护了环境。

2. 用电设备的自动化

例如,某大厦在下班后由工作人员逐层逐间关闭空调电源需要花费约半个小时,这段时间的能源就被浪费了。安装具有自动开关功能的统一管控系统后,一到下班时间空调全部自动关闭,这种简单的方式就可以节省能源。

当前在少人化与一人多机的生产模式下,一些机器常常被忘记关机或来不及关,导致机器空转,造成浪费。常用的措施是根据机器之间的相关性进行连锁控制,使不必要开的机器及时停止。

[案例4-2 广东凤铝公司的设备自动关联] 广东凤铝公司曾饱受电解铝产品电力成本高昂的困扰,其电力成本占制造成本的40%~45%。工程师利用数字电表网络监控,采集毫秒级能耗数据并绘制能耗曲线,仔细查询曲线后发现工人常犯主设备没开但配套的抽风机还在转、忘记关炉门等错误,然后采取相应的管理措施,以及根据精益生产的防错设计(也称防呆设计)理念,设计了具有连锁关系的设备,实现自动关停或打开,以减少工人操作错误,最终减少了能源浪费。

3. 用电设备网络化管理

该方案适用于多车间工厂、大厦,以及家庭、电动汽车、列车的远程用电监控。通过划分用电体系,在企业内部不同用电单元的分界点安装计量装置,对企业内部电力系统进行监控、分析与管理。可将电流、电压、功耗等综合信息及各个用电设备状态信息显示在显示屏或手机上,以可视化的方式监控管理用电设备,当温度、电流等数据异常时,自动发出警报,通过手机短信等方式通知责任人。通过网络化能源管理,及时采集设备和生产线的能源消耗,对照能耗曲线的变化,确定有效的节能措施,实现能源高效利用,这是实现可持续性的重要途径。

[案例4-3 广东凤铝公司的隔尘罩清洗] 广东凤铝公司对能耗最大的6台挤出机安装了数字电表,持续进行网络监控,并不断尝试采取各种技术或管理上的改革措施。最后发现,某一天对其中一台机的隔尘罩进行清洗后,能耗曲线显示该机节能20%,因此确定隔尘罩的定期清洗是有效的节能措施。然而如果没有单独安装智能电表并进行对比分析,是不可能发现这一规律,从而实现节能的。

4. 用电设备智能化管理

以数字化、自动化、网络化为基础实现智能化，可以进一步节省能源。

> **[案例 4-4　谷歌利用人工智能节能]**　每个数据中心都有一些独有的特征，如气候、天气、每个中心的建筑结构、软件系统的类型等，建立一个通用优化模型难以实现。谷歌收购的 Deepmind 将 AlphaGo 相关技术应用到数据中心的能耗优化领域。通过开发一种人工智能软件，综合考虑数据中心风扇、制冷系统和窗户、室外天气还有人的使用情况等，统计出大约 120 个变量，通过持续的监控发现冷却系统没有随着需求的波动而实时调整，然后通过自适应控制算法减少了 40% 用于冷却的电量，整体用电效率提升 15%，几年内为谷歌节省了数亿美元的电费。

5. 将高能耗设备移至用电低成本地区

例如，贵州省气候宜人、地质稳定、能源富足，在建设大数据产业上具有先天优势，国家大数据综合试验区落户贵州，并且三大运营商、多个国家部委和华为、阿里、腾讯等多家行业巨头的大数据中心也在贵阳的山洞里（图 4-4a）存储企业最核心的数据。由于山洞恒温恒湿，PUE（Power Usage Effectiveness，能源使用效率）最高，即空调能耗最低。华为总裁任正非说："数据中心放在贵州，建成运行后一年大概可节约上亿元的电费。"苹果公司选址贵安新区，建设了 iCloud 全国主数据中心。数据中心运营商 Bahnhof 公司的 CEO 表示，其高效运营的数据中心是一个完善的商业模式，该公司的大部分数据中心将其所有废热排放到当地社区的集中供热系统，其中一个数据中心建造在瑞典斯德哥尔摩南边的一个山区里，如图 4-4b 所示。

a）腾讯的贵州数据中心　　　　　　b）Bahnhof公司在山洞里的机群与空中会议室

图 4-4　山洞里的数据中心

目前大多数高能耗的工业企业在有关用电监控与节能管理方面的措施远远不足。企业用电监控管理系统的应用还不普遍，在节能管理方面，多数工业企业仍采用粗放式的管理，没有从企业用电的全局出发，缺乏科学有效的管理手段。

6. 多元化、清洁化、智能化和全球化的新能源转型

《中国制造 2025》提出："坚持把可持续发展作为建设制造强国的重要着力点，加强节能环保技术、工艺、装备推广应用，全面推行清洁生产"。在未来的能源消费结构中，将以可再生能源和电能替代传统化石能源，逐步提高电能在能源消费中的比重。世界能源转型的

方向是多元化、清洁化、智能化和全球化，包括以下五个相互联系、共同作用的转型：向可再生能源转型；将建筑转化为微型发电厂，收集可再生能源；使用氢和其他存储技术以储存间歇性能源；在各大洲之间建设能源共享网络；实现交通工具零排放[14]。

4.2 互联互通

互联互通是产业革命的放大器。第一次产业革命发明了蒸汽机，但直到有了铁路网，才出现了大型的工业城市，使火车的存在成为一种必要；第二次产业革命发明了电，但只有通过电力网，才能实现电力的远距离传输，使电真正发挥作用；此外，飞机、轮船等运输网络和电话网络进一步扩大了产品的销售范围，这一切带来了大规模的工业化生产；第三次产业革命发明了计算机，提高了信息处理效率，但互联网的出现，才推动了移动社交、电子商务、O2O、共享经济、网络协同制造等的应用，使效率革命升华为经济生活范式的变革。

伴随三次产业革命的是三次互联互通的重大进展，分别是铁路网、电力网和互联网。当前在新的信息技术的推动下，互联互通的对象还在变化，从人与人互联拓展到人与物、物与物的互联；互通的内容从文字、语音、图像拓展到视频、业务流；互通的介质从传统电话、电报、通信网络拓展到能提供多媒体业务的新一代通信网络和互联网平台。正是这种互联互通立体化的升维，推动了互联网向万物互联演进。基于新一代通信网络、互联网和物联网平台，将为更加复杂多样的对象提供更深入的互联互通服务。

4.2.1 网络环境

实施智能制造最重要的挑战是无处不在的快速互联网基础设施，以及赛博物理系统的标准界面。设备间的互联互通是传统工厂变革到智慧工厂的关键。传统连接是以网络为主体，应用紧密耦合在网络之上。新的信息通信技术对其解耦合、平台化、智能化和云化，形成了多层的连接体系，且平台逐渐成为连接的主体。企业首先应当建立有线或者无线的工厂网络，实现生产指令的自动下达和设备与产线信息的自动采集；形成集成化的车间联网环境，解决不同通信协议的设备之间，以及 PLC、CNC、机器人、仪表/传感器和工控/IT 系统之间的联网问题；利用视频监控系统对车间的环境、人员行为进行监控、识别与报警；此外，工厂应当在温度、湿度、洁净度的控制和工业安全（包括工业自动化系统的安全、生产环境的安全和人员安全）方面达到智能化水平。

如图 4-5 所示，基于工业以太网实现生产装备、传感器、控制系统和管理系统等的互联互通、实时控制，进而实现安全、节能，将是智能工厂的核心技术。具体而言，从现场级的 I/O、传感器、PLC 系统和车间级的 HMI、SCADA 采集到的生产设备数据通过无线或有线传送到数据库服务器，实现自律协调作业的 M2M（机器对机器），并使上述的操作技术（OT）网络与工厂级的 SCM、ERP、MES、CAD/CAM/CAPP/PDM 等信息技术（IT）系统互联。随着底层数据量的指数型增长、虚拟现实等高带宽应用向工业领域的渗透，企业与云端应用的工厂间的连接在可靠性、带宽、时延和抖动性能、业务形态等方面提出了更高的要求，需要进行创新尝试。随着 3GPP 5G 标准的推进及商用化的临近，5G 将在工业领域得到大量应用。

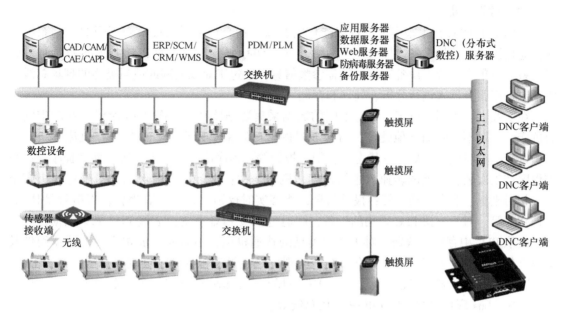

图4-5 基于工业以太网实现互联互通示意图

通过上述识别技术、网络部署和各设备的数据采集平台建设，一种典型的信息数据采集体系如图4-6所示，其应包含以下内容：

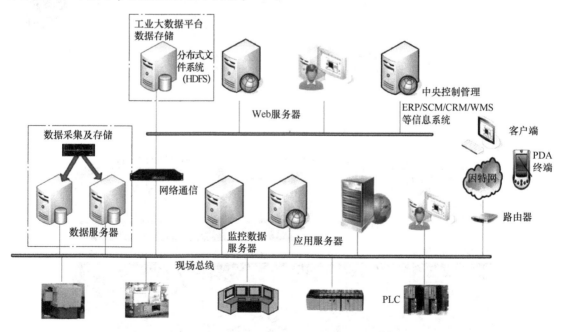

图4-6 离散型制造企业的数据采集体系结构图

（1）设备

设备层主要包括电源生产线的主要设备。设备具备标准化的网络接口，具备数据传输和共享的功能。

（2）数据采集

采用基于 OPC 技术来实现设备智能化的互联互通，将不同的接口、不同的控制系统及异构通信协议的数控设备连接成一个网络。建立 OPC 服务与设备的 PLC/DCS 数据地址的映射关系，采集生产线上设备运行时的各参数信息，通过工业以太网或适当类型的现场总线上传至数据库服务器来进行分析、处理和存储。

在实践上，不同的机床类型有不同的数据采集实施路径，如图 4-7a 所示，针对带网卡的机床，一般不用添加其他硬件，直接通过网卡可以采集几乎所有的信息：机床开机、关机；机床的实时状态，如运行状态、空闲、报警等；程序信息，如正在运行哪个程序等；数控程序加工次数；当前的转速、进给速度、机床倍率；坐标信息，包括绝对坐标、机床坐标、相对坐标、剩余移动量等；报警信息，能够实时反馈机床是否有报警，报警号是什么；主轴功率等。对于支持 PLC 采集的设备，则通过安装 PLC 系统，通过 PLC 采集数据，然后可以读取 PLC 中存储的数据。对于其他类型的普通机床，则需要增加相应的传感器硬件及工业软件进行数据采集。目前具有影响力的现场总线类型包括基金会现场总线（Foundation Fieldbus，FF）、Profibus 现场总线、P-NET 现场总线、SWIFTNet 现场总线、ControlNet 现场总线、Interbus 现场总线、WorldFIP 现场总线等。

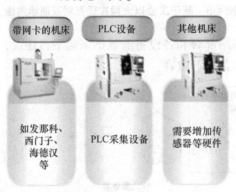

扫码看视频

a）机床类型与采集途径

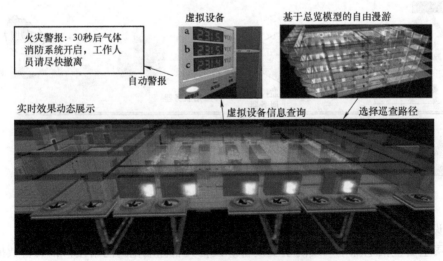

b）双向交互的3D虚拟网络化、智能化监控场景

图 4-7　基于工业互联网的智能化的数据采集

可采用有线采集与无线采集相结合的方案。无线数据传输部分的功能是把传感器采集到的数据通过无线传输的方式传送给汇聚节点。无线传感器节点具有无线射频功能，各节点采用基于标准的无线通信协议，通过自组织构成基于 ZigBee 的无线传感器网络来实现无线数据传输。在设备体积大、种类多及监测点数量大、分布区域广的场所，如流程工业工厂，为了更好地节约节点能量，便于网络扩展和监测点分布，可采用基于分簇的层次性网络拓扑结构来划分无线传感器网络，实现对若干个分布式生产现场设备状态参数的同步采集，即每一个簇网络负责本网络覆盖区域内的现场设备状态参数的采集，可同时采用 FPGA（Field-Programmable Gate Array，现场可编程门阵列）和 DSP（Digital Signal Processing，数字信号处理）技术提高无线传感网络节点的计算速度和存储能力，降低网络能耗。有线数据传输部分是把从无线传感器网络汇集到节点的数据接力转发到更上一层的监测中心上位机和服务器，结合地图实现可视化展示；与真实环境一样，用户可以在三维虚拟生产环境的总览模型中选择任意路径巡查，可以对已通信设备进行信息查询，并进行符合设备属性的操作，通过 3D 的方式展示加工指令与参数调整的实时效果，实现双向监控与互动，一种典型的监控场景如图 4-7b 所示。

（3）数据服务

系统接口常采用中间件和 OPC 相结合的方式，将历史过程数据、质量检验数据和综合测试数据通过中间件服务器传输至关系数据库进行储存，然后将生产过程中的实时动态数据通过 OPC 方式传送至实时数据库，由集成系统模块分别从关系数据库和实时数据库读取数据并进行统计分析。

（4）应用集成

功能应用模块将集成至 MES 系统，用户可访问 MES 系统的能源管理及设备管理模块，包括状态监控、历史状态数据查询、设备最优化方案，并分析原因，达到指导生产的目的。

在智能制造的复杂环境中，异构网络融合是网络环境的主要问题。工业物联网中往往是多种类型网络共同存在，如由于工业控制对时延及抖动要求较高，导致各厂商对工业以太网技术中的数据链路层进行了私有化的重新定义，多协议促成了很多信息孤岛，包括西门子 PROFINET、罗克韦尔/施耐德 Ethernet/IP、PowerLink、EtherCAT 等多种标准体系。使用不同工业以太网的设备可以共存，但难以对话。要实现互联互通，必须让不同网络之间能够建立联系。要在同样的网络中使用多种以太网设备就需要网关进行协议转换。

目前的研究，无论是设计统一网关的思路，还是认知网络（Network of Cognitions，NC）的理念，其目标都只是少数几种网络的融合，还不能满足动态的、不确定性环境的需要。针对物联网络异构性、数据量与业务量大的特点，开发统一的物理及 MAC（Media Access Control，物理地址）底层及其协议、促进多种网络融合是发展趋势。

2018 年，由中国航天科工集团有限公司所属单位航天云网天智公司牵头提出的《智能制造服务平台制造资源/能力接入集成要求》标准提案，成为国际上首个面向智能制造服务平台的标准规范，国际标准号为 IEC PAS 63178，这是朝着异构网络融合方向前进的一步。

4.2.2 网络安全

网络安全和信息化是一体之两翼、驱动之双轮。网络安全是指通过安全单元防护及网络边界划分等技术，保护智能工厂各系统内部和系统之间的通信安全。从国家安全方面看，在智能制造背景下，整体抵御入侵、维护安全的需求越来越高，智能控制将成为社会常态，广泛互联生产结构与社会结构出现，工业互联网安全防范能力成为国家的核心能力，工业网络控制问题成为战略控制问题。中国应始终坚持走国际接轨、自主可控、技术先进、攻防兼备的发展道路，着力创建可信网络安全环境。

2016 年，习近平总书记在网络安全与信息化工作座谈会上发表讲话，指出要树立正确的网络安全观，加快构建关键信息基础设施安全保障体系，全天候全方位感知网络安全态势，增强网络安全防御能力和威慑能力。……没有意识到风险是最大的风险。网络安全具有很强的隐蔽性。……感知网络安全态势是最基本最基础的工作。要全面加强网络安全检查，摸清家底，认清风险，找出漏洞，通报结果，督促整改。要建立统一高效的网络安全风险报告机制、情报共享机制、研判处置机制，准确把握网络安全风险发生的规律、动向、趋势。要建立政府和企业网络安全信息共享机制，把企业掌握的大量网络安全信息用起来，龙头企业要带头参加这个机制。习近平总书记通过这一系统性的表述说明了网络安全问题应该注重防患于未然。《史记》中记载，名医扁鹊曾有言"治病应治于未发之际"，这说明了防患于未然的重要性。工业网络体系将更加开放，网络安全风险日益突出，并日益向政治、经济、文化、社会、生态和国防等领域传导渗透，需要在时间和空间上全覆盖地维护网络安全。

[案例 4-5　伊朗核电站的人工计算机病毒事件]　2010 年伊朗核电站的人工计算机病毒事件已经表明在网络时代类似电力和化工等流程工业的安全生产已经面临着很大的挑战。工业互联网安全已经成为国家对抗的前线。在此次事件中，纳坦兹核电站受到病毒侵入。虽然核设施电脑系统与外部网络是物理隔离的，但"震网"蠕虫病毒以 U 盘"摆渡"的方式，通过微软的 Windows 操作系统进入由德国西门子公司研发的工业控制软件，"震网"得以控制系统数据，改变离心机的转速，最终致 1000～5000 台离心机瘫痪或转动失控，并发送错误指令，使控制系统以为一切操作正常。"震网"蠕虫病毒主要作用是攻击某个目标，而"火焰"蠕虫病毒作用是收集信息。该病毒可自行打开个人电脑的麦克风、记录电脑附近人员的谈话内容、抓拍电脑屏幕画面、记录用户使用聊天软件的谈话信息、收集文件和远程更改电脑设置，甚至利用蓝牙功能窃取与被感染电脑相连的智能手机、平板电脑中的内容。

工业企业的互联设备及系统之间应该进行有效可靠的安全隔离和控制，包括：OT 系统与 IT 系统之间应部署防火墙；工厂外部对工厂内部云平台的访问应经过防火墙，并提供DDoS 防御等功能，同时部署网络入侵防护系统，对主流的应用层协议及内容进行识别，自动检测和定位各种业务层的攻击和威胁；所有接入工厂内部云平台、合作伙伴的信息系统、工业控制系统的设备，都必须进行角色认证和访问授权；通过外部网络传输的数据采用虚拟专用网技术（Virtual Private Network，VPN），如普通移动用户 Web 应用远程接入（Client-Site）时可采用能方便地穿透防火墙的 SSL VPN，企业高级用户的各种类型应用进行网对网（Site-Site）连接时采用更底层的、功能更强的 IPSec VPN 等隧道传输机制，防止数据泄露或被篡改，保证系统与数据安全。

[**案例4-6 广州医药有限公司的网络通信平台规划**] 为实现智慧平台的战略目标，广州医药有限公司（简称广药）决定对网络通信平台建设进行规划，对数据中心进行改造，并建设灾备（灾难备份）中心，使信息一体化战略建设能够有计划、按步骤地实施。灾备中心是信息化时代防范灾难、降低损失的保障。

网络通信平台是广药信息一体化战略的基石，所有的业务系统都在这个平台上运行。网络通信平台的结构必须具备稳定、高速、灵活、可扩展和安全等方面的特征。设计总体要求如下：未来广州将作为核心的数据中心，全国各分支机构的 ERP 系统、仓储管理系统、财务系统等重要业务系统数据将统一到广州数据中心，并进行一体化的管理；各分支机构将采用性价比最高的方案与广州数据中心互联；互联物理组网方式采用"星形"连接方式，逻辑联网方式则为"全互联"方式；由于业务系统要求全天候不间断地连续工作，对关键网络设备、线路等要求统一标准并实现双机双线备用；调整后的网络预留了未来横向扩展能力，避免因升级而导致重复投入造成浪费；对线路选择、设备选购、配置策略、访问控制提出具体的标准，避免因为标准不同而导致不兼容、不稳定的问题；有条件的分支机构与本部中心直接实现双路冗余，暂不具备条件的可与地区中心互联。

分支机构互联架构设计为一种三层结构的网络通信平台，如图4-8所示。

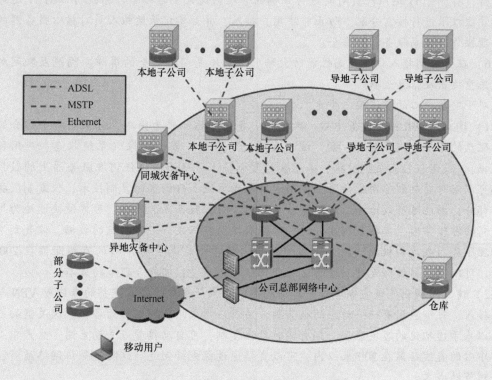

图4-8 广药的三层结构的网络通信平台

数据来源：孙延明，曾衍辉，赖朝安等，广药网络规划报告，2014

网络设计方案如下：

1）在数据中心核心层由两台高端交换机组成，汇聚层由两台中端交换机组成，服务器设备通过汇聚层交换机接入核心交换机。核心层与汇聚层均采用了双核心互备冗余的方式。

2）在汇聚层交换机采用模块化的千兆四层交换机，接入层交换机须为带扩展模块的百兆交换机，接入层交换机通过千兆模块和线路上连到核心交换机，所有服务器也通过千兆网卡和线路连接到千兆交换机，公司内网的客户机终端通过百兆网卡和线路连接到二级交换机，通过交换机的相关配置，如 VLAN（Virtual Local Area Network，虚拟局域网）的设置和端口的优化，形成千兆主干，百兆交换到桌面架构。另外，数据库服务器通过存储区域网与存储阵列相连，形成高效的存储网络。

3）在核心服务器区设置独立的 VLAN，与一般的服务器区进行隔离。核心服务器是核心业务应用的载体，必须有独立安全稳定的网络环境为基础。设置独立 VLAN，能有效阻隔局域网广播风暴，使得核心服务器区网络更加稳定。

4）在核心服务器区入口布置内部防火墙，按需开放服务端口，以防止核心服务器被非法入侵。

5）在核心服务器区出入口布置运维安全审计系统设备，核心业务应用系统的持续稳定运行，有赖于 IT 运维人员对其进行正确的管理、优化，运维审计系统可以对 IT 运维人员的管理权限进行按需分配，防止非法用户接入，并如实记录运维人员对核心服务器的各项管理操作，提高服务器的安全。

6）在互联网接入口布置高性能防火墙。防火墙是网络安全的屏障，隔绝互联网对内网的恶意攻击及信息盗取。

对于灾备中心的建设按三步走：

1）建立同城数据级灾备中心。数据级灾备中心结构较为简单，可采用一个综合的磁盘到磁盘的备份和恢复解决方案。该方案通过将源服务器的镜像（系统状态、应用程序和数据），或者仅指定关键数据，采用实时复制技术，从而保证任何源服务器上的数据变化都可以实时复制到备用服务器上，而这种基于系统 I/O 的实时复制技术，仅复制数据变化的部分，因此可有效地降低网络资源的占用。当源服务器故障时，可方便快速地为用户创建新的源服务器。需要数据恢复时，可提取快照数据或一定时间点的数据，恢复到不同的物理服务器或虚拟机上。生产中心（总部网络中心）与灾备中心的直线距离在 200 米以内，可以直接通过裸光纤互连。这既能保证网络质量，亦能合理节约成本。

2）建立同城业务级灾备中心。其结构类似于生产中心，拥有完整的专线或 VPN 与互联网接入，每个应用有一一对应的服务器，关键应用采用物理机作为备机，次关键的应用可以以基于虚拟化的容灾应用，拥有实时数据复制，可自动接管或手动启用。生产中心与灾备中心的直线距离在 200 米以内，可以直接通过裸光纤互连。这既能保证网络质量，亦能合理节约成本。

3）建立异地数据级灾备中心。异地与同城数据级灾备中心建设原理相同，唯一区别在于网络链路的选择上。由于距离相隔远，不能采用裸光纤的互连方式，综合考虑成本与线路质量的因素，采用运营商 MPLS 或者 MSTP 线路是最合适的选择。

4.3　系统集成

本节论述企业内跨部门、跨业务环节的业务综合和应用集成，并讨论系统安全问题。

4.3.1　应用集成

智能制造涉及机械硬件、软件和电子领域，构成了一种复杂产品系统（Complex Product Systems，CoPS），应用集成就是将一个复杂的系统高效地布局起来。应用集成本质上是系统集成商应用自身的经验，设计、构建一个适用于具体工程要求的集成开放系统的全过程。我国制造业发展的短板之一就是缺乏足够数量的、高水平的、从事应用集成的系统集成商。系统集成商是技术到产业的一架桥梁。

为了完成应用集成，制造信息系统必须是接口开放的，必须可无缝接入工程要求接入的各个子系统，将多厂家设备连在一起。应用集成不再是单专业自动化的工程行为，不再是自动化孤岛中的应用开发。在智能制造模式中，应用集成技术成为关键环节，只有信息系统实现了集成化，才有可能实现全系统的智能功能，才能实现智能工厂、智能生产线和智能制造。

为了实现开放性，其集成结构必须是符合标准的。标准的集成结构可分为 Client/Server、CORBA 或 DCOM、Web services、ASP 或 SaaS、ESB、MAS 等运行架构模式。

在 20 世纪 90 年代，人们认识到接入系统的用户数增长过快或是太多的功能集成在一个单一的系统中会导致系统过于庞大而容易失败。由于 Client/Server（客户端/服务器，C/S）硬件成本低，Client/Server 一度成为分布式计算的主流方式。它由两个逻辑单元组成，其中服务器提供业务服务，客户端请求服务器的服务，二者形成一个具有明显责任的计算系统。然而在大型的应用环境下，其扩展性和异构性则面临着新的挑战。

CORBA（Common Object Request Broker Architecture，公共对象请求代理结构）是由对象管理组织（OMG）推出的分布式对象管理规范，支持这个标准的软件可以作为分布式系统的编程开发工具。它在支持异构平台下对象的可互操作性和移植性方面具有很大的开放性与灵活性，该标准的主要特点是实现了软总线结构，将应用模块按总线规范做成软插件，插入总线即可实现集成运行。DCOM（Distributed Component Object Model，分布式组件对象模型）是微软公司提出的一系列概念和程序接口，利用这些接口，客户端程序对象能够请求来自网络中另一台计算机上的服务器程序对象。CORBA 与 DCOM 这两种早期的面向服务架构都受到一些难题的困扰：首先，它们是紧密耦合的，这意味着如果一个被访问的对象的代码出现更改，那么访问该对象的代码也必须做出相应更改；其次，两者分属于以 IBM、Oracle 为核心的阵营和微软主导的阵营，受到厂商的约束。

Web Services（即 Browser/Server，浏览器/服务器，B/S）是 SOA（Service-Oriented Architecture，面向服务架构）基于 Web 的一种实现方式，是在改进 CORBA 和 DCOM 缺点上的努力结果。SOA 是一种遵循开放的互操作协议的软件工程方法，通过组合可重用的软件资源实现软件系统。Web Services 的面向服务架构与过去不同的特点就在于它们是基于 XML

（EXtensible Markup Language，可扩展标记语言）等标准及松散耦合的，XML 等广泛被接受的标准提供了在各不同厂商阵营解决方案之间的交互性。

ASP（Application Service Provision，应用服务提供）与 SaaS（Software as a Service，软件即服务）模式在 IT 行业中早已为人熟知，但在制造业中却应用尚少，我国 SaaS 项目大多集中在 CRM、OA、HR 等入行门槛较低的应用，而较少涉足 ERP。SaaS 是基于云计算基础平台所开发的应用程序，SaaS 模式随着云计算、大数据分析技术的发展而不断增强。SaaS 模式借助数据分析和数据挖掘催生更加智能化和网络化的设备，并优化设备、软件和服务之间的集成。SAP、IBM、微软等国际巨头纷纷在我国发布针对中小制造企业的信息化解决方案，通过自己的云计算服务中心将各种管理软件的功能通过 Web 服务的方式提供给客户。企业可以通过租用 SaaS 层服务解决企业信息化问题，而不必考虑服务器的管理、维护问题，这大大降低了信息化成本。对于普通用户来讲，SaaS 层服务将桌面应用程序迁移到互联网，可实现应用程序的泛在访问。

ESB（Enterprise Service Bus，企业服务总线）是传统中间件技术与 XML、Web Services（Web 服务，指一种基于网络的、分布式的模块化组件）等技术结合的产物。ESB 的概念是从 SOA 发展而来的。ESB 是一种可以提供可靠的、有保证的消息技术的方法，它提供了网络中最基本的连接中枢。ESB 中间件产品利用的是 Web Services 标准和与公认的可靠消息 MOM（Message Oriented Middleware，面向消息的中间件）协议接口（如 IBM 的 WebSphere MQ、TIBCO 的 Rendezvous 和 webMethods）。ESB 产品的共有特性包括：连接异构的 MOM，利用 Web Services 描述语言接口封装 MOM 协议，以及在 MOM 传输层上传送简单对象访问协议（Simple Object Access Protocol，SOAP）传输流的能力。大多数 ESB 产品支持在分布式应用之间通过中间层（如集成代理）实现直接对等沟通。

Agent 的概念起源于学术界，研究人员将人工智能 Agent 的概念引入到制造系统的仿真与调度控制中。MAS（Multi-Agent System，多 Agent 系统）是多个 Agent 组成的集合，它同时具有分布式系统和人工智能的特点。随着产品种类的增多、制造系统的复杂化，生产过程中不确定因素显著增加，设备故障、个性化订单、紧急订单等扰动事件对系统运行的负面影响增大，静态调度控制机制的弊端逐渐显现。与静态调度不同，动态调度要求在制造系统运行过程中，实时监测可能出现的各种扰动事件。一旦检测到扰动事件发生，便根据系统的当前状态采取相应处理机制改变调度方案，确保系统平稳运行。因此，动态调度是智能制造模式下客制化、柔性化生产的基本要求。MAS 可以通过各个 Agent 依据简单规则进行交互协作完成复杂的生产任务，实现制造系统实时动态调度机制，还可以根据系统运行状态，进行实时决策，提高制造系统的柔性。车间层调度是制造系统控制的基础环节，调度结果的优劣直接影响到制造系统的整体生产效率。MAS 还可以兼容现有制造系统中的异构软硬件，便于系统的动态重构，提高可重构性。

4.3.2　系统安全

智能制造系统的高度集成、信息融合、异构网络互联互通等特性为系统安全带来了巨大的挑战。

1）我国智能制造相关产业发展相对滞后，综合竞争力不强，操作系统、主要工业软件及芯片被国外垄断，系统、网络服务的销售和出租都成了国外对我国的控制手段，难以实现安全可控。例如，微软推出了 Windows 8 之后就不再为 Windows XP 提供服务。我国的工控系统安全是一个大问题，国内企业的工控系统普遍脆弱，容易通过互联网进入摄像设备、ERP 等系统。据 2014 年工信部对全国火力发电企业的调查，90% 以上的工控系统是国外的品牌，不可控的软件源代码及有"后门"的芯片都存在风险。

2）智能制造系统面临的安全风险不同于传统信息系统面临的安全风险。智能制造系统具有长流程的业务场景，加之异构网络协议的差异性、设备的多样性，标准化的协议和技术使得安全漏洞公开化，制造信息系统对现有各种应用进行扩充和对新应用动态加入的支持，使智能制造系统的安全风险更加突出和复杂。

针对制造业智能化系统存在的安全风险，可按从底至顶的层级划分：

1）设备层。存在信道阻塞、感知数据破坏、女巫攻击（Sybil Attack）、时钟同步攻击等安全风险及软硬件设备的安全漏洞，火灾、爆炸等重大事故，短路、过负荷、水电气泄漏、违规操作等事故直接原因，以及高温、电弧等各种参数偏离正常值。

2）控制层。存在控制命令伪造攻击、控制网络 DoS 攻击、谐振攻击、广播风暴等安全风险，以及控制系统软硬件方面的安全漏洞。

3）网络层。存在认证攻击、跨网攻击、路由攻击等安全风险，以及网络安全漏洞。

4）企业管理层。存在用户隐私与数据泄露、非授权访问、窃听嗅探、恶意代码、病毒、漏洞攻击等安全风险，以及企业软件平台、管理系统软硬件的安全漏洞。

5）协同层。存在数据链接与网站访问中断、商业机密截获、运营数据篡改、数据伪造、协议否认等风险，以及供应链管理系统软硬件的安全漏洞。

在所有层级中，都存在非法接入、内容移除、逻辑错误、代码缺点等安全风险点。在网络层、控制层、企业管理层三个层级中，往往存在总线异常、窃听嗅探、口令窃取、主机漏洞、病毒攻击、木马潜伏、后门威胁等信息安全风险点。在设备层与控制层两个层级中，往往存在随机失效、诊断错误等安全风险点[15]。

安全中间件提供完备的信息安全基础构架，屏蔽安全技术的复杂性，使应用设计开发人员无须具备专业的安全知识背景就能够构建高安全性的应用。现在已有一些成熟的安全中间件产品，如美国国防目标安全体系结构（Defense Goal Security Architecture，DGSA）等数据安全体系结构等。虽然这些中间件产品与操作系统比较接近，应用时往往需要被紧密集成到应用程序中，但是也不能动态、透明地提供安全功能扩展。

敏捷制造信息系统的安全性不仅依赖于具体的安全手段和采用的加密算法的强度，还与系统中的安全协议结构有着密切的关系。为了保证加密协议设计的正确性，避免发生潜在的错误，仅靠专家的检测不仅是不现实的，也是不安全的。形式化的方法由于其精炼、简洁和无二义性，逐步成为分析安全协议的一条可靠和高效的途径，但相关人员至今仍然在试图建立统一的加密协议验证体系。

系统中各层次的安全不是相互独立的，而是相互依赖的，针对每一层单独设计的安全保护策略是不全面的，仅依靠局部、静态的安全策略无法充分保证安全，再加上不同应用场景对安全要求侧重点也不一样，因此，进行安全方案设计需要紧跟安全行业的发展趋势，同时确保遵循系统性、一致性、层次性、全面性、动态性的安全规划原则，合理运用网络隔离技术、访问控制技术、加密技术、鉴别技术、数字签名技术、入侵监测技术、信息审计技术、安全评估技术、病毒防治技术和备份与恢复等技术手段，设计适用范围更广的入侵检测与防御系统，设计更有效的访问策略，制定有效的移动设备跨域认证方法，都将是未来系统安全的研究热点。

[**案例 4-7 大数据中心设备的安全运行分析**] 在大数据中心，设备运行状态复杂，监控对象及参数多样，包括：CPU（Central Processing Unit，中央处理器）、内存、磁盘、网络与端口、变配电、UPS（Uninterruptible Power System/Supply，不间断电源）、空调制冷、温湿度、冷冻水机组、水浸测漏、新风机、消防、楼控、门禁和视频等子系统，并且每个子系统都有多种参数并以毫秒级采集大量实时数据。而传统的监控一般采用"被动式"工作模式：监测各种设备的参数，根据各阈值判断是否报警，如在 CPU 负荷持续达到 90% 或者在磁盘使用达到 90% 时进行预警等。其只能起到单一的报警功能。显然，"出现问题后再解决"是很难适应大数据中心高可靠的要求。

解决该类问题的途径就是引入智能化的手段，从而能够"主动"发现设备问题，这需要改变监测被动发现问题的管理模式。大数据中心设备运行分析系统（简称系统）通常包括智能分析、报表输出、信息采集、系统管理、设备管理等功能。

利用智能分析模块可分析采集、输入的数据是否存在系统运行风险，这在传统情况下需要专业人员对各专业子系统数据进行人工分析。当大数据子系统设备数量多、分析时间要求快（几秒钟至几分钟不等）时，人工分析无法适应大数据的管理需要。此问题拟通过计算机的智能分析系统来解决，其功能包括：

（1）规则的匹配与推理功能

通过一种机制，能设置和加载各专业子系统的分析逻辑，对各采集的数据（含实时数据和历史数据）进行计算（如温升速率的计算）、比对、分析；对符合设定规律（条件）的数据，系统提取相关数据，并生成报告和警报信息，或者按设定的逻辑，显示应进行的控制动作名称，或进一步地进行相关子系统设备的自动控制。

（2）规则库的构建功能

根据各专业子系统的分析逻辑，系统提供一个设置界面，由专业人员根据各子系统的特点，进行针对性设置。设置的条件包含各种逻辑条件、历史记录，并对各种条件进行组合判断。

输入条件配置策略的窗口如图 4-9 所示：①位于窗口左侧的为分析策略组名称，可理解为一系列输入条件、输出条件的对应关系组；②右侧的输入条件可针对一个或多个输入变量，单独设置判断条件，各输入变量可跨越多个子系统进行定义；③各输入条件的判断可采用多种计算公式，也可以采用历史数据库记录值；④输出控制对象可设置为生产某运维事件或某子设备的调节控制动作；⑤输出控制对象具有先后、延时执行等功能；⑥各分析策略组在智能分析系统投入使用时，动态生产多个动态库，快速执行分析逻辑；⑦根据以上条件，自动进行基于规则的推理，综合判断满足条件后会出现什么样的后果，并通过用户预先录入紧急预案加以解决；⑧分析软件通过界面，不断地将分析判断的结果显示在页面上，针对满足条件的结果，进行相关数据表写入的操作。

（3）规则库的复制与管理功能

分析逻辑知识库可以不断地进行知识累积。如实践证明在大数据中心 A 是行之有效

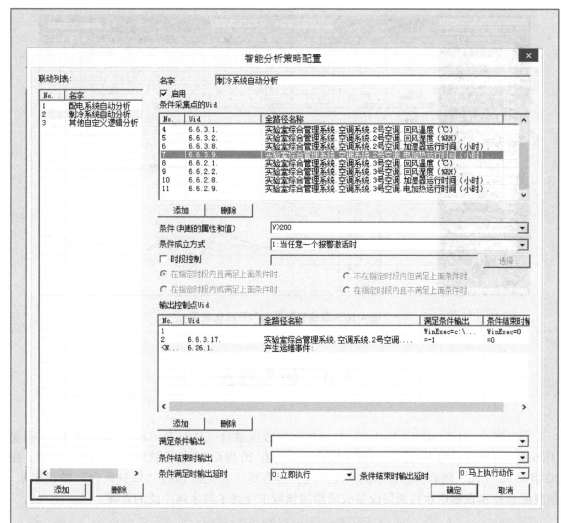

图4-9 智能分析策略配置界面

的分析逻辑，可根据具体情况，有选择地复制其规则库，应用于大数据中心B。这样不断进行分析逻辑知识库的累积，不断提高大数据分析系统的"智能化"程度，最终才能形成有价值的大数据智能分析系统。

（4）应用实例

某大数据中心内部分布着各种品牌和型号的精密空调30多台。如图4-10所示，系统实时监测并通过计算发现，有2个变量：1号空调压缩机状态（采集值为1或者0）；该空调出风口处温度数值。当空调压缩机状态为运行的，该处空调的出风温度却连续上升，在2分钟内上升1摄氏度（具体速率的判断条件可由使用人员设置），并且历史记录不断上升，则系统输出该空调可能存在漏氟的预警信息，要求值班人员现场查看。

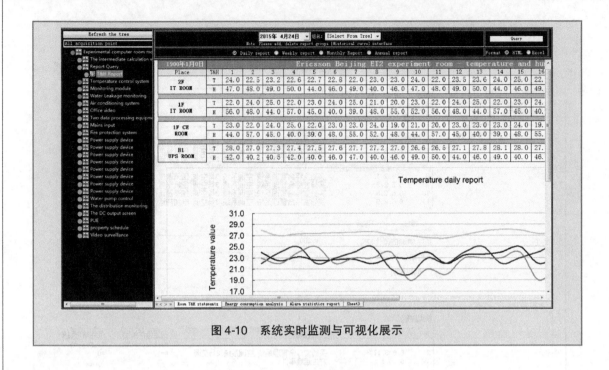

图 4-10　系统实时监测与可视化展示

4.4　信息融合

信息融合（Information Fusion）起初被称为数据融合（Data Fusion），起源于 1973 年美国国防部资助开发的声呐信号处理系统，其概念在 20 世纪 70 年代就出现在一些文献中。在 20 世纪 90 年代，随着信息技术的广泛发展，具有更广义化概念的"信息融合"被提出来。信息融合技术在制造业特别是设备故障检测领域中受到了越来越广泛的青睐。

4.4.1　数据融合

20 世纪 80 年代，为了满足军事领域中作战的需要，多传感器数据融合（Multi-Sensor Data Fusion，MSDF）技术应运而生。1988 年，美国将 C3I（Communication，Command，Control and Intelligence）系统中的数据融合技术列为国防部重点开发的 20 项关键技术之一。

不仅传感器的数量或种类很重要，数据融合也同样重要。每种传感器都有不同的优缺点，仅仅通过多次使用相同种类的传感器无法克服每种传感器的缺点。"盲人摸象"的典故告诉我们，要正确辨识对象则需要将来自不同种类传感器的信息融合在一起。

一般地，数据融合处理过程包括 6 个步骤，包括：①多源传感系统搭建与定标；②采集数据；③进行数字信号转换与传输；④进行数据预处理和特征提取；⑤运用融合算法进行计算分析处理；⑥合成并输出可靠的、精确的、充分的、一致性的有效信息。

多传感器数据融合是人类或其他逻辑系统中常见的功能。智能制造系统如同人一样，非常自然地运用多传感器数据融合能力把来自系统（人体）各个传感器（眼、耳、鼻、四肢）的信息（画面、声音、气味、触觉）组合起来，并使用先验知识去估计、理解周围环境和正在发生的事件。利用多个传感器所获取的关于对象和环境的全面、完整信息，主要体现在融合算法上。因此，多传感器系统的核心问题是选择合适的融合算法。对于多传感器系统来说，信息具有多样性和复杂性，因此，对信息融合方法的基本要求是具有鲁棒性和并行处理能力。此外，还要求方法有较高的运算速度和精度，与前续预处理系统和后续信息识别系统的接口性能，与不同技术和方法的协调能力，以及对信息样本的要求等。一般情况下，多传感器数据融合算法应具有容错性、自适应性、联想记忆能力和并行处理能力。

多传感器数据融合算法可概括为随机类和人工智能类两大类。随机类算法有加权平均法、贝叶斯网络、卡尔曼滤波、聚类分析等；人工智能类则有模糊逻辑、神经网络、专家系统等。

贝叶斯估计（Bayesian estimation）是利用贝叶斯定理结合新的证据及以前的先验概率，根据"后验概率＝先验概率×调整因子"，利用新获取的数据产生调整因子来得到新的后验概率，而不需要对整体数据进行计算，适用于利用实时传来的大数据高效地修正概率预测。

卡尔曼滤波（Kalman filtering）算法是把观测值和按照经验或模型得到的估计值进行加权平均，并根据以往的测量稳定性与准确性表现来调整权重，不断地把协方差递归，从而估算出最优的值。另外，由于只保留了上一时刻的数据，所以非常方便且节省内存。因而贝叶斯估计与卡尔曼滤波在动态实时的大数据环境下有巨大的应用潜力。

[**案例4-8　实现自动驾驶的数据融合**]　自动泊车入库、巡航控制和自动刹车等自动驾驶汽车功能在很大程度上是依靠传感器来实现的。多传感器融合是技术的关键，它包括两个关键：一是传感器同步技术，实现高精度的时间上微秒级误差及空间上一百米外厘米级误差的同步；二是基于融合数据开发的算法，数据维度包括三维空间数据、RGB三种颜色数据、激光反射率数据和多普勒速度数据共八个维度。目前，大多数路面上行驶车辆内的ADAS（Advanced Driving Assistant System，先进驾驶员辅助系统）及传感器之间是独立工作的，这意味着彼此之间几乎不交换信息，后视摄像头、环视系统、雷达、前方摄像头、GPS导航、中控大屏幕与手机定位都有它们独立的用途。当可见光谱范围内的摄像头CMOS芯片处在浓雾、下雨、刺眼阳光和光照不足的情况下工作时会遇到麻烦。而雷达缺少目前成像传感器所具有的高分辨率。开发者开始认识到，只有把多个传感器信息融合起来，形成易于识别的高维数据，才是实现自动驾驶的关键。融合好的数据就好比是一个超级传感器。假设前方有一个障碍物，每个传感器只能感知获取局部轮廓的信息，由于局部信息易受噪声的掩盖及其他车辆的脉冲串扰，所以这个障碍物有可能会被作为整体过滤掉，最终不被识别到。例如，2018年3月，美国一台自动驾驶测试车在路上撞到了一名过马路的行人，是因为该行人穿着的红色裙子随风飘扬，被汽车传感器误判为飘浮的红色塑料袋，而根据自动驾驶规则，汽车是可以行驶穿过飘浮的塑料袋的。

如果在传感器做出感知识别之前进行原始数据融合，就可以看到这个障碍物的完整轮廓与行为，就容易识别出障碍物及其类型。行业的最佳实践是，在传感器的搭配上，后视摄像头加上超声波测距，前方摄像头加上多模式前置雷达，并通过将视频传入到中央显示屏上或手机上，为驾驶员提供360度视场角，人机协同地实现自动入库；在算法的组合上，概率的计算主要使用贝叶斯估计，如在交通限速标志被遮挡的情况下检出率的计算；在视觉感知模块的车辆识别、车道线识别、交通标志识别上，主要采用能处理大量环境数据的深度学习算法，在用毫米波雷达与视觉感知模块融合目标位置时，采用卡尔曼滤波去掉噪声的影响，得到一个关于目标位置的好的估计。

4.4.2 数据应用

数据应用过程包括从端点获取数据、从数据中提取信息、运用各种决策模型进行分析计算及系统结果的输出。从客户、设备和工作流程中汇聚的实时数据呈指数增长，这将给企业提供新的洞察。收集和分析数据很重要，但这仅仅是个开始，关键在于运用分析结果发现重要模式并帮助企业进行正确决策的洞察。数据应用价值有：

1）严格监控生产过程，实现科学管控。例如，在过去，建筑施工现场进度和成本的准确信息很难获知；现在，建筑公司可以利用三维激光扫描仪、无人机搜集摄影图像，将图像与原始工程图的数据进行比较并核对、融合承包商报告，这样就连工地上一厘米的差距都能被发现。农业无人机也可以利用气象传感、种植区域的三维地图、土壤色彩分析技术来帮助调整种植、施肥、收割过程。在军事航天领域，飞机制造商可以利用飞机反馈的数据创建经验模拟软件，基于该软件开发飞行员培训，减少真实试飞带来的机身磨损及人力成本。

2）准确把握用户需求，推动产品创新。例如，利用大数据挖掘用户需求和市场趋势，找到机会产品；基于需求数据与三维模型，实现产品协同设计、设计仿真、工艺流程优化；通过生产方的生产系统和客户方的订货和需求计划系统之间的直接反馈和交互，减少了订货到交货的时间，也改进了产能利用率规划；新产品开发必然导致对原材料需求的变化，共享新产品开发信息，可使供应商在产品上市之前积极主动参与准备，减少和化解供应链上的投资风险。

3）实时监控不确定因素，规避风险发生。例如，针对市场需求随机波动的影响，通过共享销售数据能直接削弱牛鞭效应带来的订单逐级放大的影响。供应链需求信号在成员中独立多方地进行预测是产生牛鞭效应及无效率现象的原因之一。共享销售预测信息可使供应链中的各企业联合起来，共同对未来销售进行预测，从而提升整个供应链的竞争力。

4）切实增强用户黏性，提高营销精准度。例如，根据用户网站浏览数据制作出用户画像，制订精准广告推送计划，实现个性化营销；在淘宝网、京东等传统电子商务平台上，系统向终端客户提供货物和服务，涵盖多项功能并涉及多个独立的企业，但终端客户购物时只与零售商打交道，不知道零售商以外的生态系统成员是谁，也不知道订单正处于生产制造的哪个环节。生态系统成员通过共享它们的订单状态信息能够解决这个问题。借助射频技术，这类信息共享是可能的，但目前实现很少。

5）助推企业跨界融合，建立共赢生态圈。例如，通过全产业链的信息整合，使整个生产系统达到协同优化，让生产系统更加动态灵活；在实践中，企业间的库存信息共享有不同的实现方式，常见的如供应商管理库存（Vendor Managed Inventory，VMI）、协同计划预测补货（Collaborative Planning Forecasting and Replenishment，CPFR）。然而库存信息共享对制造商来说仍存在各种担忧，如果这个供应商也向自己的竞争对手提供货源，则这种信息共享可能导致信息泄露。

生态系统中数据的融合与应用还面临着许多障碍。首先是技术和标准问题，在不同的节点企业自身自动化管理水平也不一样，自动化水平高低不等，数据交换标准是信息共享的一个难题；其次是信任问题，共享数据是第四次工业革命的燃料，获取数字化信息即将成为未来成功的关键所在，合作伙伴在信息共享时总是心存保守。在某种情形下，合作博弈提供了解决此问题的办法，但现实中存在许多因素和特殊的考虑使得这个问题变得非常复杂。

4.4.3 数据安全

网络是基础，数据是核心，安全是保障。数据安全研究的目标是为了保护信息系统的软硬件资源和系统中的数据不被非法地泄露、更改和破坏。随着系统规模不断扩大和结构日趋复杂，数据安全的研究范围已从早期主要集中于数据存储安全、数据加密扩展到系统安全、网络安全等诸多方面，其内涵也从最初的保密性发展到完整性、可用性、可控性和不可否认性等的基础理论和实施技术。智能制造系统是一个由异种、异构、分布式的应用系统和制造资源连接形成的复杂系统，对智能制造系统形成的大数据的安全是一个更重要的问题。

数据安全威胁包括：

1）中断。系统的部分组件遭到破坏或使其无法起作用。这是对可用性的攻击。主要防范措施是防火墙。中断的常见原因是某种程序被非法安装在被远程控制的计算机上，形成僵尸网络（Botnet），该程序被一条简短指令以遥控的方式激活，并伪装成合法请求向目标计算机发送，请求看似正常运载，但请求汇集在一起，将产生一个巨大的难以抵抗的袭击，使目标系统丧失资源，无法对网络化制造环境下异地的、真实的用户做出回应，表现为系统缓慢延迟。例如，在智能制造模式中，远程控制指令需要快速执行，在4G网络中，指令传输时间为100毫秒，而在5G网络中，时间缩短为0.5毫秒。如果远程生产指令下达后，由于中断造成延迟，即使1秒的延误也可能产生显著的时间异常，而造成生产中断或者出现质量事故。降低互联网服务的速度也会把顾客赶到竞争者的网站，顾客就再也不会回到原网站上。

2）截获（介入）。未经授权取得系统资源，如上网利用软件窃取网络上传送的机密数据。这是对保密性进行攻击。主要防范措施是数据加密技术。如果没有采用加密措施或加密强度不够，攻击者可能通过互联网、公共电话网、搭线、电磁波辐射范围内（节点之间）安装截收装置（WinDump等）或在数据包通过的网关和路由器（节点）上截获数据等方式获取信息，再对数据进行层层解包，得到有用的信息。

一般数据加密模型如图4-11所示。如果加密、解密密钥是相同的，则称为对称加密。在对称加密方式中，一把密钥只用于一对数据发送者和接收者，因此对称加密系统存在的最大问题是密钥的分发和管理非常复杂、代价高昂，比如对于具有 n 个用户的网络，需要 $n(n-1)/2$ 个密钥。如果加密、解密密钥是不相同的，则称为非对称加密或公钥加密。在非对称加密方式中，发送方用接收方公开的公钥加密，接收方用私人保存的私钥解密，每人只需保存自己的一对密钥。只需要对私钥保密，公钥则可以公开发布。这种保管上的方便性使得这种方法适应了互联网大环境的要求。

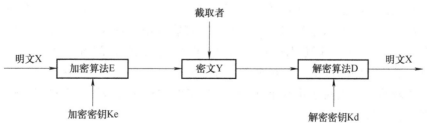

图4-11 一般数据加密模型图

如今，互联网通信安全部分依赖于非对称加密技术，RSA就是其中一种加密方法。RSA

是由 Rivest、Shamir、Adleman 三位学者发明的，通过该方法以数学方式产生一对不相同的密钥，这两个密钥之间无法经由任何数学运算获得，必须同时产生。其理论基础是："当仅知道两个互质的大质数的乘积的情况下，求出这两个质数是一个极其困难的问题"。具体地，当 $n = p \times q$，p 与 q 是两个大质数（也称素数、不可约数）。如果只知道 n，想要计算 p 和 q，这是一个世界性的极为困难的数学难题。RSA 的基础就是基于大质数分解的难题。

> **[案例 4-9 RSA 运算示例]** 下面是产生公钥与私钥，并进行数据加密、传送与解密的操作全过程示例：
>
> 1）选择两个质数，此处选 $p = 5$，$q = 13$（两质数保密。此处为了 Excel、MATLAB 等通用工具函数式可计算，选择了较小的而不够安全的质数）。
>
> 2）计算 $n = p \times q = 65$（n 公开，n 的长度就是密钥长度）。
>
> 3）计算 n 的欧拉函数 $\varphi(n) = (p-1) \times (q-1) = 48$（保密）。
>
> 4）选择小质数 e 作为公钥指数，条件是 $1 < e < \varphi(n)$，并且 e 与 $\varphi(n)$ 互质。此例选 $e = 29$，因为 29 和 48 互质（e 作为公钥，被公开）。
>
> 5）寻找私钥 d，私钥 d 与公钥 e 的关系是 e 乘 d 除以 $\varphi(n)$ 得到余数为 1，根据 $e = 29$，$\varphi(n) = 48$，此处可取 $d = 5$（d 作为私钥，被保密）。
>
> 6）销毁 p、q。对外公布或发送 n 与公钥（此处为 29），保留私钥（此处为 5）。
>
> 7）数据加密。假如要传递的保密数据即明文为 $M = 2$，则
>
> 传送方用公钥加密 $C = 2^{29} \bmod 65 = 32$（函数式为" = MOD(POWER(2,29),65)"）
>
> 接收方用私钥解密 $M = 32^{5} \bmod 65 = 2$（函数式为" = MOD(POWER(32,5),65)"）
>
> 可以看到，经由公钥加密者，只能由私钥解密，这起保密性作用；如果反过来，由私钥加密，可由公钥解密，这时的加密不具保密作用，但起不可抵赖性的数字签名的作用。因为要通过公钥求出私钥，需要先求出 $\varphi(n)$，而 $\varphi(n) = (p-1) \times (q-1)$，因此要先求出 p、q，又因 $n = p \times q$，需要将已知的 n 分解为 p、q，这个过程叫质因数分解。要将 1024 位二进制数的 n 进行质因数分解，目前的普通计算机还做不到，只有未来的量子计算机才有可能短时间做到。基于这一数学理论基础，RSA 的安全性依赖于大数的因子分解，可以认为 RSA 在密钥长度大于 1024 位（128 字节）时是安全的。由于 RSA 算法进行的通常是大数的计算，因此加密与解密的速度慢是 RSA 最大的缺陷，只适用于加密少量数据，或者用于加密对称加密算法的密钥，而不是直接加密内容。

3）篡改。篡改系统资源、网络传输数据，是对完整性进行攻击。主要防范措施是消息摘要算法（散列算法）与数字签名技术。例如，黑客利用 DNS 的安全漏洞用自己的 IP 地址替换掉制造商的 IP 地址，这就把该制造商的电子商务网站的访问者引到一个虚假网站。这样黑客就可改变订单中的订购量，并改变送货地址。这个被破坏了完整性的订单被发给制造商的电子商务网站，而该网站并不知道已经发生了对完整性的破坏，它只简单验证顾客的信用卡后就开始履行订单。

4）伪造（假造）。未经授权将造假数据放入系统，这是对真实性（认证性）进行攻击。主要防范措施是借助可信的第三方认证中心（如 CA）发放的证书。如某网银间谍木马病毒诱导或重定向，使用户在其假网站上面输入账号、密码，用户的银行账号、密码等消息将会

被发送到黑客指定的信箱中，从而带来经济损失。

5）否认（抵赖）。否认自己曾发送的信息，是对不可否认性进行攻击。主要防范措施是数字签名技术和数字证书。由于商情的千变万化，交易一旦达成是不能被否认的，否则必然会损害一方的利益。例如，订购原材料，订货时原材料价较低，但收到订单后，价格上涨了，如收单方否认收到订单的实际时间，甚至否认收到订单的事实，则订货方就会蒙受损失。由可以信任的第三方颁发数字安全证书是一种常用手段，它确保了电子交易通信过程的各个环节的不可否认性，使交易双方的利益不受到损害。不可否认性通常是认证性、不可伪造性、不可篡改性的结果。

> [**案例 4-10　区块链技术与不可复制、不可篡改**]　区块链技术可以应用在很多领域，比如说票据的认证，现实中一个文件或票据是独此一份的，在抵押和还回的操作中如何数字化认证它的唯一性，是个很大的问题。可以用区块链化来达到这个目的，使得一份文件是不可被复制、不可被篡改，转移过去也不会变成两份，而在过去传统 IT 技术下，是可以复制成两份的。用区块链就可以真正模拟现实社会中的这种文件票据的唯一性。在 2017 年的腾讯全球合作伙伴大会上，腾讯正式发布腾讯云区块链服务（Tencent Blockchain as a Service，TBaaS），其构建于金融云基础之上，向用户提供在智能合约、供应链金融与供应链管理、跨境支付/清算/审计等场景下的区块链服务。

4.5　新兴业态

4.5.1　个性化定制

未来的生产模式将从大规模生产到大规模定制，再到个性化定制演变。今天制造企业的生产组织普遍仍具有福特流水线的特点，不能满足大规模定制的需要，更不能满足个性化定制的需要。如图 4-12 所示，大规模生产流水线的方式整齐划一，可连续重复，但缺陷明显。

1）生产线上各工序布置是固定的，产品在工序间依次移动。如果定制化程度较高，需要工艺的变化而导致需要新增特殊的工序，则难以对生产线进行调整。

2）订单在生产之前需要考虑生产线的节拍平衡，进行排序优化，然后在生产线上按照排好的顺序依次生产，而反映客户个性化需求的零部件也会按照订单的顺序，然后被依次装配。由于排序计划的刚性，进行顺序调整的复杂性超出了手工作业能力范围，需要工业软件的支持，而工业软件往往是固化的，本身也难以进行调整与定制。

3）排序计划需要提前与供应商沟通。一旦生产订单的实际顺序发生异常与变化，如产品缺陷、订单变更与设计变更、设备故障等，就需要进行复杂的调整与干预，还需要一定的缓冲时间和库存来调整。

4）在流水线上，生产任务通常分解至不可再分解的动作元素后再进行分配，导致员工的工作内容单一枯燥，员工缺乏兴趣与创造力。

5）总而言之，传统方式带来的是固化的软硬件投资、有限的产品个性化配置、对异常

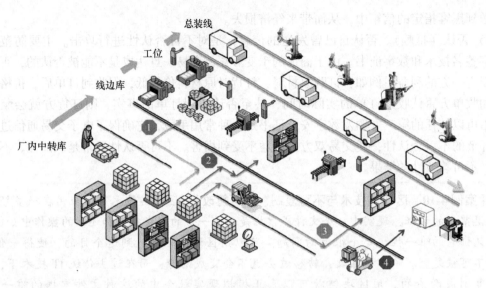

图4-12　大规模生产方式的流水线

与误差的低容忍、提高柔性与降低成本的空间小。生产线需要进行从"刚性的流水生产线"到"自适应网状柔性生产线"的转变与升级。

在 CPS 的支持下，借助产品与机器、机器与机器、人与机器之间的自主交互，实现更高程度的柔性的个性化定制。这样的生产模式具有如下特点：

1）订单的生产顺序可以由产品和设备自行决定，换言之，产品或设备自己决定下一步的生产。

2）每一张订单的生产路线可以灵活地调整。

3）相应的原材料和零部件的供应可以实时地适应生产的变化。

4）物流不再遵循固化的路线，可灵活地调整，并具备一定的智能。

为了满足这些特征，需要如下技术的支撑：

1）通过近场通信（Near Field Communication，NFC）或视觉识别等方法实现在线半成品的辨识，根据辨识的结果选择适用的工艺。

2）生产订单的数据抽取与可重构自适应的工艺规划，在频繁的切换之中通过快速换模仍能保持均衡生产。

3）动态生产顺序与线路组合、动态的生产物流。

4）与供应商的生产、运输的节拍、周期配合，实现动态生产零部件供应。

5）在线产品质量检测，消除停机检测。

概括地说，在"自适应网状柔性生产线"中，通过产品与设备、设备与设备之间的交互，动态地形成最优的加工路线，处理异常事件，解决个性化订单、供应中断等不确定性问题，如图4-13所示。

在个性化定制的生产模式中，大批量生产依然不可少，多品种小批量也不可少。因而将会是三种生产方式并存的局面，其中最复杂的是个性化单件定制。如果个性化单件定制的问题能解决了，多品种小批量、单品种大批量生产的各种问题都将迎刃而解。智能制造的核心是解决单件定制的问题。

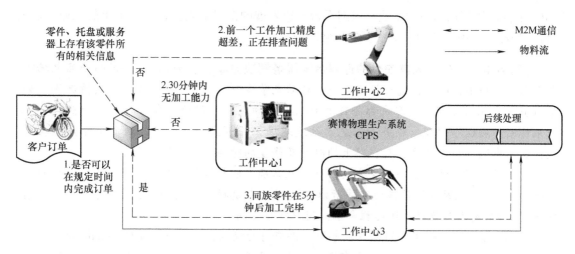

图4-13 自适应网状柔性生产线

4.5.2 远程运维

中国目前拥有超过6亿的网民、7亿台的智能终端，移动互联网的蓬勃发展加速了从制造向服务的转型。美国倡导的"工业互联网"将人、数据和机器连接起来，形成开放而全球化的工业网络，其内涵已经超越制造过程以及制造业本身，跨越产品生命周期的整个价值链，涵盖航空、能源、交通、医疗等更多工业领域。在工业互联网环境下，制造企业可以通过设备的联网数据监测、分析和改善设备的设计与制造，通过远程运维提高产品可靠性和效率。

在"互联网+"模式下，传统企业需要不断创新商业模式找到一款适合自己的服务方式来打动客户，远程运维就是一种制造服务化与转型升级的主要途径。比如，中国高铁出口到美国遇到的一个问题就是：在中国，铁路部门采取高铁白天运营、晚上组织检修的安排；但在美国，缺乏愿意晚上检修的工人，所以高铁必须通过远程运维解决故障监测和运维的短板。

生产设备的远程运维是云制造模式下各种工业互联网的主要功能。当前大型工业企业和软件龙头企业提供的工业互联网平台如图4-14所示。GE首次明确工业大数据概念，开发了

图4-14 大型工业企业和软件龙头企业的工业互联网平台

Predix 平台。如何在当前的工业互联网平台高速发展的窗口期内打造中国本土的工业互联网平台，是各界应该思考的一个重要的战略问题。

［**案例 4-11　保障人身安全的远程运维服务解决方案**］　Orbotech 公司的产品包括印制电路板（PCB）的生产过程控制系统、自动光学检查（AOI）系统等。一般情况下，如果 AOI 机器出现了问题，客户都会致电 Orbotech 的服务部门让服务专家运用专业领域知识来诊断解决这个问题，服务专家就需派遣现场工程师来解决这个问题。而客户远在天边，就像中国的偏远地区，花在路上的时间及修复的时间就需要好几天。

为了便于实施远程服务解决方案，公司也需确保能让终端客户控制仪器上所进行的远程行为。"这个仪器有很多移动部件所以在使用时人员很可能会受伤，"公司的首席信息官说，"如果有人对仪器下达远程命令，用户就会受伤。"

Orbotech 通过了解主要的远程服务软件供应商的提议，决定使用 PTC Axeda 软件。它在物联网连通性和设备管理方面具有优势，软件灵活轻巧，在保障安全的情况下能通过防火墙连接到客户。使用 Orbotech 仪器的安全模式可以让服务人员和研发人员在机器的观察模式下远程控制仪器。在这种安全模式过程中，仪器的发动机不会运作。

Orbotech 也把自己的服务管理系统整合到了 PTC Axeda 软件，把服务管理系统中的数据库信息移到远程软件中去，这样如果客户的仪器出现了问题就可以给服务专业人员提供一份完整的信息，建立一个双向的信息流，提高每次派遣的诊断能力，减少错误零件。通过平台可以让中国的 Orbotech 工程师与以色列的研发部进行合作来共同解决问题。通过进行仪器控制和有效的训练，这种协作还能增加与客户的知识共享。

4.5.3　网络协同制造与横向集成

制造金字塔的模型体系是自动化制造的骨架体系。大多数制造业的国际标准已经高度成熟，IT/OT 集成的架构也趋于标准规范，如图 4-15 所示。金字塔型的集中控制架构在 2000 年左右已经定型，然而，还必须加以修订以适应未来制造模式的根本性变化。

图 4-15　IT/OT 集成架构的演化

在个性化定制模式及不确定性动态市场环境下，要想完整实现智能制造系统功能，传统制造系统体系结构中那种基于金字塔分层模型的控制范式将由一种基于分布式的新制造服务范式所替代，这种新范式在德国"工业4.0"中也称为赛博物理生产系统（Cyber-Physical Production Systems，CPPS）。由于各种智能设备的引入，设备可以相互连接从而提供一个网络服务。每一个层面，都拥有更多的嵌入式智能，都可以使用虚拟控制的云计算技术。有了这些能力，使用新的方法来控制跨层级的、更广泛的自动化操作就变为了可能。

具体地，如图4-16所示，传统的集中式生产自动化金字塔层级将被分解，一种基于CPS的、分布式的、去中心化无层级的、云端虚拟化的服务体系将是未来的方向。架构将从传统的集中式自动化金字塔分层架构到分布式云端网络架构转变，从一套固化的静态系统到网络化的动态系统转变，新的面向服务范式最终将制造系统转换成一个完全连接和集成的系统。除了在车间级别上对时序和安全要求非常严格的一些制造功能外，所有在这三个维度和制造金字塔内部的制造功能都可以被虚拟化和被托管成服务。其信息流具有网络化、信息面广、数据量大、结构多样的特点，其工作流具有虚拟团队与虚拟企业、开放创新、流程匹配、协作生态系统的特点。MAS和区块链将是推动这一转变的重要支撑技术。

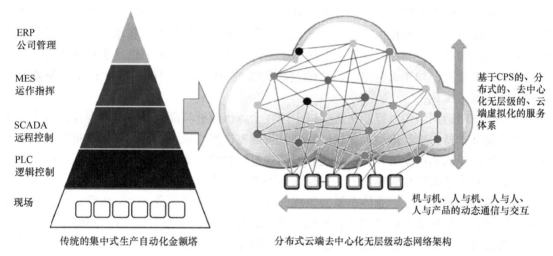

a）从传统的集中式自动化金字塔分层架构到分布式云端网络架构转变

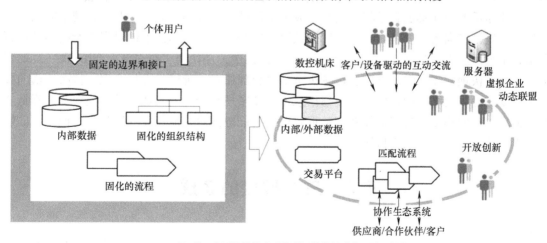

b）从一套固化的静态系统到网络化的动态系统的转变

图4-16　生产系统架构的演化

在虚拟企业模式下，盟主企业响应某一市场机遇，根据用户需求确定产品功能并确定产品开发总任务，然后对任务进行评估与初步分解，确定需要的角色，再通过招标/竞标的方式挑选合作伙伴组建虚拟企业，完成任务分配与执行。设计方案、制造任务分解和选择合作伙伴这几个关键任务必须是互相适应的，这是一个不断沟通、多次调整的过程，以得到最优的设计制造方案和最佳的企业组合。

全球制造网络给中国带来了创新机遇。中国企业在全球制造网络中的学习与升级，作为后发企业吸收获取知识，加入跨国公司主导的全球制造网络，可以在资源获取能力、学习能力、敏捷和灵活性上有较大的提升。以美的、海尔、联想、华为、中兴和中集等企业为代表的我国制造企业开始积极布局和扩展自己的全球研发、制造网络，迅速通过对外直接投资构建立全球化制造网络以充分利用全球资源，开拓全球市场。

与此同时，跨国公司将生产与技术分离的意图更加明显，其对制造业产业链的控制方式正从以合资、合作为主的间接控制，向"资产控制"与"技术控制"合为一体的"直接控制""整体控制"过渡，加深了中国相关产业各环节对跨国公司技术的依赖，如以广汽本田为代表的中日合资企业的中方并没有通过合资掌握先进技术。中方曾相信，只要产品在中国生产，将来中方就能掌握技术了，但是事实却远非如此，国产化率、技术消化一直是中国汽车业和跨国公司的两大利益博弈点。中国本土制造企业形成了典型的低端出口导向与高端进口依赖的业务模式，如集成电路、芯片的制造装备的 89% 是进口的，导致在全球制造网络中的分工中被边缘化[12]。

为在全球制造网络中以智能制造促进中国在全球价值链高端攀升，首先要加大国产工业软件产业发展扶持力度，推动工业软件特别是智能制造操作系统平台的开发及推广应用；其次，创新生产模式和商业模式，以产业联盟模式打造智能制造产业生态圈；最后，打造智能价值链，增强企业智能化管理能力，提高数据附加价值[13]。

网络协同制造模式是产业体系横向集成的体现。按德国"工业 4.0"战略计划实施建议书中的定义，横向集成是指"将各种使用于不同制造阶段和商业计划的 IT 系统集成在一起，这其中既包括一个公司内部的材料、能源和信息的配置，也包括不同公司间的配置（价值网络）"，即以产品供应链为主线，通过数据在企业之间的自动有序流动，实现社会化协同生产。

产业体系的横向集成就是将公司与产业上下游的工厂及客户通过工业互联网紧紧联系在一起。首先，横向集成使得客户与工厂关系更为紧密，能够更加详细地对客户所购物品进行定制和调整，从而满足客户高度个性化的需求；其次，还使得工厂和工厂间的联络更加紧密，能够更快地对需求做出响应，市场供求信息更加通畅，价格也更加合理；再次，横向集成还将物流融入网络之中，使得物流与信息流更紧密地结合，大大地提升物流效率，降低成本；最后，横向集成还将产业体系与数据企业、智能电网等其他企业联系起来，使工厂能够得到更为快速和自动化的支持服务。

4.6 三个维度的集成

通过本书第 2、3、4 章所述的智能制造实施，分别实现三个维度的集成。在智能制造愿景中，在企业内部、企业之间、社会化的智能制造及服务中实现数据自动有序的流动，在三个维度上集成融合，是实施智能制造的主要工作内容。三个维度上融合包括：产业体系的横向集成、运营系统的端到端（或称点到点）的集成、制造系统的纵向集成，见表4-1及如图4-17所示。

表4-1 智能制造的三个维度融合

融合方式	在本书的位置	融合内容	主要对象
纵向集成	第2章	贯穿制造系统层级的纵向融合。它通过 ERP、MES、PLC 等工控系统的纵向集成推动固定生产线向动态生产线转变。它是企业内部的集成，是"点"的概念。	ERP、MES、PLC 等工控系统，底层设备
端到端集成	第3章	覆盖产品全生命周期的融合。它是产品价值链的集成，包括原料供应、研发设计、生产制造、销售、服务，是"线"（链）的概念。	PLM、ERP、SCM、CRM 等管理软件，电商平台
横向集成	第4章	推动产业体系协同的横向融合。它是以价值网络为主线，将各种应用于不同制造阶段和商业计划的IT系统集成在一起，实现社会化、生态化的协同生产，是"生态圈"的概念	工厂、供应商、合作伙伴、物流、用户、生态系统

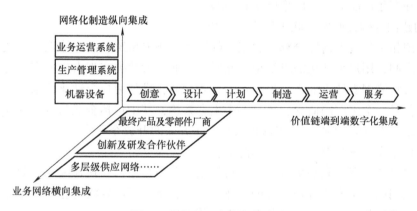

图4-17 驱动业务发展的维度

德国"工业4.0"计划的制定者之一、德国弗劳恩霍夫协会工业生产技术及自动化研究所所长 Thomas Bauernhansl 教授估计智能制造的三大融合集成将使工业的总体价值创造表现提高30%~50%。其中存货成本将因减少了备用存货和消除需求失真而降低30%~40%；制造成本将因制造效率和员工灵活性提高而降低10%~20%；运输成本将因高度自动化降低10%~20%；因更宽的控制跨度和减少故障排查，复杂性控制成本将降低60%~70%；质量控制成本将因实时控制减少10%~20%；而维护成本将因备件优化、面向状态的维修、动态的优先排序等降低20%~30%。从长期看，智能制造将使工业成本降低。

4.7 实践案例：海尔的"人单合一"与互联工厂生态系统

至2018年，海尔已累计完成5大产业线、28个工厂、800多个工序的智能化改造，建成沈阳冰箱、郑州空调、佛山洗衣机、青岛热水器、胶州空调等7个智能互联工厂。海尔实施互联工厂取得了初步成效，互联工厂整体效率大幅提升，产品开发周期缩短20%以上，交货周期由21天缩短到7~15天，能源利用率提升5%。海尔智能制造转型内容主要包括如下三个方面：

（1）以用户为中心与"人单合一"

海尔在互联网时代创造了一种新的管理模式——"人单合一"。人就是员工，单并不是狭义的订单，而是用户需求，"人单合一"就是把员工和用户需求联系在一起。海尔从2005年至今探索了14年，目前应用的COSMOPlat是全球唯一的用户参与交互的工业互联网平台，其运转的核心就是"用户"。用户目前主要还只是渠道商，可以全流程参与产品设计研发、生产制造、物流配送、迭代升级等环节。协同设计定制模式是将用户的碎片化需求进行整合，从为库存生产转变成为用户生产，用户可以全流程参与设计、制造，从一个单纯的消费者变成"产消者"。

海尔互联工厂提供的不仅是工业产品，还是服务方案。更多聚焦的不是产品传感器，而是用户传感器。互联网带来的是与用户之间的零距离，平台是去中心化、去中介化的，也是分布式的。海尔还制定了"不入库率"，所有的产品在下线之后不进仓库，而是直接送到用户家里，现在海尔产品的不入库率已达到69%。

（2）构建内外圈并联的互联工厂生态系统

海尔集团相关负责人这样诠释互联工厂的转型：颠覆传统的制造体系，由大规模制造转型为大规模定制，用户个性化需求汇聚，互联工厂通过大数据实现大规模定制与个性化生产的混合，通过物联网支持下的人、机、物的互联互通，满足用户个性化需求。海尔提出的互联工厂，不仅是一个工厂的概念，还是一个生态系统，其中包括企业与合作伙伴。海尔的流程由原来传统企业ERP管控下的串联模式变成了并联的开放企业生态圈。

互联工厂生态系统具有如下三方面能力：

一是连接供应商资源和解决方案。通过研发资源整合平台，快速配置资源，把员工、用户、供应商之间的关系变成合作共赢的商业生态圈，海尔只需要将自己的研发需求放到平台上，通过双向匹配找到科研资源，甚至可以坐等解决方案。

二是要达到用户和工厂的零距离，实现用户全流程的实时互联。用户的个性化订单，可以直接下达到海尔全球的供应链工厂，这样就可以减少生产和订单处理的中间环节，把中间这部分价值让渡给用户。以定制一台冰箱为例，用户通过pad登录海尔定制平台提出定制需求之后，需求信息马上到达工厂，生成订单；工厂的"海尔个性化定制执行系统"自动匹配订单需要的门板、箱体等部件，自动排产，并将指令与信息传递到各个生产线，最终生产出定制的冰箱。全球的用户随时随地都可以通过他的移动终端来定制他所需要的个性化产品，全流程地参与设计、制造。

三是全流程透明可视。订单生产及配送情况，可以实时地推送给用户，用户也可以实时地快速查询。通过产品的识别和跟踪，从而实现用户从他定制的订单到工厂的生产，再到物流的任何一个环节的实时可视。在海尔举办的一个"三无"发布会，即无人、无现场、无产品，通过在其互联工厂安装多个摄像头向全世界进行实时直播，无论用户身处何地，都可以通过手机或者PC实时观看海尔互联工厂的生产情况，海尔通过这种方式传递其"透明工厂"理念。

例如，在海尔空调胶州互联工厂中，以用户为中心，打造端到端信息融合能力，通过布局仿真、线平衡仿真、自动化仿真，打造高柔性模块化最优布局。通过价值流仿真、物流仿真、人因工程（Human Factors Engineering）仿真、工艺仿真，构建高效自优化的产品制造。在设备层，通过机械手、集成线、影像识别、自动化检测等柔性化设备支持无人化定制生产；在控制与车间层，利用万级数量的传感器，每天产生亿级数据，对温度、压力、位置等进行自感知、自学习、自诊断，信息驱动 AGV、积放式悬挂输送机、自动分拣工装、立体仓库等装备，构造"一个流"的零落地、零等待、零库存的智能物流体系；在工厂层，iMES 能根据用户的下单自动排产，以 iMES 为核心，PLM/ERP/WMS/MES/SCADA 这五大系统集成，纵向实现了从设备、传感、网络到顶层信息系统的互联互通，每一台定制的产品都能回答"我应该被送到哪"，成品自动入库，物找库、货找车，实现自优化配送路径，自动响应用户个性化订单。整个工厂变成了一个智能制造执行系统，而员工的角色转型为机器的管理者。互联工厂的目的是实现提高产品品质、缩短上市时间、增加灵活性，而在传统的以大规模制造为基础的工厂模式下，这三者是矛盾的。

（3）由传统企业转变为平台型企业

互联工厂的前提条件就是企业组织的转型，由传统企业组织要变成一个平台型的企业。海尔从原来封闭的正三角组织，领导指挥控制转型为员工直接面对用户，为用户创造价值。在内部，企业的能力和资源以平台化的形式提供，员工可以自主调用，从而自组织、自驱动，组织更加扁平化，变成了员工创业的平台。海尔 COSMOPlat 平台已将交互、设计、采购、物流、服务等七大能力模块进行社会化推广。目前，该平台已接入上万家企业，2018年 COSMOPlat 平台的交易额差不多将能够达到 4000 亿元的规模。

具体来说，从整个供应链，包括生产、制造、物流、采购等各环节都已转型，由传统串联的部门组织变成了共同面向用户的一个个小微。这些小微和用户小微是并联的，如果用户小微不能创造用户价值，那么这些采购小微或者制造小微也没有价值。例如，海尔的"车小微"平台，就是基于物流能力打造的平台。如某位海尔员工转岗后自己买了一辆车，加盟海尔的物流配送系统，通过信息平台找到合作伙伴并与其结成对子。两人每天抢单、送货、安装、维修，收益按比例分成，构成利益共同体，风险共担，超利共享，俨然成为一个"小微企业""快速反应部队"。而且这个平台还对外开放，允许社会上的闲置车辆帮他配送。2014 年这个平台上的车辆就达到了 9 万辆，布局了 3 万多个服务网点，承诺 48 小时内物流抵达。截至 2017 年底，海尔平台有 200 多个创业小微、3800 多个节点小微和 122 万个微店。对于这些小微企业来说，张瑞敏只是股东而不是领导。经过 13 年的变革，海尔去掉了一万多名中层管理者，使企业变成了一个创业平台。

2016 年 6 月，海尔并购了美国 GEA。兼并之前的十年，GEA 销售收入下降了 11%，而 2017 年，他们的利润增长了 22%，利润增幅是收入增幅的好几倍。过去，GEA 像大部分企业一样是串联的，研发、制造、销售等部门之间互不通气。当所有部门连成一个整体，串联就变成并联了。变成并联后，每个人都会为如何让产品创造用户价值而努力。在这么大的国际化并购之后，没有一位海尔员工进驻 GEA，而是让 GEA 原有管理层自己决策。2017 年 12 月 6 日，国际四大标准组织之一的美国电气与电子工程师协会（Institute of Electrical and Electronics Engineers，IEEE）通过了由海尔主导制定的大规模定制国际标准的提议。

思考练习题

1. 海尔在国际标准制订方面做了哪些工作？这对海尔有何意义？

2. 海尔在商业模式改革方面做了哪些工作？有何创新？

3. 试从用户需求、企业架构、系统工程的角度分析"人单合一"模式的特点与创新。试分析海尔互联工厂生态系统的智能特征层级。

4. 海尔在纵向集成与横向集成做了哪些工作？

5. 企业智能制造转型的目标应该是什么？有哪些常见错误做法？

回顾与问答

1. 在中央研究院模式中，中央研究院与事业部研发机构的分工有何不同？为什么？

2. 牵头成立工业互联网的，应该是美的、海尔，还是阿里巴巴、腾讯，或是华为、中兴？哪一种公司开发的平台更有前景？

3. 智能制造对员工带来哪些冲击与影响？请简述之。

4. 智能制造系统集成分为哪几个层次？它们之间有什么关系？侧重点有何不同？

5. 不同系统集成层次的常用技术方法和需要掌握的技术内容是什么？

6. 智能制造的安全分为哪几个层次？

7. 尝试在国家安全战略的角度分析工业互联网安全。

第 5 章

智能制造实施的综合模式与路径

启发案例：丰田公司的精益制造

1. 精益研发

2018 年 1 月 8 日，丰田章男在国际消费电子展上宣布丰田将从汽车生产公司转型为移动出行公司，其竞争对手不再是车企，而是谷歌、苹果和脸书等科技巨头。他说："我决心创造新的方式来运送和连接我们的客户。技术在我们这个行业正在迅速发生变化，研发竞赛正在进行。"据悉，为了更好地建立完善的移动生态系统，丰田还将与亚马逊、滴滴出行、优步（Uber）、马自达及必胜客等多家企业展开合作，能够提供各式各样服务的 e-Palette 预计将在 2020 年东京奥运会时投入使用，这是一个颠覆性的产品平台。e-Palette 通过低底盘、箱式的无障碍设计，获得宽敞的车内空间，并通过不同底盘和不同车体的组合，搭载各类设备，能实现不同的功能，扮演共享出行、移动贩卖车、货运车等各个角色，满足分享乘车式、酒店式、零售店式等服务伙伴的不同用途的需求。此外，e-Palette 还将接入丰田高级自动驾驶辅助系统 Guardian 并搭载智能互联技术，以实现更加广泛的商业用途。

为了应对全新产品平台研发的挑战，丰田非常重视研发流程的标准化，建立均衡的研发流程，利用严格的标准化降低变异，并建立高度柔性和可预测的产出。做法之一是：他们把很多工作进行了外包，由于采用了一种标准化的工程清单和知识库，也就是建立一套设计工程师的设计标准和流水线的制造标准，使得任何一个其他公司的工程师也都可以顺利地参加到项目中来，而迅速进入研发状态。丰田将供应商整合到研发体系中。为所有工程师构造"塔尖"型知识结构，数据库提供了标准化组件并能保证同时获得设计数据，在产品设计的同时也进行生产工艺制定和采购。美国同行也常采用外包的方法，但不知道什么原因，经常遭遇糟糕的结果及产生极高的交易成本，而他们把这一切都归罪于其供应商。

公司会为每一个研发项目提供一个很大的房间，研发人员生活在一起。建立适当的组织结构，找出功能部门内技术专长与跨功能整合之间的平衡。首席工程师还可以把关于整个项目的关键信息（如技术、财务和进度等）张贴在这个房间当中，运用简单、可视化的沟通方式管理小组。丰田公司的首席工程师是一位领导者和技术集成者，对产品项目有关的重大问题有最终决策权，他既能代表客户的心声，也对产品的成败负最终责任，这不同于一般公司的项目经理，因为后者仅仅是控制项目的人事和工期而已。许多公司模仿丰田公司的精益设计模式，但大多未明白为什么丰田公司对首席工程师有如此的要求。

在研发流程初期彻底分析各种可选方案，因为此时设计改变的空间最大。多年以前，丰田准备开发混合动力汽车普锐斯时，包括丰田公司在内的很多汽车公司都没有制造过混合动力车型。当时丰田的总裁对首席工程师说，他将有总共 4 个月的时间来完这样一辆混合动力汽车的总体设计，以期能够赶在车展时把普锐斯的概念车型展出。接到任务的首席工程师通过走访客户等途径，找到了约 80 种混合动力引擎，然后不断地从中精选，从 80 种精选到 10 种，然后又从 10 种精选到 4 种，最后经过对这 4 种引擎进行计算机模拟，最终有一款引擎入选。丰田的工程师们就是从这些当时还相当抽象的概念中做出选择决策。

2. 精益生产

丰田倡导的两个精益原则至今仍然是主流的核心管理思想：自働化原则和准时化原则。

(1) 自働化原则

丰田认为，"自働化＝人＋自动化"。丰田用这个具有单人旁的"働"字表达人与自动设备的紧密结合。自働化是指当生产有问题时，设备或生产线具有自动停止或生产人员主动使之停止的能力。人们称之为一种"停止的艺术"。自働化的主要目的是防止不良的产品流入到下一道工序。

准时化生产模式中不断切换的操作会带来巨大的品质隐患，因为操作失误常发生在频繁的切换过程中。为了均衡交付客户定制的订单，一条准时化生产线每天常常进行上百次切换，这是一件危险的事。准时化能不能实施，关键在于有没有可以保证品质的自动化平台。自働化设备运行模式就是为了解决这一问题。

自働化的特性依靠有判断力的生产人员和具备人的智能的机器。自働化的设备可以在加工到不良品时自动停下来，及时发现异常的原因，避免造成更大的事故。例如，程序出现微小错误，设备就可能出现碰撞或者发生安全事故；水电气的不足可能造成设备短路，从而导致整个工厂母线电流过大，出现跳闸或火灾危险；润滑不足，设备可能出现烧结危险；如果工装夹具磨损没被发现，那么工件就会出现尺寸超差问题，产品在使用时可能发生机械密封失效或泄漏事故。以上种种大事故都是由于不能及时发现小故障所产生的，因此，自働化设备的目的之一就是及时预知并预防设备故障产生。

自働化原则要求工人和设备都能够判断工序是否合格，如果不合格，设备或者人借助设备就会判断出来，并停止下来，不会流到下一个工序。对待缺陷，实行"不接受，不制造，不传递"的"三不"政策。主要的方法是：在自动化的设备内增加检测装置，使机器具备人的某些智能；使人员从可用机器替代的工作中脱离出来，避免人因失误。包括如下技术方法：

1) 一人多机与U形生产线。顺畅的生产会使员工清楚感受到自働化的必要性，是自働化的前提。一人多机需要三个条件：一是合适的设备布置设计，U形生产线是常用的布局设计；二是多能工；三是标准作业不间断的再评价和再修订。

在U形生产线中，因为一个单位的成品从出口出来时，另外一个单位的原材料才从入口进入。出口和入口的作业如果都是同一个人利用标准作业来完成，生产线内的产品数量就会得到有效控制而不会随意增加或者减少，从而有效控制在线流动产品的数量。生产线的工位距离与线间距离都应尽量缩短，工人只需转身就可以操作对面的机器，以减少工人走动与物料移动造成的浪费，如图5-1a所示。

2) 防错防呆技术。设计防止作业失误的装置，使得出现操作失误或不良品时物品就装不上工装夹具，或机器不会加工。在后工序检查出前工序不合格，前工序停止操作；作业上如有遗漏，后工序停止动作；基于防错十大原理进行工具与设施设计，如基于保险原理，为了预防冲床操作人员不小心被夹伤手，所以设计双手必须同时按冲头才会压下的操作钮；基于自动原理，电梯在感应到重力后才会开始工作；基于隔离原理，不良品与良品在不同区域分隔存储，不同车型的小零件分开放置在不同盒子。

扫码看视频

a) 合适的U形生产线间距 　　　b) 有限制的台车尺寸与部件高度

图5-1　紧凑的生产线与尺寸限制的台车

可视化管理是防错防呆技术的应用与延伸。可视化管理使工人不会被设备束缚住。具体措施包括：指定位置上放着指定的零部件，没有放错了地方的零部件；设置最大最小量限制指示牌，通过有序排列实现先入先出控制；展示生产状态的生产管理板；显示设备当前运转状态的、以不同的颜色或符号来区别的标志。达到能明白现在状态、谁都能判断正常与否、明确异常处置管理方法的三个水平递增的目标。

3）安灯技术。收集生产线上有关设备和质量等信息，让每个设备或工作站都装配有呼叫灯，如果生产过程中发现问题，操作员可以拉灯绳将灯打开，或让灯自动打开，以引起其他人的注意，使问题得以及时处理；当落后于生产节拍或有不标准的情况发生时可通过呼叫灯寻求帮助；通过激光技术、摄像技术判断每个零部件安装的位置是否达标，然后录入品质系统中，生产线会根据这个判断决定停下还是继续往下流动。

应该关注拉灯最频繁的问题而不是亮灯时间最长的问题。因为频繁的拉灯表示没有找到问题的根源，而且频繁拉灯会让班组长花费大量时间去响应，导致生产线频繁停顿，造成多种浪费。问题发生后，停止设备运转这种做法也可以应用到手工生产线上。如果发生了故障或不良品，操作者自己在原地不动，通知自己的上司。

越是靠近产品生命周期的源头，自働化改善越有价值。如果能在产品概念设计阶段就遵循自働化原则进行改善，就能以最小的成本使质量得到最大程度的提升，因此，自働化还有并行工程的内涵。

自働化原则的这种"有问题就停止，纠错后再发展"的理念体现在经营战略上，就是稳健经营原则。丰田坚信"年轮经营"的理念，相信一切扩大产能、提升销售的计划都必须是有机的、可持续的，只有市场需求超过产能的时候才可以建设新的生产线。但这种扎实成长理念曾经多次导致了丰田在市场上晚于对手一两步。当大众汽车进入中国近20年，几乎垄断了轿车市场的时候，丰田才于2002年在中国大陆推出了第一款轿车——售价高达19.5万元的丰田威驰。

（2）准时化原则

准时化（Just In Time，JIT）是指"只在必要的时候，按需要的量，生产所需要的产品"。具体实现途径包括：

1）动线最短与面积最小。布局设计目标是动线最短化、面积最小化。为了将厂房面积控制到最小，设计道路时尽量控制道路的宽度，单向通道一般控制在1.8米左右，双向通道控制在2.5米。为了双向通道两车能够会车通过，台车的宽度要控制在1.2米。放置台车上零部件的高度也是有限制的，如图5-1b所示，主要目的是为了车辆减速或者加速时，零部件不出现掉落现象，目前控制地面到零部件最高点是1.5米。

发动机公司与其供应链结构采用"1＋N"模式，以发动机为中心，构造一个半径为15分钟路程的圆，主要供应商均匀分布在整个圆弧之上。发动机公司作为整车厂的供应商之一，也处于整车厂的15分钟路程圆弧之上。仓库的库存大小取决于零部件供应商的距离远近和送货频度。

2）"一个流"。"一个流"是布局设计的主线。"一个流"生产又称一件流生产，是指按照一定的作业顺序，零件一个一个地依次经过各工序设备进行加工、移动，每个工序最多只有一个在制品或成品。其特征为前工序加工完就可以立即"流"到下一道工序继续加工，而不是批量地加工、移动，不需要停顿等待，如图5-2所示；作业人员可跟着在制品走动，进行多工序操作。工厂内各个生产线之间也是采取"一个流"进行同步生产，这样整个工厂就像是用一条"看不见的传送带"把各个工序、生产线衔接起来，形成了整个工厂一体化的"一个流"生产。围绕着浪费最小这个根本原则，通过"一个流"流动可让在制品库存最小。

扫码看视频

图5-2　"一个流"生产线

3）基于看板的拉动式生产。丰田的生产执行系统就是生产指示系统，没有逆向控制。在系统设计阶段重点要考虑看板回收频度、回收方式及看板的计算方法。物流从供应商购入的零部件送至机械加工线和装配线，其中80%都在装配线，因此在设计配送物流看板时，重点考虑的是物流到装配线的看板。如图5-3a所示，传统的物流看板就是零件箱侧面的一个塑料袋子内装着一个带有信息的纸片，随着零部件被送到装配线。当装配线作业人员开始取用零部件时，就把看板放入到看板回收盒中，等着下次物流配送人员取回。

看板计算的重要指标包括货架的收容量、物流台车运输能力、分拣时间。如图5-3b所示，生产线边的货架的收容量由其长、深、高决定，而长度受生产线的两个工位间距限制，高度略低于人的眼高，深度由零部件尺寸及存取方便性决定。

减少货架将能压缩存放面积和空间，首先能减少与空间大小相关的库存管理成本；其次能提高零部件搬运与管理的便利度，进而减少保管不善、超期存放、"死货"等造成仓储损耗的多种问题；最后，压缩生产线旁边的货架面积，将为缩短生产线的长度，减少生

扫码看视频

a）看板与零件箱   b）货架

图5-3 货架、看板与零件箱

产线的工位提供前提条件，能显著减少生产成本。零部件库中的零部件是随着品种切换、柔性生产而动态变化的，需要随时地设计优化存储方案。

在丰田的后拉动式的生产模式中，订单系统会反映到生产管理系统，生管系统需要的零部件信息会发送给各个供应商厂家，也会反映到生产各个终端的制造系统，系统是连接在一起的。丰田的营销模式是以销定产，也就是有订单才生产，所以从来不会拿销售任务来压经销商，而是会耐心地收集需求，帮助经销商渡过难关。丰田的平均库存只有0.7个月，这是竞争对手所不敢想象的。

分拣零部件区的作业优化是物流配送的一个比较大的难题，工厂常见的做法是采用"谁分拣谁配送"的方式进行，在这种做法下品质保证是比较难的，因为问题的发生源是问题的流出源；其次，这种方式的一个突出问题是作业流程和内容相对复杂，人员培训难度加大，一个新人从培训到上岗大约是需要2～3周的时间，远远长于生产线岗位的3～5天。为了有效解决这个难题，提出分拣作业和配送作业分离的管理思路，而且将分拣打造成为一条生产线，这条生产线可以随着生产量变动而变动，与此同时还解决了人员培训周期过长的问题。

在综合考虑生产线周边货架容量、物流台车运输能力和分拣零部件区的分拣时间之后，就可以有效计算出某种零部件的看板数量。

X—Y—Z是看板表达的基本方式，其中X表示每多少天进行一次配送；Y表示该天配送多少次；Z表示本次送去的看板延迟多少遍才送回。例如：

1—10—1表示每天配送，1天送10次，上次送去的看板延迟一遍送回。

2—1—0表示每2天配送，配送日只送1次，上次送去的看板这一次送回，无延迟。

看板数量的计算方法为

$$看板数量 = \{日使用个数 \times X \times [(Z+1)/Y] + 安全库存\}/每箱收容数$$

通常在每月的下旬也就是22日左右，公开发布下个月的生产计划。物流人员要对看板的数量进行核算，增加或者减少。在28日前后（2月份除外）将下个月每种零部件需要看板数进行明确，经由物流科长确认之后，报送至看板管理室。看板管理室工作人员会在看板管理柜中进行增加或者减少看板枚数的操作。每月一次变化，每年12次都是按照这种方法进行不断调整看板的数量，以便让生产线周边的库存降到最低。

4）柔性化。柔性化＝通用＋专用。SPS（Set Parts System，成套配件系统）的整体区域是按照"通用＋专用"的方式整体进行布局的，各机种相同的部件放在同一个区域内进行配送，这些零件的选配不用信号指示，可以直接进行选配，这才是 JIT 的灵活运用。对于机型不同零件也不同，一定要采用信号指示灯或者光栅控制的方式进行，因为不管是哪个作业者都不能在一天 8 小时之内始终保证不出错误，保持高度的集中注意力。作为管理者就是要减少出错误的风险，要让作业者的作业更加简单、更加清晰，这样出错的机会就会不断降低直至接近零。负荷需要均衡，如在发动机装配工位，发动机有重有轻，这时要做到轻重搭配，这也是人性化管理的一种体现。

5）标准化。公司导入的 TNGA（Toyota New Global Architecture，丰田全新的全球架构）具有丰巢概念，其核心思想是底盘通用化，通过下部车身推动标准化和通用化来降低成本，底盘以上的部分开放给各个地区去设计。未来零部件的共同化的比率会达到 60%～70%，多个车都可以共用零部件，降低成本。在导入 TNGA 之前，丰田发动机要对应各地的法规、各地的环境，有 800 多种发动机，每一种都要开发并通过各个地区的评测。导入 TNGA 后发动机缩减到 200 多种，成本大幅度降低。

6）客户协同价值共创。客户协同价值共创就是通过与客户协同，共同创造产品与服务的价值，是准时化原则的新内涵。丰田认为，当前最核心的竞争是争夺和客户的连接接口，与客户的连接决定未来。如果汽车厂商不转型，不能连接到客户，企业就会变成 OEM 厂，甚至连品牌都不需要了。大的互联网公司将可以并购传统汽车制造企业，所以丰田要谋划工厂和销售的连接，包括产品的整个生命周期的追溯和基于大数据平台的移动出行平台。

与客户的连接就需要依靠互联网的应用，需要开发支持车主用户出行的网络化信息化移动终端平台。最能打动客户的平台就是迎合客户生活方式的变化、围绕车主的生活来打造的。由于不同国家的人的生活方式不同，所以平台应由本地进行二次开发，如在中国可以利用微信 App，解决打营销电话常被拒接的问题。丰田没有力量改变客户的生活方式，但微信可以。只有与顾客对接上，才有真正的大数据。制造大数据主要是设备的数据，是相对静态的。但是人会发生迅速的变化，因此营销大数据是动态的。

为了支撑精益生产模式，丰田全球有超过 50 种的信息系统在运作，如 G-PPS（Global Production Planning System，全球生产计划系统）、品质的管控系统、设备保全类的辅助管理系统等。大部分的系统目前还没连接在一起，是单独的个体存在，如每个岗位需要什么部件及其数量等信息，这些数据要融合到一起是非常困难的。下一步的工作重点是数据融合与大数据处理，将多个系统采集到的数据进行融合以辅助综合决策，使决策更加便捷高效，同时避免对企业造成大的冲击。

思考练习题

1. 丰田的精益研发有哪些原则与效益？
2. 丰田的精益生产有哪些原则与效益？
3. 精益生产与智能制造有何关联性？有何异同？
4. 请解释防错十大原理并给出运用示例。

5. 某厂生产某种零件。一般1箱零件在制造周期中需要0.02天的加工时间及0.08天的物料处理、等待时间和看板回收时间。每箱有22个零件，零件每日的需求为2000个。考虑需求不确定性，安全库存量为需求量的10%。如每天配送1次，无延迟带回上次送的看板，请计算出所需的看板数量。

引　言

单个维度的智能制造实施是适用于小企业的。对于大型企业，智能制造实施应是跨维度的，在每一个路径的步骤中，每个维度都同时前进。仅仅针对单个领域或某一个维度的集成都是非常复杂的，实际上很多人都在单个领域开展很长时间的工作。然而可以观察到，在这个智能制造生态系统中，从事某个单一维度集成的行业组织正在扩大，从而集成范围必然涉及更多维度。各种制造范式，包括持续的过程改进（Continuous Process Improvement，CPI）、柔性制造系统（Flexible Manufacture System，FMS）、面向制造和装配的设计（Design For Manufacturing and Assembly，DFMA）与面向供应链管理的设计（Design For Supply Chain Management，DFSCM），需要依赖于不同维度之间的信息交换。

如图5-4所示，智能制造能力成熟度模型共分为五个等级，定义了智能制造的五个阶段水平，描述了一个组织逐步向智能制造最终愿景迈进的路径，代表了当前实施智能制造的程度，同时也是智能制造评估活动的结果。

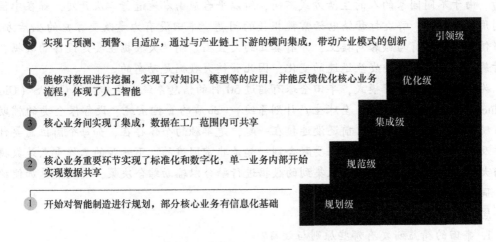

⑤ 实现了预测、预警、自适应，通过与产业链上下游的横向集成，带动产业模式的创新　引领级

④ 能够对数据进行挖掘，实现了对知识、模型等的应用，并能反馈优化核心业务流程，体现了人工智能　优化级

③ 核心业务间实现了集成，数据在工厂范围内可共享　集成级

② 核心业务重要环节实现了标准化和数字化，单一业务内部开始实现数据共享　规范级

① 开始对智能制造进行规划，部分核心业务有信息化基础　规划级

图 5-4　智能制造能力成熟度等级[10]

为了逐步提高智能制造能力成熟度，本章提出一个五阶段的智能制造综合实施路径，如图5-5所示。

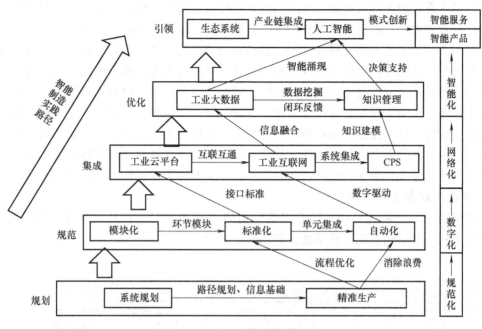

图 5-5　智能制造综合实施路径

5.1　规划级（1级）：系统规划与生产改善

在这个起始的级别，企业有了实施智能制造的想法，开始进行规划和投资。企业部分核心的制造环节已实现业务流程信息化，已开始基于 IT 进行制造活动，但这只是夯实智能制造的基础条件，尚未真正进入到智能制造的范畴。

5.1.1　系统规划

十几年前，企业纷纷引入源于西方的 ERP 系统，如今的制造企业在"机器换人"口号的激励下，又纷纷在工厂实施各种"智能制造"或"智能物流"系统。但经过相关跟踪和调查发现，其中的大部分项目由于动机盲目而又缺乏规划，项目成功率较低，就像当年的 ERP 系统一样。

智能制造项目是一个系统工程，需要一个科学的决策和实施过程。对智能制造系统的需求一定来自于企业自身的发展，以下任何一种决策都是不正确的：

1）盲从式决策，看到别人实施了智能制造系统就要跟随。

2）政府政策引导型，企业本身没需求，但有了政府的资金支持，建立系统可以不花钱或者少花钱。但是要想到，系统将来的升级改造、日常维护等方面都需要投入大量的资金。

3）粉饰型，虽然没有需求，但为增强企业自身形象，一些企业实施了超越自身承受能力的系统。

智能制造系统的总体规划和设计既要考虑空间纵向维度，又要考虑时间横向维度。考虑空间维度是因为智能制造系统属于整个管理体系的一部分，它要实现"智能或者自动化"

就必然与诸多系统相关联。例如，车间内的智能物流系统要实现自动上料、配料等功能，就必然与库存管理系统、物料供应系统、生产计划系统进行数据交换。其次，时间维度也是一个重要的因素，企业是不断发展变化的，包括市场的变化、技术迭代、商业模式变化等，要预见这种变化，系统才能更好地为现在和将来的企业进行服务。如果系统规划设计与实施的时候没有预见到变化，没有考虑到不确定性，就会在将来不得不进行大规模的二次改造。

综上所述，系统规划是智能制造系统建设的一个重要步骤，这需要一个掌握机械工程科学、信息化软件、电子控制及现代管理科学与工程理论与实践技能的团队来完成，该团队是一个跨学科跨专业的专家团队。另外，智能制造系统是嵌入到整个管理体系之中的，与企业的发展战略密切相关，要保持战略一致性，并覆盖企业未来发展的需要，要有前瞻性。

1. 系统规划方法

智能制造是一个系统工程，智能制造规划的"四部曲"是：从现状分析到系统规划，再到治理规划，最后到系统实施落地，如图5-6所示。

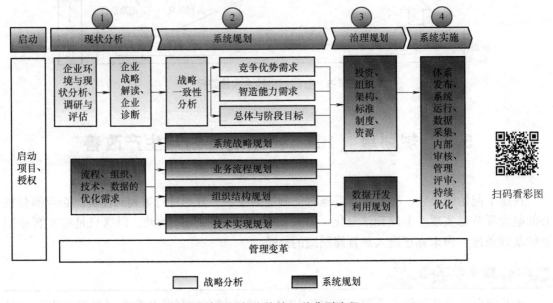

图5-6　智能制造规划与实施的一种典型流程

2. 现状调研与评估

在项目启动之后，通过现状调研摸清情况，发现自身真实需求，确定智能制造升级路径。大量企业拥有制造信息化条件，也知道推进智能制造的迫切性，但对自身的需求并不明确，更不清楚智能制造落脚点和路径，处于"想用又不知如何入手"的模糊状态，因此企业要落地实施智能制造，当务之急是明确企业需求。

能否辨识真正的需求，实施方案将大不一样。例如，对于无人驾驶，车主的真正需求却是无忧驾驶；对于无人超市，顾客的真正需求却是免排队；对于无人工厂，客户的真正需求是低成本、高质量、高效率。现状调研分析主要包括如下步骤：

1）定位。首先选择确定适合被评估企业的成熟度评估模型（整体或单项），根据企业所在行业的特点对27个评价域（详见图1-13所示的矩阵关系图）进行裁剪，确定评价域。然后有针对性地收集企业内外部环境信息、企业已有战略，并对信息进行分析分类确认。

2）梳理。针对每一项成熟度要求梳理设置不同的问题指标（其中包括在定位阶段企业提出的需求），并对问题指标进行陈述、分析、推导，对"问题"的满足程度来进行评判，作为智能制造评估的输入，根据问题相较成熟度要求的满足程度，设置打分原则。

3）诊断。根据以上设定的打分原则，基于流程、组织、技术、数据四个视角对27个评价域进行成熟度要求打分与诊断，然后根据不同行业模型设置的域权重加权计算，逐级形成域、类的评估得分及总分，最终根据评级得分区间计算出所属等级。企业通过成熟度的评估可以认识到自己与成熟度模型及标杆企业的差距和存在的问题，依据成熟度模型逐级递进提升的方法，根据现状及目标，制定智能制造的方案及提升路径，并在某一领域进行试点，取得成功后再逐步扩大推进。

3. 系统规划与设计

系统规划包括系统战略规划、业务流程规划、组织结构规划、技术应用规划。借鉴两化融合策划流程[32]，系统战略规划与系统架构规划的步骤如图 5-7 所示。系统战略规划主要

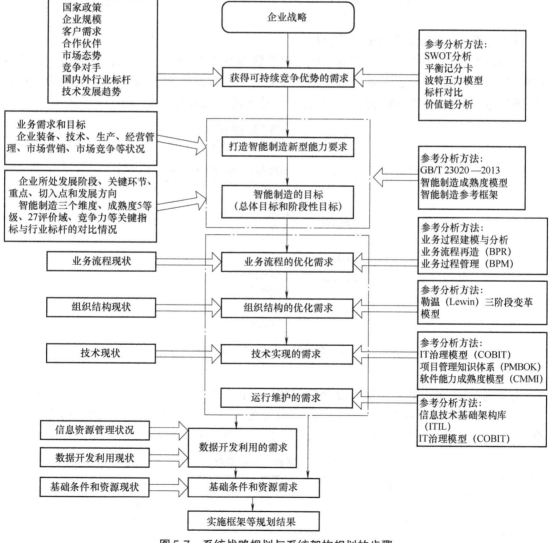

图 5-7　系统战略规划与系统架构规划的步骤

是基于企业的经营战略，拟定出可持续竞争优势的需求，再确定要打造的智能制造新型能力需求，然后确定智能制造系统战略、智能制造总体目标和阶段目标，然后据此定义出所必须进行的业务流程优化、组织结构优化、技术实现方案，以及必须具备的数据开发利用能力、基础条件与资源。以上规划过程的前后步骤要保持战略一致性。

4. 系统治理规划

智能制造就是信息网络技术及延伸的大数据、人工智能与制造的深度融合。因此智能制造的实施需要有组织架构和标准制度的保障和推动。

系统治理就是为实现智能制造与企业利益最大化所做的一种结构与制度安排。系统治理对提升企业经营管理效率、创造企业价值的作用主要体现在以下几个方面：①更为合理地利用企业信息资源，促进企业整体收益与价值最大化；②加快完善公司治理结构，稳健推进公司现代企业制度建设；③最大限度规避企业风险，确保顺利实现企业总体战略目标与智能制造目标。

系统治理规划的决策范围一般包括以下四个方面：

（1）投资

投资对象与投资额是重要的决策目标。

如图 5-8 所示，项目预算的大致结构是软件费用占总费用的 1/3，硬件传感器、服务器及网络建设的费用占 1/3，企业内部培训、业务考察、数据整理、项目总结等费用占 1/3。软件项目还需实施单位的 IT 部门（或外包）和业务部门投入人力或工时。

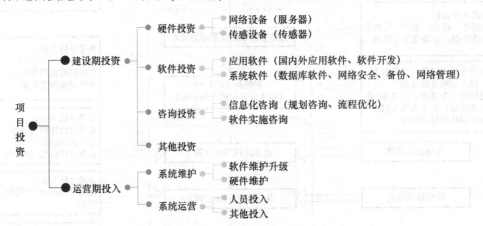

图 5-8 智能制造项目投资成本构成

[**案例 5-1　惠州某电源制造企业的智能制造投入与产出**]　惠州某电源制造企业于 2015 年立项建设智能制造系统，经过三年的开发与实施，项目总费用为 2800 万元人民币，见表 5-1。项目关键设备包括自动化生产线、软件系统，其成本见表 5-2。

表 5-1　项目投入总费用

科　　目	金额/万元
人员人工费用	440
信息化软件费用	565

（续）

科　　目	金额/万元
信息化设备投入	20
自动化设备投入	1675
其他费用	100
合计	2800

表5-2　项目关键设备列表

序号	名　　称	供　应　商	价格/万元
1	ERP K3 系统（包括升级与客服）	金蝶 K3	135
2	MES 系统（包括智能料柜、PDA、电脑等硬件及安装培训服务）	TCL	105
3	智能仓储灯光拣选系统（智能仓储物流系统WMS）	TCL	50
4	精益物料配送（WMS升级/APS）	TCL	60
5	工业物联网与大数据平台	高校	50
6	设备管理系统	高校	30
7	能源管理系统	高校	30
8	精益制造知识库与工业工程系统	高校	60
9	CAD	PTC 公司	45
10	自动化生产线	多供应商	400
11	网络服务器	多供应商	20

项目成效：

1）生产效率提高24%。实现精益制造与质量追溯，通过柔性自动排产减少了20%的物料员和仓管员，转产换线时间缩短至0.5小时；在SMT（Surface Mounted Technology，表面贴装技术）及DIP（Dual Inline-pin Package，双列直插式封装）车间建立车间级工业物联网与大数据平台，实现自动化生产线，操作员从原有的30人减少到8人，优于同行业同产值15人的平均水平。生产效率采用UPPH（Units Per Person Per Hour，单位人时产能）的统计方式进行计算，UPPH＝总产出数量/实际投入人工工时。2015年、2016年、2017年生产工人的人工成本总和为3600万元，因此在销售额不变的情况下减少人工成本864万元。

2）准时出货率提升12%。通过工业大数据平台及具有灯光拣选功能的智能仓储系统，如图5-9所示，实现自动上料，上料时间由原来的55秒缩短为30秒；准时交货率＝准时交货次数/总交货次数，以年度为单位进行统计。按每次不准时交货导致的赔偿损失10万元计算，每年平均交货25次，三年共减少90万元损失。

3）单位产品能耗降低10%。项目的主要能耗为用电，单位产品能耗＝公司总电费/公司总出货数量。按2015年、2016年、2017年生产系统的总电费1050万元计算，节省电费105万元。

图5-9 当需要某一物料时对应货架位置的灯自动打开

4）不良品率降低20％。不良率采取PPM（Parts Per Million，百万分率）的统计方式进行计算，PPM＝生产线不良数/生产总数×1 000 000；该指标通过实施产品质量追溯系统取得。按产品不良会导致约等于该产品价值3倍的损失计算，2015年、2016年、2017年销售额累计为187 179.3万元，改造前的不良率为35PPM，因此三年共减少损失3.93万元。因此，收益＝（864＋105＋90＋3.93）万元＝1062.93万元。

综上，结合项目总投入2800万元，预计7.9年内收回成本，没有达到5年内收回成本的预期，但公司认为7.9年仍短于购入的智能制造系统软硬件的计提折旧与使用年限，因此认为项目取得初步成功，决定投资二期项目。

（2）组织模式与架构

组织模式包括集权、分权及混合结构三种类型。组织结构的"集权式"和"分权式"各有利弊，其关键问题是组织对业务的支撑程度。对于中大型企业，其首选的组织模式应该是集权式治理。

在系统治理组织架构设计过程中，应结合企业所处的内外部发展环境，选择适合企业实际发展情况的组织架构。主流的系统治理组织架构类型包括以下三类：

1）智能制造部＋开发运维外包。在这种组织架构模式中，总公司原有的信息管理部或新成立的智能制造部作为企业信息化工作的"管理中心"，并按照专业技术特长进行岗位分工，但是系统开发与运维工作完全外包给公司外部的系统厂商。

该模式的优势有：部门人员数量较少，组织机构精炼；工作以"协调、管理"为主，技术应用、系统研发等工作全部外包，使部门人员从繁杂的系统开发、运维等技术工作中解脱出来，专心负责"管理"工作。劣势有：没有按专业进行分组，致使一人要身兼多项工作，易造成工作分工不明；系统开发和运维工作完全外包，易造成技术发展、产品应用完全受制于人；不利于自身智能制造技术力量培养，也会造成大量投资流失到外部厂商。

2）完全智能制造技术企业。在这种模式中，公司需要新建一个独立核算、自负盈亏的智能制造技术企业，由该企业完全负责整个公司，甚至外部企业的智能制造项目建设和系统运维工作。它与公司总部各个部门之间没有领导与被领导的关系，而是通过签订的项目合同，构成甲、乙方关系。

该模式的优势有：技术服务工作更加专业化、规范化；完全可以通过"合同条款"控制"技术服务质量"，一旦技术企业服务不合格，甲方完全可以不付款，进而提高服务质量；从根本上将智能制造建设部门从"成本中心"转化为"利润中心"。劣势有：由于完全实现内部市场化，完全靠"合同"来推进智能制造建设，容易造成系统实施总体方向不明，缺乏统一领导、监督；企业化以后，智能制造部门易变得"唯利是图"，易导致虚报服务价格、偷工减料等现象的发生。

3）智能制造技术中心。在这种模式中，企业将原有的信息管理部升格为"智能制造技术中心"或"智能制造事业部"，并通常在该中心下设置规划标准管理处、项目管理处、系统安全管理处、采购管理处和技术处等多个处室。

该模式的优势有：中心内部实行专业分工，提高了各项业务工作的专业化水平；通过持续的项目建设，培养了一支技术精干的智能制造队伍；系统运维、开发资金不易外流，完全反哺于中心。劣势有：造成整个组织庞大，中心内岗位设置比较复杂；技术人员工作繁重。

为了选择适合的组织架构，需要考虑组织是着重于稳定性、灵活性还是成本，以及各个目标的权重，还要考虑系统是向外购买、内部开发，还是内外协同开发。这需要区分如下情况：

① 如果公司从战略性的高度重视智能制造的建设，认为智能制造对于公司实现战略目标有极端重要性，则有必要把原来的 IT 部门设置为较高级别的组织（如智能制造技术中心），可建立项目小组与功能部门相结合的矩阵式组织运作架构，以及相应的一套科学合理的绩效考评机制。

② 当公司发展成为足够强大的集团公司，处于产业链龙头地位，公司的智能制造部门有足够的能力为集团公司内部的各下属单位提供优质的整体信息服务解决方案，同时有余力向外部的各利益相关者输出智能制造技术能力，建设紧密协作的产业链生态系统，这时可把智能制造部门转型为自主经营、自负盈亏的智能制造技术服务公司，成为"完全智能制造技术企业"，不只负责本公司的智能制造建设任务，还积极向外寻求业务。如美的集团的"美云智数"就是一个完全智能制造技术企业。这样既可以有效规避完全外包受制于人的被动局面，又可以专注发展自身的智能制造独特核心竞争力。

③ 如果公司是一家传统的制造企业，在智能化领域缺乏足够的资源、技术支持与良好制度安排，同时公司董事会缺乏足够的能力驾驭庞大的智能制造中心甚至独立公司，也无相关的发展计划，则可以采用"智能制造部＋开发运维外包"模式。

（3）标准制度

良好的治理制度可以在全组织范围内加强架构、技术和供应商的标准化，为企业运营创造坚实的保障，同时又可以使系统治理的思想得以固化。在系统治理标准制度体系设计过程中，一般要遵循以下原则：

1）合规性。在制定系统治理标准制度时，首先应严格遵循国家有关法律法规、企业的各项管理制度及国际上普遍采用的 COBIT（Control OBjectives for Information and related Technology，信息系统和技术控制目标）框架和《SOX 萨班斯法案》等相关规定。

2）适用性。在制定系统治理标准制度时，也要考虑公司自身及所在行业的实际。

3）可行性。系统治理标准制度应对系统治理的各个流程，尤其是关键流程的运行活动进行明确规定，并要简便易行，可参考 ITIL（Information Technology Infrastructure Library，IT

基础架构库）标准。

4）健全性。系统治理标准制度建设应规范企业信息系统运营管理的主要活动，覆盖数据管理、项目管理、服务管理、质量管理等主要信息服务流程，对流程所涉及的人、财、物进行全方位管理。

总之，在系统治理标准制度体系建设中，要突出"统一管控、统一技术标准"的系统治理核心理念，要通过标准制度的建立与完善，规范公司总部及下属各单位的智能制造系统建设与运维工作行为，从而高质高效地保障公司的系统治理体系的顺利运营。

（4）资源

智能制造项目所需的资源主要包括硬件和软件投资、业务人员投入、现有系统和设备，以及所需的管理、业务、技术能力、数据利用能力和基础设施。项目所需资源与能力是进行项目划分和优先级制定的重要依据。

不断积累的数据是一种越来越重要的资源。需要根据实际需要与技术条件设计、选择有效存储和管理数据的方式，常用的方式包括：数据加密、数据库与数据仓库存储、云端备份服务等。对于资源的来源，企业要善于利用内外部资源的组合，通常会与少量的几家优选的服务提供商达成服务协议。

5.1.2 精益生产

精益生产（Lean Production，LP），是衍生自丰田生产方式的一种管理科学。精益生产的目标是增强企业的市场适应和快速交付能力，同时降低生产成本，让企业生产取得更高的经济效益。精益生产最早就是面向多品种小批量的个性化需求而设计的，其两大核心是准时化（JIT）与自働化。精益生产体系如图5-10所示。

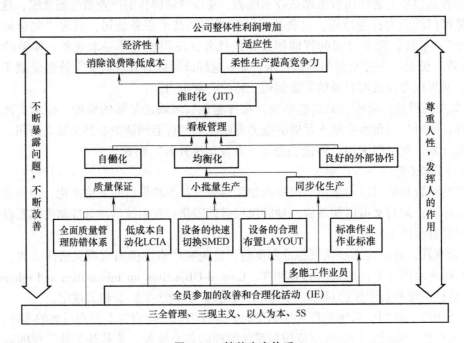

图5-10　精益生产体系

准时化的核心在于追求无库存生产，追求快速反应，消除浪费。5S 活动、10 分钟换模法、均衡生产、看板管理是其核心管理工具。自働化的目的，一是通过低成本自动化设备减轻人的作业强度，并实现零缺陷；二是省人化，通过"省工"达到"省人"，在节省监控设备运行的看护人的情况下，异常发生时设备自动停机。其理念可简单概括为"一有异常马上停机，绝对不生产次品""人不做机器的看守奴"。"安灯"拉绳装置、省力坐椅、防错防呆设计等措施是具体措施。具体实施可参看本章的启发案例。

至今为止，精益已经演变为一种涉及营销、研发、供应链、生产、流程乃至创业的全价值链的精益管理理念和方法，带动了全球产业的转型，从制造业到服务业，所追求的"创造价值消除浪费"的思想、方法和工具促进了生产资源的优化配置，获得质量、效率和反应速度的快速提升。

传统的精益工厂面临新的挑战。在高速混流生产环境下，模块化供货（Modular Supply）、成套配送（Set Parts Supply）、混流顺序计划 JIS（Just In Sequence）是当今企业提高其核心竞争力的新实践。

在电子行业，中国企业的平均库存周转时间为 51 天，而美国则为 8 天；在纺织服装行业，中国企业的平均库存周转时间为 120 天，而行业标杆飒拉（ZARA）则为 15 天。即使利润率相同，中国企业的投资回报率也会较低。智能制造不可能建立在这种低效的生产模式之上，精益是必须要走的第一步。精益几乎不需要企业进行额外的大投资，只需在现有基础上重新配置生产资源就可以获得回报。

精益生产与智能制造两者相辅相成，两者相关性如下：

1）两者目的一致，都是为了提高效率和效益。

2）精益生产偏重管理，精益思想的原理、原则完全符合智能制造的特征，可以指导智能制造发展；而智能制造偏重网络信息技术，可以为精益生产提供智能工具。

3）精益生产与智能制造也可以认为是物质基础与上层建筑的关系。从本质来看，精益生产的本质是消除生产过程中非增值的活动，而智能制造是在消除非增值活动之后，使增值活动自动化、柔性化、智能化和高效化。

因此，精益生产和智能制造的关系是互相补充、相辅相成的，两者深度融合、效果叠加，可以大大提高效率和效益。

5.2 规范级（2级）：标准化与数字化

进入规范级时，企业在已形成的智能制造规划基础上，开始对支撑核心业务的设备和系统进行投资，通过技术改造，使得主要设备具备数据采集和通信的能力，实现覆盖核心业务重要环节的自动化、数字化升级。通过制定标准化的接口和数据格式，信息系统能够实现内部集成，数据和信息在业务内部实现共享，企业迈入了智能制造的门槛。

5.2.1 模块化

1. 模块化产品

模块化生产网络逐渐成为当代新国际分工体系的核心。越来越多的行业产品正向模块化体系过渡，推动生产的专业化分工，这为发展中国家融入全球生产网络降低了进入门槛。

汽车和电脑是最早实现模块化的行业，大众、广汽等典型的汽车公司需要约 500 个供应商，而 smart 模块化汽车仅需 25 个一级模块供应商。未来的汽车配件供应商将提供汽车动力、底盘、车身、内饰及电子五类完整的汽车系统总成。面对苹果公司的竞争，为解决提高产品多样性和降低制造成本的矛盾，IBM 公司建立了模块化的计算机结构。模块化的计算机引起操作系统、微处理器、外围设备等的激烈竞争和快速创新，然而由于核心部件外包培养了业界巨头微软和英特尔，也培养了诸如宏碁（Acer）这样的直接竞争对手，导致了 IBM 公司的"空心化"及其计算机制造业务的衰落。

智能制造企业需要通过整合内外部资源，转变与供应商的合作模式，变零部件供应为模块协同生产，实现产品零部件的模块化。这样做的好处有：一是通过零部件模块化，可以降低产品的复杂度，以较低成本增加产品多样性，通过协同设计缩短产品开发周期；二是零部件模块化，有利于模块商做精模块，加速产品的创新，也可通过对模块商的替换或并购加快技术迭代；三是零部件模块化，可以实现通用模块与个性模块分离，使易耗损的、个性化的零部件易于更换，也有利于用户参与定制；四是通过模块化，降低产品维度，减少供应链上的管理幅度，有利于生产过程标准化与智能化。因此，通过建立协同创新机制，提升产品模块化水平，是企业实现智能制造的切入点[17]。但模块化架构的产品与一体化架构相比，往往缺乏整体协调与性能优化，其薄弱环节常存在于模块之间的接口上。

[案例 5-2 大众的 MQB 模块化平台] 大众集团总裁文德恩在法兰克福车展期间说："模块化战略会给我们的生产、投资等带来优势。"按照规划，未来大众模块化生产线产能将达到 300 万辆。从 2010 年起，大众品牌的前置前驱车型上将陆续应用 MQB 模块化整车技术平台，该平台拥有如下特点：首先，它可以有效降低单一车型的开发成本，并且缩短单车的研发周期。其次，模块化生产可以兼容多种动力组合甚至新能源动力总成。帕萨特 B8 将是大众公布 MQB-B 模块化生产的首款 B 级车。得益于模块化生产的优势，B8 成为帕萨特历史上衍生车型最多的一代，包括旅行车版、四门轿跑版、敞篷版车型等。

[案例 5-3 宝马的"1 号战略"] 宝马汽车共有 350 种车型、175 种内饰、500 种配置、90 种标准的喷漆颜色，意味着宝马汽车有 10^{17} 种理论上的组合。这极大地增加了产品研发的难度，给宝马的整个业务流程带来了重大的影响。因此，宝马推出了"1 号战略"，其包括车型与动力系统的全面模块化整合，该战略已经帮助宝马集团减少了数十亿欧元的成本开支。该项目的核心是在中央数据平台上建立一个唯一的可以支持产品配置和产品变更管理的统一的产品结构概念，实现跨部门的、全产品生命周期的直接统一管理。从事产品管理、产品架构、产品配置、产品设计、零部件采购和原型制造的部门，甚至合作伙伴都在统一的数据平台上开展工作。赫伯特·迪斯向媒体透露：宝马正在酝酿 45 款新车，包括 30 款后驱车型和 15 款前驱车型。此外宝马将在宝马、MINI 和劳斯莱斯三大品牌之间实现内部协同效应。"劳斯莱斯将继续和宝马共享部分元素，如电子系统和电气元件等；动力总成则将在宝马的系统上大幅改进。"赫伯特·迪斯说。项目使宝马将订单交付时间（OTD）从 28 天缩短到 12 天。其中，用 1 天来冻结订单，用 6 天来编制计划，用 2 天来装配，最后用 3 天将汽车送到经销商手中。

2. 模块化设备

从模块化设计、模块化采购到模块化生产，固定周期的生产和组装线将会被模块化的移动设备取代。智能制造模式下模块化加工生产线采用的是无线网络连接的设备，具有如下优点：

1）模块化构造带来了更高的生产线柔性和灵活性。

2）以最低的投入组合更多的工作站，或根据需要添加加工生产能力。

例如，在汽车制造过程中，每个产品部件都对应一个标准化模块化的设备，当产品部件组合由于个性化设计而发生变化时，设备可以跟随变化进行灵活组合，设备可以通过 WiFi 或者互联网进行实时沟通；设备"告诉"车身部件，自己准备好进行生产了，实现自组织生产；辅助系统能帮助工人进行各种手工作业安装，光信号指示哪些部件必须被取出；设备通过蓝牙通信来识别工人，并根据知识水平和员工喜爱的语言调整操作指令；由辅助系统检查安装步骤的完整性和准确性，减少错误并降低工作负荷。这样，生产方式将再一次被改变。

3. 模块化生产网络

从技术创新视角，模块化生产网络中的产品创新不再集中于单一的企业，创新源泉趋于分散，这显著降低了创新的门槛与风险，较好地解决了激励机制和信任机制。另外，模块化生产方式将会导致竞争加剧和一定市场势力的形成，这些都将促使本土制造业朝着有利于创新和升级的方向发展。模块化网络组织的制度与结构特性有利于促进知识流动和技术创新，如思科通过"A&D（Acquisition and Development，并购与开发）"从外部购买最尖端的技术来组成自己的模块，快速取得创新；反过来，知识流动和技术创新又进一步提升了模块化分工的水平，推动模块化网络组织的升级，有效化解模块化过程可能带来的风险，增强组织的竞争优势。通过大量国内外实践证明，模块化网络组织不仅是形成区域创新体系的重要组成部分，同时也是带动区域经济发展和实现产业升级的重要引擎[16]。

5.2.2　标准化

"智能制造、标准先行"，标准化是自动化的基础，也是智能制造的前提。

1. 智能制造标准化的国际借鉴

经过各国的努力，智能制造标准制订取得了较大进展。德国"工业4.0"的核心是建立人、设备等资源互联互通的赛博物理系统（CPS），而这种互联互通必须基于一套标准化的体系。"工业4.0"工作组认为，推行"工业4.0"需要在八个关键领域采取行动，"标准化和参考架构"排在首位。为此，"工业4.0"将制定一揽子共同标准，使合作机制成为可能，并通过一系列标准对生产流程进行优化。同时，德国政府认为标准化不是政府自上而下地制定，强调由企业牵头，以自下而上的方式发展。2013年12月，德国电气电子和信息技术协会发表了"工业4.0"标准化路线图，提供了技术标准和规格，以及实现该标准的路线和规划。

日本也认识到标准的重要性。丰田等先进企业的经验是，"精益生产"在去除浪费与优化后必定经过标准化环节将优化方案固化下来，以取得可持续成效，并将经过优化的标准作为智能制造的基础，通过"标准化→模块化→自动化→智能化"的路径实现智能制造。

美国的"工业互联网"以设备间的互联互通、大数据收集及分析技术为核心内容，覆盖工业制造企业的整个生态链，通过互联互通接口标准为智能制造产业的发展提供规范和引导。

数据采集接口的标准化是智能制造相关标准的关键内容。为了实现互操作，各大公司及组织开发了很多标准，就目前而言，被广泛认可的是 OPC UA，OPC 全称是 OLE for Process Control（用于过程控制的 OLE），UA 全称是 Unified Architecture（统一架构）。OPC UA + TSN（时间敏感网络）是主流的工业互联网标准。OPC UA 基金会属于非营利组织，而 OPC UA 本身也是不为公司掌握的独立技术，成为 IEC 62451 标准及中国国家标准，而且德国"工业 4.0"组织和美国工业互联网组织 IIC 均将 OPC UA 列为了实现语义互操作的标准规范。

OPC UA 的核心在于"信息建模"。简单理解信息模型就是为了实现特定任务，而对数据所进行的标准封装。OPC UA 提供了一个如何封装信息模型的标准，OPC UA 采用面向对象的思想，使得这些开发变得简单。

2. 中国的智能制造标准化

制造标准化在我国有悠久的历史，可以追溯至战国。

[案例 5-4　秦国的标准化三棱弓箭头]　根据一项考古研究发现，战国时代的诸侯国遗留下来的兵器，长短不一、重量不等、形式多样，没有一个统一的标准，没有形成制式兵器。只有秦国的武器，无论在哪里发现的，造型和尺寸都惊人的一致。在秦皇兵马俑中，就发现了一种三棱弓箭头，大约有四万支，这些箭头之间的误差都不到一毫米，如同现代的流水线生产出来的武器一样。这使得在战争时他们使用的弩机上的零件与箭头可以互通互换，另外也使得战士平时训练与战争时所用的武器完全一致，保证了训练效果与使用效率。上百万的军队进行长年的战争，可想而知其消耗量的庞大，秦国以一国之力提供并维持战争对武器的需求，其物质支撑就是秦国的标准化生产技术的先进和效率。

扫码看彩图

我国对智能制造标准体系相当重视。我国制订的两化融合当前已经成为国际标准。为解决标准缺失、滞后及交叉重复等问题，充分发挥标准在推进智能制造发展中的基础性和引导性作用，指导当前和未来一段时间内智能制造标准化工作，应根据国家颁布的智能制造标准体系参考模型与体系框架[9]，结合我国产业及企业特点、需求与当前跨领域、跨行业的系统集成类标准缺失的问题，按照"共性先立、急用先行"原则，制定一批智能制造行业标准，包括"基础""安全""管理""检测评价""可靠性"五类基础共性标准和"智能装备""智能工厂""智能服务""工业软件和大数据""工业互联网"五类关键技术标准，优先在机器设备数据传输接口标准、物流标准与标准容器、产品模块设计标准、智能制造实施流程规范等方面取得突破。工作重点如下：

（1）标准化的作业流程和作业方式

有了标准化的作业流程和作业方式，自动化才能据此开发出来。如自动焊接、自动装配，假设零部件千变万化，作业方式也不固定，那么机器人就很难应对，自动化将很难实现，即使实现其成本也很高。有些企业特意要造成这种不统一，一是防止技术被模仿，二是造成了非标准的自动化以利于卖出高价。这让中小企业难以接受，智能制造也只能靠大企业去实施。相反，如果实现标准化，就能增加批量，降低自动化设备成本与价格，配套企业渐渐发展起来，良性生态系统形成了，自然而然产业整体就会上升，自动化普及率也就更高，智能化就能顺其自然地达成。国内企业感叹汽车行业的自动化程度之高，疑惑为何汽车这么复杂的产品都可以自动化，而家电这种简单产品却难以实现，一个重要因素就是标准化。

> [案例 5-5　美的标准化包装箱]　美的标准化了半成品包装箱，使得一种包装箱可以在不同企业之间流转使用，使得合作伙伴之间的物流顺畅，消除了拆包、分解、二次装箱、纸箱等造成的动作浪费与环境污染，营造了生态圈。美的还进一步地推广了标准容器（如 EU 箱、轮子）的运用等，提高了合作伙伴质量的一致性。

（2）设备通信与数据采集标准化

国际厂商通常不会提供自动化设备的核心的数据，也就是通过技术保密，使得很多信息采集不出来，只能从指定的工业软件并以付费的方式采集出来。能通过标准接口提供的往往只是简单的数据，如运转数据，这是不够的。未来的智能诊断，包括智能反馈、智能指导、自我学习都需要一些深层次的数据，如不只是指出温度高了，而且还要指出具体的部位，因为不同的部位对应的故障原因是不一样的。

中国目前智能制造基础产业的水平和能力还满足不了企业转型的需求，单靠市场牵引难以加快企业转型。实现智能制造转型所需的工业网络标准和协议、关键控制设备、智能装备等智能化核心技术受制于美国、德国和日本等发达国家，各种设备或系统开放性不够，客观上给企业应用集成和实施智能化转型升级带来较高的成本，从投资回报等经济利益层面制约了企业的转型动力。

这种受制于人、付费的数据采集方式使得我国企业难以进行大数据分析及云计算处理，因而难以全方位全流程低成本本地将机器设备单体连接成为工业运行系统，实现数据驱动和供需匹配。政府与企业都应重点解决当前推进智能制造工作中遇到的数据集成、互联互通等基础瓶颈问题，协作研发远程过程调用（Remote Procedure Call，RPC）与数据采集协议，以及 RFID、实时定位、无线传感等相关技术，产生中国标准并应用推广。

5.2.3　自动化

智能制造的特征之一是自动化技术的广泛应用。自动化总会体现出一定程度的智能化。当前世界范围内发达国家先进的无人工厂正是自动化技术全面升级跨越的结果，其基本特征就是主体生产活动由计算机进行控制，生产线配有机器人而无须大量配备工人。物流自动化对于实现智能制造也至关重要，可以通过 AGV、桁架机械手、悬挂式输送链等物流设备实现工序之间的物料传递，并配置物料超市，尽量将物料配送到线边。

随着技术的进步和人力成本的提高，自动化是个不可逆转的趋势。企业需要结合自身情况来规划自动化方向。从投资回报最大、最容易实现的部分做起，首先考虑如何使用助力设备，减轻工人劳动强度，然后优化相应的生产流程，循序推进。

如图 5-11 所示，经典的自动化金字塔模式展示了定义明晰的层级结构，信息从现场的设备层向上经由 PLC 控制、SCADA 远程控制和 MES 工厂运作指挥三个层级，被 ERP 等顶层管理软件获取；ERP 等软件通过数据分析做出决策，发出的指令原路返回到达底层。尽管这一模式得到了广泛认可，但其中的数据流动并不顺畅。为了更直接地提供底层数据，人们转向开放的 OPC UA 标准。该标准提供了一种模式，即管理层和企业层的 OPC UA "客户端" 能够直接从设备层的 OPC UA "服务器" 调用数据。

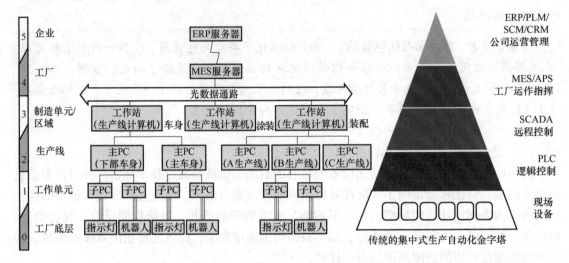

图 5-11　集中式生产自动化金字塔

自动化与信息化是实现智能制造所需投资的最大部分。企业在做自动化改造前要慎重，需要分析自动化的必要性、投资回报率、自动化设备可靠性、风险和扩展柔性等，合理的投资回报期应控制在 5 年以下，防止成本不降反升。很多企业投入后才发现设备不成熟，故障频繁，或者新购置的设备不好用，还不如人工操作灵活方便，结果昂贵的自动化设备被搁置，无效的投入甚至会拖垮企业。产品品种少、生产批量大的企业可以实现高度自动化，乃至建立黑灯（无人）工厂；小批量多品种或按单定制的企业则应当注重少人化、人机结合，利用人的灵活性应对订单和生产的不确定性。

5.2.4　数据化与三维数据模型

1. 数据化

企业智能制造转型必须要做好数据化。数据是未来企业最重要的资产，是生产模式、商业模式创新的驱动力，数据自动有序流动是完成向智能化转型的必要条件。

数据化管理是指将业务工作通过完善的基础统计报表体系、数据分析体系进行明确计量、科学分析、精确定性，以数据报表的形式进行记录、查询、汇报、公示及存储的过程，是现代企业管理方法之一。数据化管理的目标在于为管理者提供真实有效的科学决策依据，以制造数据为例，如果把制造数据进行误差流（Stream of Variation，SoV）分析[23]，发现某产品的质量问题是由上游的材料及设计流程造成的，就可以基于这个结果提示上游去检测发生问题的环节，进而改变材料选择、改进设计工艺，最终实现产品的优化，甚至实现整个产业链的升级。

数据化将有望在供给侧改革中起到重要的作用。实现真正的智能制造，发挥数据的价值，改变的不只是企业的内部管理、生产流程、设计工艺等问题，还能解决供给侧、需求侧两方有效对接的困境。来自需求侧相对开放的个性化、定制化要求和消费者个体的爱好、行为等数据，会推动数据相对封闭的供给侧发生改变，数据分析甚至能创造出更多的消费者需求，进而将这些数据联通并反馈到供给侧的生产、研发过程中。在这样的模式下，供给侧改革的动力是由需求侧的数据来提供的。

目前数据化的瓶颈问题主要是：①哑终端，在"人机料法环"中大量存在哑终端，客户的数据更难获取；②多协议，设备种类、软件种类、接口协议多样化，造成生产过程数据、工艺数据的封闭性；③供给侧与需求侧未有效对接，需求侧大数据难以完整采集。

2. 三维数据模型

虚拟制造中的产品三维模型里面一定包含了产品的几何数据、材料数据、工艺数据、生产管理数据和设备数据，也包括其生产过程数据、检测数据、实验数据，因此，三维数据模型是非常复杂的。三维数据模型可以承载人的设计知识、工艺知识、制造维护保障的知识，以及各种数理化参数，因此，三维数字化技术是智能制造的基础技术。

人们在产品设计、分析工艺和制造过程中先建立三维数字虚体，有了三维数据模型，实物生产、工艺制造就变得简单了。这种模型从设计工艺制造到维护保障，全程可用，单一产品只需要单一模型。只有建立了三维数据模型，才能通过数字化工厂仿真软件进行设备和产线布局、工厂物流、人机工程的仿真，确保工厂结构合理；才能建立工厂的数字映射，方便地洞察、预测生产现场的状态，辅助各级管理人员做出正确决策；才能进行虚拟实验，如虚拟风洞实验，减少物理风洞次数降低成本。

由于以往的三维模型表达不了工艺制造和检测的数据，因此，三维产品设计好之后必须生成二维图纸才能指导生产。实际上三维模型转变为二维图纸会产生大量额外的工作量，也容易出现错误。因此1996年波音联合了世界上16家制造业公司，推动美国机械工程师协会（ASME）成立了工作组，花了7年时间建立了MBD的标准，也就是基于模型的定义，实现在三维模型上表达工艺制造材料和检测的数据。这就意味着可以不要二维图纸工艺卡片和资质的技术文档，不需要三维到二维的转换。因此，波音787客机的研制就真正实现了无纸化设计，在设计制造的质量及效率上都有显著提升。

有了数字虚体，就可以在赛博空间中虚拟完成产品的设计工艺、制造和试验。在这个过程中不断发现设计问题、工艺问题、制造问题、试验问题，发现问题后通过直接调整虚拟的模型加以解决，解决所有问题后，再映射到生产过程中和试验过程中。

> [案例5-6　中国战机与大飞机的虚拟试验] 飞豹作为我国第一架数字样机，有了全数字化的外形，可以减少吹风次数约60%，最终使得其改进型飞机两年半就可以上天。2010年之后，中国航空工业所有的新研制的飞机，都是采用这个技术。C919飞机于2017年5月5日首飞，其最早设计了五百副翼型，需要进行15000次风洞试验，如果没有CFD计算方法，是不可能做出来的。基于虚拟风洞试验从500副翼型优化到了8副，然后开始做物理实体模型，进入全球各地物理风洞做吹风试验，物理风洞试验遍布美、英、法、德、荷、乌、俄等国家，然后优化到4副再到1副。一架现代大型商用飞机通常由四百多万个零件和几十个复杂的系统构成，系统和零部件的供应商来自世界各地，想把这些系统和零部件完美无缺地组接契合在一起，难度和复杂性远远超出一般工程项目。

5.3 集成级（3级）：互联集成与网络化

智能制造迈入第三阶段后，企业对智能制造的投资重点开始从对基础设施、生产装备和信息系统等的单项投入，向互联集成转变，重要的制造业务、生产设备、生产单元完成数字化、网络化改造，能够实现设计、生产、销售、物流、服务等核心业务间的信息系统集成，开始聚焦工厂范围内数据的共享，最终完成智能化提升的准备工作。

这一阶段的工作重点是对信息孤岛加以集成，在整个工厂中实现数据共享。机器采集的数据与人类智能的融合将推进全厂最优化及企业管理目标的实现，经济效益、员工安全性和环境可持续性将大幅提升。

5.3.1 工业云平台

在过去的 2017 年中，云计算与大数据、人工智能一同成为了全民关注的热词，尤其是"企业上云"一词，在 2018 年的政府报告及新闻报道中频频出现。"上云"指企业通过高速互联网络随时随地地获取云服务商提供的计算、存储、软件、数据等计算服务。在过去很长一段时间，企业偏好采取自置服务器、自建数据中心等方式开展信息化建设。上云后，综合成本大约降至之前的 1/3 ~ 1/2。

云制造是一种基于云计算概念的智能制造模式[18]，所有与产品相关的计划、生产、仓储、维护等信息都存储在云端，便于其他产品或系统进行持续访问，还可以实现远程工作或远程服务。近年来，在智能制造国家战略方针的推动下，云制造模式得到大力发展。云制造服务平台是云制造模式的实现载体，是负责云制造的管理、运行、维护及云服务的接入接出等任务的软件平台。云制造服务平台得到产学研各界的高度重视和巨大投入，三一重工的树根互联、中国航天科工集团的航天云网、面向广大中小制造企业的"富士康云"、面向生态链上下游合作伙伴的"美的云"等是其中的典型代表。市场分析机构 Gartner 预测 2019 年全球公有云服务市场将增长 17.5%，规模达到 2143 亿美元。我国中小企业普遍存在资金少、规模小、信息化程度低等问题，云制造服务平台能有效加以解决，其难点主要包括云制造商业模式和市场机制[5]。

云制造通过对制造资源和制造能力进行虚拟化和服务化的感知接入，促进各类分散制造资源的高效共享和协同，从而动态可扩展地、低成本地为用户提供按需使用的产品全生命周期制造服务。云制造具有以下特点：① 云制造以云计算技术为核心，是一种面向服务的制造新模式；② 云制造以用户为中心、以知识为支撑，借助虚拟化和服务化技术，形成一个统一的制造云服务池，对制造云服务进行统一、集中的智能化管理和经营，并按需分配制造资源或能力；③ 云制造提供了一个产品的研发、设计、生产、服务等全生命周期的协同制造、管理与创新新平台，引发了制造模式变革，进而转变了产业发展方式。

工业云服务的常见方式有工业 SaaS（Software as a Service，软件即服务）云服务、工业 IaaS（Infrastructure as a Service，基础设施即服务）云服务、工业 PaaS（Platform as a Service，平台即服务）云服务等方式。PaaS 方案是未来一段时间内工业软件的发展趋势。

PaaS 方案提供软件部署平台，抽象了硬件和操作系统细节，可以无缝地扩展。开发者只需要关注自己的业务逻辑，不需要关注底层。云计算中心以透明化的方式提供行业应用 PaaS 服务。

工业云通过建立 IT 软硬件的异构资源池和弹性分配、快速交付能力，提供云基础设施、各类工具上云、业务系统云化改造等应用，为小企业提供购买或租赁信息化服务[33]，间接促进了工业软件在小型企业的应用，企业按照实际使用的资源付费，能够大幅降低企业信息化建设成本，促进企业数据资源集成共享。工业云实现了数据在软件平台上的快速流动，企业对市场、研发、生产等业务和资源的全局控制能力大大增强，企业的决策执行变得更加迅速，进而推动制造资源向云端迁移，破解集成应用瓶颈，发展远程运维等产品全生命周期创新服务。例如，GE 基于 Predix 平台开展电力、医疗、航空等行业设备资产远程运维，大幅减少或避免设备的非事故停机，提高运行效率，为客户节约了大量维护成本，加速了从提供产品向提供服务转型的进程。

[案例 5-7　Ariba 商业云]　Ariba 是一家成立于 1996 年的美国老牌云端电子采购软件及服务商，于 1997 年推出全球第一个采购自动化解决方案，1998 年推出全球第一个电子寻源解决方案。如图 5-12 所示，在 Ariba 的网络平台上，可以直接跟阿里巴巴网络上的供应商或者其他网络上的供应商进行对接，还可以进行数据采集、价格对比、需求预测、供应商洞察。在 Ariba 平台，每天有 290 万家企业运行产生的海量数据。平均来说，如果在采购环节成本能够削减 1%，就意味着整个企业的利润能够提升 10%。企业通过使用 Ariba 商业云的数据分析，或通过竞标，或找到新的供应商、供货商的来源实现成本的节约，可节省 1%～8% 的成本，采购部门工作效率提高 20%。2012 年 SAP 以总价约 43 亿美元收购了 Ariba。

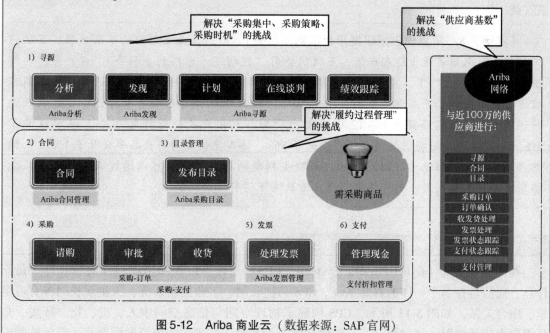

图 5-12　Ariba 商业云（数据来源：SAP 官网）

5.3.2 工业互联网

工业互联网是工业云平台的延伸发展，其本质是在传统云平台的基础上叠加物联网、大数据、人工智能等新兴技术，构建更精准、实时、高效的数据采集体系。包括存储、集成、访问、分析、管理等功能性平台，实现工业技术、经验、知识的模型化、复用化，最终形成资源富集、协同参与的制造业生态。

互联网的功能就是连接，连接人与人、人与服务、人与设备。资源要素的连接在历史上就是产业革命的一种主要推动力。互联网发展到今天，已经结合传统电信网等信息承载体演变出一种新的网络——物联网（Internet of Things，IoT）。物联网与互联网相比更强调物与物的连接，而工业互联网则要实现人、机、物全面互联。制造智能与工业互联网相辅相成。没有了数据，也就没有了制造智能。而工业互联网的价值，则在于提供连接与海量数据。工业互联网构建的互联包括人之间、生产设备之间、设备和产品之间、虚拟和现实之间的万物互联（Internet of Everything，IoE），产生的数据包括产品、运营（业务、质量、生产、采购、市场、库存等）、价值链数据（客户、供应商、合作伙伴）等。智能制造主要有四个环节：感知、计算、判断和反应，每个环节都离不开连接与数据。

发展和采用工业互联网技术是实施智能制造的重要一环，我国"十二五"制造业信息化科技工程规划明确提出大力发展制造物联技术，以嵌入式系统、近场通信和传感器网络等构建现代制造物联网（Internet of Manufacturing Things，IoMT），以加强产品和服务信息的管理，实时采集、动态感知生产现场相关数据，并进行智能处理与优化控制，提高生产过程的可控性。此外，通过情景感知和信息融合，还可以实现新产品的快速上市、市场机遇动态响应及生产供应链的实时优化，催生新的商业与制造模式，借此获得经济、效率和竞争力等多重效益。[18]

> [**案例5-8　阿里巴巴把研发平台搭到车间去**]　随着工业互联网的不断发展，互联网工程师正越来越多地出现在车间，互联网公司"把研发平台搭到车间去"。在广东，与阿里云合作的利用"ET工业大脑"实现智能化转型的案例正在快速涌现。通信天线厂商京信通信公司提升了产品调试效率最高达50%。迪森热能公司已经着手对锅炉健康状况进行预测，目标是能够提前6～12小时发出预警。天合光能公司将电池片A品率提升了7%。中策橡胶公司将混炼胶合格率提升了5%。协鑫光伏公司将良品率提升了1%。他们都将成功的原因归结于"以前只能用经验去判断的事情，现在可以通过数据获取，从数据角度去描述和判断一个部件是否在正常状态下运行"。

5.3.3 赛博物理系统（CPS）

赛博物理系统（Cyber-Physical Systems，CPS）是计算进程和物理进程的统一体，是集计算、通信与控制于一体的智能系统。CPS与物联网、工业控制系统、工业互联网等有着继承、融合关系，如图5-13所示，CPS构建了物理空间与信息空间中人、机、物、环境、信息等要素相互映射、适时交互、高效协同的复杂系统，实现系统内资源配置和运行的按需响应、快速迭代、动态优化，催生了大数据，因而推动了人工智能的第二次爆发。2015年

《中国制造2025》提出，基于CPS智能制造正在引领生产制造模式革新，我国制造业转型升级、创新发展迎来重大机遇。2017年我国工业和信息化部发布《信息物理系统白皮书（2017）》，给出了CPS的特征、实现路径及应用场景。

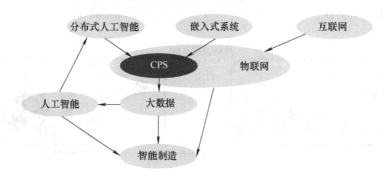

图5-13　CPS与大数据、人工智能的关系

赛博（Cyber）出自诺伯特·维纳（Norbert Wiener）的著作。1948年他在撰写《控制论：动物与机器中的控制与通信》的时候，找不到一个合适的词来表达控制的内涵，想起古希腊动词"κυβερεω（kybereo）"，意为"掌舵、引导、控制"，诺伯特就用cybernetics表达控制的概念。1991年的时候，索马里战争时美国国防部就提出远程控制以减少伤亡，提出了Cyber这个词。Cyber的基本思想是人能与机器对接，由此产生的系统可以为互动提供一个备选环境。Cyberspace是一个时间相关的集合体，包括相互连接的信息系统，以及与这些系统交互的人类用户[34]。各种定义的共同点是Cyberspace的核心由全球范围内相互连接的"软硬件基础设施—数据—人—活动"四个层次所构成。在四个层次中选择哪些层次进行定义反映了国家在制定网络空间战略中的意图。有些国家，如新西兰、土耳其、沙特，将Cyberspace定义为信息通信基础设施，在这种观点的支配下，保护的重点也仅是基础设施；有些国家，如中国、印度、俄罗斯，将其定义为设施、数据、人与活动的完备集合之上，则在保护基础设施、所承载的数据及用户之外，还会重点保护、管理相关操作活动。汪成为院士建议将"Cyberspace"翻译为"控域"。

2007年7月，美国总统科学技术顾问委员会（President's Council of Adivisors on Science and Technology，PCAST）在题为《挑战下的领先——竞争世界中的信息技术研发》的报告中将CPS列为八大关键信息技术之首，其余分别是软件、数据、数据存储与数据流、高端计算、网络与信息安全、人机界面、NIT与社会科学，将其上升为国家战略。该报告对CPS技术内核定义为：控制（Control）、信息通信（Communication）和共性蕴含的计算（Computing），简称3C。何积丰院士2010年在有关会议上指出，CPS的意义在于使得物理设备具有计算、信息通信、精确控制、远程协调和自治五大功能。宁振波2017年提出，CPS将由3C的核心概念逐步向"5C＋5Any"的核心概念转换。5C分别是融合（Convergence）、通信（Communication）、计算（Computing）、连接（Connectivity）和内容（Content）；5Any分别是任意时间（Any time）、任意地点（Any where）、任意服务（Any service）、任意网络（Any network）和任意对象（Any object）。可见，信息内容只是被控制的对象，而不是Cyber的完整代表。因而Cyber音译成赛博更恰当，CPS可翻译为赛博物理系统，Cyberspace可翻译为赛博空间。

CPS 打通了物理世界与虚拟世界的交互，如图 5-14 所示。在很多现代化企业里，不管内部网或外部网，都还只是一个独立的计算机网络系统或称虚拟空间，它们如何跟企业这个物理实体融为一体并且协同一致、高效精确地工作，如何增强这类系统的适应性、自主性、功能性、可靠性、安全性、可用性和效率，是一门新的系统工程学。

图 5-14　CPS 中物理世界与虚拟世界的关系

如图 5-15 所示，随着智能制造和大数据时代的到来，新的以 CPS 为基准的自动化架构已逐渐显露雏形，在新型架构中，多层级的严格分隔和信息流的自上而下的方法将会混合。在一个智能的网络中，每个设备或者每个服务都能自动地启动与其他服务的通信。各种服务（如生产调度）自动订阅所需的实时数据，传感器数据通过 OPC-UA 等安全可靠的通信协议直接发送到云中。这一新型自动化架构带来的重大改变是：除了对时间有严酷要求的实时控制和对安全有严酷要求的功能安全仍然保留在工厂层以外，所有的制造功能都将按产品、生产制造和经营管理这三个维度虚拟化，构成全连接和全集成的智能制造生态系统。

图 5-15　以 CPS 为基准的自动化架构

有的学者将 5C 映射到 CPS 的五个层次上，即智能连接层（Smart Connection Level）、数据到信息转换层（Data to Information Conversion Level）、网络层（Cyber Level）、认知层（Cognitive Level）、配置层（Configuration Level），如图 5-16 所示。

当根据物理实体进行数字虚体建模后，就构成了 CPS，这时数字虚体有两个作用：

1）首先是嵌入到物理实体中，物理实体就有了智能。例如，桌子原来是非智能的，是"哑"的，假如布置了传感器，并连接到具有 CPU 和软件的嵌入式系统，再安装无线通信设备。如果桌子翻了、移动了或倒洒水了，只要通过手机 App 就可以知道；又如，话筒能自动处理声音大小，甚至能录音并且将音频转化成文字显示在投影上。CPS 的基本逻辑是把人

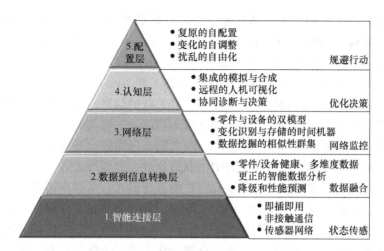

图 5-16 CPS 的五个层次

的隐性知识（思想、算法、推理）显性化，沉淀为显性知识，再把知识嵌入软件，软件嵌入芯片，芯片嵌入硬件，硬件嵌入物件（物理设备），这些形成了智能产品、智能设备。企业转型升级的核心就是产品智能化、设备智能化。CPS 包括了嵌入式的软件密集系统，可以在今天几乎所有的高科技产品中找到，如设备、汽车、飞机、建筑、生产系统等。

2）其次，在产品研发、工厂建设时，在计算机上把整个生产线、流程、运输、流水线传递过程进行建模并仿真、优化，就可以指导产品研制、厂房建设。CPS 包括了全球网络（如互联网），以及在互联网上提供的数据和服务。

5.4 优化级（4级）：大数据与知识管理

进入优化级时，企业内生产系统、管理系统及其他支撑系统已完成全面集成，实现了工厂级的数字建模，并开始对人员、装备、产品、网络所采集到的数据及生产过程中所形成的数据进行融合，准备通过大数据、知识库和专家系统等优化生产工艺和业务流程。从 3 级到 4 级是一个量变到质变的过程，在这一阶段，通过数据集成、大数据分析和知识管理，驱动智能制造神经系统的形成，使企业智能制造的能力快速提升。

5.4.1 工业大数据

1. 大数据的发展、定义和特征

在 2015 年，人类总共创造了 4.4ZB（$1ZB = 1.18 \times 10^{21}B$）的数据，而这个数字大约每两年就会翻一倍。20 世纪 80 年代，美国阿尔温·托夫勒在《第三次浪潮》一书中首次提出了"大数据"这一概念，用来形容数据量大。根据美国国家标准与技术研究院（National Institute of Standards and Technology，NIST）的定义，大数据是指数据大、获取速度快或形态多样的数据，难以通过传统关系型数据分析方法进行有效分析，或需要大规模的水平扩展才能高效处理。《大数据时代》的作者维克托·迈尔·舍恩伯格认为，大数据指不用随机分析法（抽样调查）这样的方法，而采用所有数据进行分析处理。简单来说，大数据通常被定义为"超出常用软件工具捕获、管理和处理能力"的数据集。大数据有几个特性，最著名的是数据量（Volume）、速度（Velocity）、多样性（Variety），除此以外，还有准确性（Veracity）、连通性（Valence）和价值（Value），简称"6V"特性。

虽然"大数据"成为了一个热点，但每年只有不到10%的数据会被分析。在未来，自动人工智能软件将会从散乱的数据中识别并提取有关联的信息。而这种数据分析的能力将会从商业应用扩散到普通人手里。大数据驱动已成为当前人工智能的主流模式，我国庞大的网民和网络应用数量、丰富的各行业数据资源、巨大的市场需求、开放的市场环境，为人工智能发展提供了最适合的土壤，大数据成为中国制造业最大的资源优势。

工业大数据是指在工业领域中，围绕典型智能制造模式，从客户需求到销售、订单、计划、研发、设计、工艺、制造、采购、供应、库存、发货和交付、售后服务、运维、报废或回收再制造等，整个产品全生命周期各个环节所产生的各类数据，以及相关技术和应用的总称。工业大数据是工业互联网的核心，是实现智能化生产、个性化定制、网络化协同、服务化延伸等智慧化应用的基础和关键。工业大数据是我国制造业转型升级的重要战略资源。

2. 大数据分析的层次与过程

目前提升制造流程的大数据应用，大体上分成三个层次。

第一层次是描述性分析。指关注现在发生了什么事情，分析因素之间的关联或因果关系，并用数据可视化技术展现出来，让人们能够把握事物发展的基本态势。例如，通过普查测量得到不同国家、性别、年龄段下的人体各关节尺寸的泊松分布，为产品设计提供人因工程数据；通过舆情监控系统找到每类用户的个性偏好；将最终用户的反馈和体验收集到大数据平台，为未来产品的质量、设计等方面的工作建立知识规则库；监控生产线中产品的制造过程，展示实时数据或多年以前的加工参数，辅助寻找产品或设备故障的根源；进行数字风洞、虚拟仿真分析产品性能；实时获取全国工程机械的开工率和开工时长的详实数据，融合形成反映国家经济活跃程度的"挖掘机指数"以供国家领导人决策参考等。

第二层次是预测性分析。就是要在描述基础上，预测因素下一步的发展趋势是什么。例如，在每个机台上都安置多个传感器来监测、诊断、预测设备是否有故障；通过大数据的预测结果，便可以得到潜在订单的数量，然后直接进入产品的设计和制造及后续环节；精准地了解市场发展趋势、用户需求及行业走向等多方面的数据，从而为企业发展制定战略规划提供依据。无论大数据技术在哪个行业当中应用，其最为根本的优势就是预测能力。

第三层次是指导性分析。就是根据现在的态势，基于大数据预测，结合数学优化模型，提供决策支持或最优解决方案。这是最高级的一种方式。例如，通过用户画像、设计师画像和产品画像的匹配找到最佳设计方案；通过数据分析了解每个产品在每个机床上需要处理的时间，然后做出机床任务分配最优调度方案；基于各种算法下的最优模型，整合平台上的设计资源和模块商资源，生成最合适的时间和最短周期的生产计划；优化配送路径，第一时间给用户实时送达等。

大数据分析的过程可以用"智能设备、智能系统、智能决策"三种元素表示。简单地说，首先智能设备负责采集数据，然后智能系统中的软件分析工具进行数据挖掘和分析，最后智能决策可视化呈现，可以指导生产，优化制造工艺。当智能设备、智能系统、智能决策构成的赛博世界与资源要素构成的物理世界深度融合在一起形成 CPS 后，大数据分析的基础就已形成。

3. 大数据分析的要点

（1）"小数据"与"大数据"的结合

大数据的大，往往意味着它的价值密度通常很低。有些数据虽小，但价值密度大。有学者估计，根据二八法则，企业 PLM/ERP/CRM/SCM 系统及关系型数据库中仅占 20% 数据量的小数据却具有 80% 的价值，如产品图纸、试验分析、加工工艺的每一张图纸都需要反复阅读，而占 80% 数据量的工业大数据只具有 20% 的价值，由于数据量超出了人类的阅读能力极限，大数据需要通过机器学习和数据挖掘才可用，如设备工况数据、视音频数据、文本数据等是人类无法全部阅读的。然而，这些"小数据"与"大数据"是存在相互依赖关系的，只有结合了关系型数据库中的小数据，才能挖掘出工业大数据的价值，可谓"不举小数据之纲，难张大数据之目"。

[**案例 5-9　日立电梯的大数据系统**]　"互联网＋电梯"为处于增长疲软期的电梯行业带来了新的想象空间。总部位于广州的日立电梯（中国）有限公司于 2013 年实现了电梯无线远程监测系统的全国覆盖，于 2015 年率先在国内建立了全球化的电梯大数据系统。系统的主要功能如下：

（1）数据存储

系统的基本数据存储在 Oracle 关系型数据库中，所用到的表主要有三张：电梯基本信息表、故障信息表、用户信息表。电梯基本信息数据主要包括电梯的设备序列号、电梯品牌、电梯安装位置、安装小区、维保公司等；故障信息数据主要包括电梯故障设备、故障发生时间、故障结束时间及故障类型等；用户信息主要包括电梯远程监管系统的用户信息。只是一个数据库中一张故障信息表的数据量就已经达到了几百万条，所有关系型数据库中的数据量已达到了 50GB 以上。

电梯远程监管的所有上传的实时监控大数据均保存在 HDFS（Hadoop Distributed File System，Hadoop 分布式文件系统）中。

（2）数据导入与导出

数据导入与导出模块主要负责将电梯基本信息、用户信息等固定不变的信息一次性全量导入 HDFS 中，并进行数据清洗，而数据库中的故障信息数据由于每天都会进行更新增加，所以需要每天进行增量导入。

数据导入与导出模块还将数据服务层的数据挖掘结果导出、回传到关系型数据库。

（3）数据预处理

原始的数据中包含有大量的"脏数据"。例如，电梯基本信息是通过人工方式进行录入的，在录入过程中可能发生数据录入不完全或者录入错误的情况；而电梯故障数据是通过 GPRS 的方式上传至服务器数据库的，若网络状况不佳，则故障信息的采集也会不完整；电梯一次故障会在短短的几分钟之内报警多次，而这应去重并将其看作是一次故障等。因此需要对数据进行预处理。

（4）数据挖掘

数据挖掘模块主要运用两种方法，一是聚类分析，二是关联分析。

通过 K-means 聚类挖掘可以基于电梯修复时间对小区、故障类型进行聚类，分析小区的电梯维保情况与各类故障的修复时间长短；通过 Apriori 关联规则挖掘可以发现故障类型与小区之间的关联，分析各小区的常见故障，为故障小区的维修人员提供决策支持。基于以上分析，得到电梯的常见故障类型、各个维保公司故障修复效率数据、各小区电梯故障率情况和某特定小区的频发故障。

通过电梯远程监测系统，运用大数据技术，日立电梯能够对已预警的部件提前做出妥善及时的维保措施，使安全隐患在事故前就被消除，推动日立电梯的业务重心由"销售电梯产品"向"提供定制化的服务"转移。

（2）情景还原

大数据的价值不仅在于其自身，也在于处理方法。如果不能利用数据还原出完整的情景，这些数据也只能成为一堆无用的数据。唐代王维的《秋夜独坐》中，"雨中山果落，灯下草虫鸣"就可还原出较为完全的情景：在深山里有一所屋，有人在此屋中坐，晚上下了雨，听到窗外树上熟了的果子被雨打落，噗噗地掉下；秋天草里很多的虫，都在灯下叫。作者就在屋里灯下，通过视听感觉到生命表现在山果草虫身上，凄凉则体现在夜静的雨声中。这样一个意境，有情有景，有声有光，是活的、动的，有大信息。这十个字的数据虽小，但信息量大。所以，大数据不仅在于数据的大小，更在于所含有的"大信息"及能否还原得到完整的"大情景"，所蕴含的规律经过挖掘处理可得到"大智慧"。

[案例5-10 京东完整的生态体系] 在京东完整的生态体系中，每一个环节都有着异常丰富的应用场景，这些场景为大数据创新提供了丰富的"想象空间"，这体现于京东目前所做的无界零售战略。在京东近期发布的无人便利店中，利用京东线上积累的大数据绘制360度画像和关系网或关系链，还原出用户的生活细节和行为规律，包括用户的职业、住址、年龄、家庭成员，甚至通过免费WiFi接入获取每天上下班的交通轨迹，形成完整的生活情景，这就可以制定有针对性的销售策略，为用户精准地选择和推荐商品，以及同步线上的动态定价。而店中的智能摄像头则可以通过流量漏斗分析出购物人群的进店率和性别比例等数据，与线上数据融合，为商家管理店铺、选择进货提供数据化的依据。

（3）内存计算

由于数据量的增大，传统的基于商业套件的架构，开始变得难以适应新的要求，包括：

1）基于多个传统的硬盘操作的数据库，性能存在瓶颈。

2）信息技术（IT）与运作技术（OT）分离的架构。

3）各个系统内部数据结构存在严重冗余。

4）对大数据处理的支持缺乏。

5）部署方式不灵活。

近年来，多核及多CPU服务器可以通过内存或共享高速缓存实现内核中的高速通信。内存已经不再是一种瓶颈资源。从2012年开始，出现了内存超过2TB的服务器。2010年，SAP推出了HANA（High-performance Analytic Appliance，高性能分析工具），用大内存提供内存数据库，并在内存数据库里采用列式存储以利于数据压缩，从而可以将更多的数据装进内存，进行内存计算，提高计算速度。

[案例 5-11　法国标致雪铁龙的内存计算]　标致雪铁龙汽车集团佛吉亚工厂面临如下业务挑战：

1）在面向整车厂供应时，在交货截止期前 4 个小时才能获得整车厂装配线最终的客户订单，时间非常紧急。

2）由于产品配置类型多且复杂，传统 MRP 运行需要 11～21 个小时，大大超出 4 个小时的要求，也不利于减少库存。并且制作报表时间太长，造成了浪费。

3）由于汽车零部件行业的低利润水平，集团的利润水平仅为 5%，因此即使 0.5% 的利润变动对于集团来说都是至关重要的。

如图 5-17 所示，基于内存计算技术，在 SAP HANA 上将 MRP 运行缩短到 1 个小时。这降低了库存，节省了数百万欧元的资金，同时也促使每个小时进行一次生产线均衡，提高了生产效率。

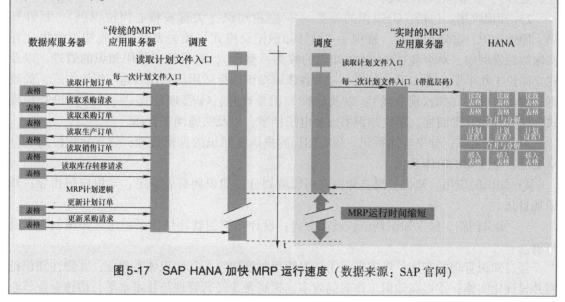

图 5-17　SAP HANA 加快 MRP 运行速度（数据来源：SAP 官网）

5.4.2　知识管理

在智能制造时代，知识是研发的智慧，更是创新的基石。知识管理（Knowledge Management，KM）已经成为现代企业核心竞争力的源泉。知识管理是指通过构建企业知识管理系统，通过对知识的捕获和共享，将恰当的知识传递给恰当的知识使用者。

在麦肯锡的《展望 2025：决定未来经济的 12 大颠覆技术》研究报告中，排名第二的是"知识工作者自动化（Knowledge-worker Automation，KA）"。KA 通过将工程知识体系转换为"工程智能"，并驱动工业软件和工业基础设施，实现了人和机器的重新分工，有助于把知识技术人员从重复性劳动中解放出来。麦肯锡认为，未来十多年最具经济影响性的技术应该是那些已经取得了良好进展的技术，如知识工作者的自动化，用计算机查询与应答系统来处理大部分的客户咨询电话与维修诊断请求。按照麦肯锡的估算，到 2025 年，这些颠覆技术中的每一种对全球经济的价值贡献均超过 1 万亿美元，前五名排名如下：移动互联网（3.7～10.8）、KA（5.2～6.7）、物联网（2.7～6.2）、云计算（1.7～6.2）、先进机器人

（1.7～4.5），其中括号中的数字是该技术的价值贡献预测值，单位为万亿美元。

设计是制造企业的灵魂，制造业数字化的核心是设计和制造的数字化。现代设计是基于知识的设计，其本身是一种知识高度密集化的工作，可以说没有知识就没有设计。必须通过知识管理来实现将设计与制造过程中积累的知识，按照数字化设计的要求进行收集、提取、整理和存储，并将其应用于产品的数字化设计之中。

波音公司787客机整个研制过程使用的工业软件，包括如CATIA这样的CAD/CAE/CAE系统，是波音几十年积累下来的，包括飞机怎么设计、优化及工艺等的关键知识经验，技术体系都融入这些软件中，并以此构成波音的核心竞争力。在制造企业中实施知识管理，除依靠企业知识管理系统之外，还必须从组织、制度等方面采取一些措施和策略。

知识管理的实施步骤如下：

1）实施企业调研。调研企业运营现状，包括企业知识（隐性、显性）、员工知识（隐性、显性）、企业知识管理现状。

2）知识收集。包括：①知识的分类——企业知识（关键或核心岗位识别）、显性知识、隐性知识；②知识收集、整理——设计知识记录模式与相关表单，实施知识收集（在实施知识管理前，对企业/个人相关知识的收集、整理），对日常工作中知识的管理，以及建立岗位工作手册；③知识的存档——为各领域知识选择适用的知识表达与组织方式，如规则、案例、模型（如权衡曲线），以及隐性知识显性化；④管理模式——设计知识管理模式，建立知识管理制度，建立知识书面及电子档案，以及实施动态管理。

3）知识提炼、分享与体系化。核心知识的提炼；知识的保密管理；建立知识传播和分享渠道；显性知识的体系化。

4）知识的应用。知识分级；知识应用领域划分；知识拥有者确定；知识应用指导；知识场景化。

5）知识创新。建立知识创新领域和方向；设计知识创新评估体系；建立知识创新激励机制。

经过知识管理的实施，将实现：①知识管理制度建立；②知识体系建立；③隐性知识挖掘并显性化实施；④提高知识工作者的效率，提高企业经营管理与技术水平，构建企业核心能力。

权衡曲线是一种有条理地保存和传承知识的比较简单的工具。日常进行的敏感性分析就是一种权衡，例如，若开发成本降低15%，NPV（Net Present Value，净现值）将怎样变化？若开发时间增加25%，将对NPV有什么影响，以及相当于成本增加多少比例？产品开发延期两个月增加一个产品功能使销售量增加多少才能超过平衡点？等等。很多公司利用ERP系统制作杜邦财务分析模型，以支持这一类型的敏感性分析。只需要把这些改变输入财务分析模型就可以计算NPV。很多公司将权衡分析的结果简化为线性关系，如开发成本增加1%，使NPV减少百分之几，并制作成表格，再制定一些取舍标准以辅助设计师进行决策。而丰田汽车公司却善于使用权衡曲线进行产品的研发。

> **［案例5-12　丰田公司的权衡曲线］**　丰田公司的工程师用权衡曲线来分析不同设计特征之间的关系。在权衡曲线中，产品或子系统的某一个性能或成本表示在y轴上，而另一性能表示在x轴上。例如，在设计发动机时，可以选用车速和燃油经济性权衡曲线进行

分析和参数选择。在丰田公司的一个汽车开发项目中，一家排放系统供应商为丰田提供了超过40种不同的原型样件，用于改变不同的参数，然后进行试验来绘制权衡曲线，这样就可以了解排气消声器尾压和发动机噪声之间的关系，然后做出最优选择。一位在丰田公司工作的美国工程师说："丰田和美国公司之间的差别主要在于丰田积累的知识非常多，凭着这本笔记本（指着上面画满了权衡曲线图表），我可以设计出一部相当好的汽车车身。"另一位美国公司的工程师说："我们以前不明白产品成功与失败的差别根源在哪。后来我们雇用了一位掌握上千条权衡曲线的前丰田员工，真令人难以置信，他懂得那么多！"

西门子在建立知识传播和分享渠道、显性知识的体系化方面有长期的积累和经验。

[案例5-13　西门子的全球知识管理系统]　西门子副总裁有一个宏伟计划：运用互联网传播全球46万同事的知识，因此员工可以借用其他人的知识和技术。核心是一个称为ShareNet的Web平台，功能包括聊天室、数据库、规则库、案例库及搜索引擎。员工可以存储他认为有用的信息，也可以搜索或浏览，通过与作者联系，获取更多的信息。简单的知识可以通过"IF-THEN"产生式规则的形式提炼、显性化并存储，而跨应用领域的、综合的知识可以"大颗粒度"的案例的形式显性化存储。成功案例是：马来西亚团队在争取一项宽频带网络项目时，在ShareNet的案例库中发现丹麦团队曾实施过一样的项目，借助该知识拥有者丹麦团队的技术指导，赢得了这份合同。瑞典团队通过ShareNet发出警报，得到了荷兰同事的技术数据支持，获得了为两家医院构建一个电信网络的项目。对于很难显性化的隐性知识，如有经验的售前技术支持人员可以根据对环境变化及客户主管意图的直觉判断选择适用的技术方案和实施路径，这样的知识适合通过"师徒制"以言传身教的方式进行传授。在德国，有三分之二的高中毕业生参加师徒制的学习计划。为了激励员工上传知识到系统，激励师傅传授经验给学徒，都需要有效的知识创新激励机制。

中国商飞公司在知识收集与提炼、知识场景化和智能推送方面值得借鉴。

[案例5-14　中国商飞的双屏创新]　中国商飞公司"第二块屏幕"形象地描述了公司员工在日常工作的电脑屏幕之外，再增加一块新的电脑屏幕用于信息参考、数据支撑和知识借鉴。这是商飞公司正在积极推行的管理创新，即"双屏创新"。第一步就是建立结构化知识的电子图书馆，将知识分门别类、科学梳理、有序储备，包括各工作岗位、任务和流程手册的编写、知识历程图的编制和隐性知识的整理等。同时，建立与之相配套的知识管理制度，如考核、评估和激励制度等。第二步是问题导向，打造场景化知识应用平台。基于资产化的数据库，形成工作平台，把资产化的知识和工作流程进行匹配、连接、组合，实现知识的标准化，并面向不同场景进行知识的模块化，将碎片化的资产直接面向工作场景的效率提升和质量提高。第三步是以智慧企业为目标，实现知识的智能化服务，重点是智能推送功能。在员工执行任务的过程中会有最优方案的个性化参考提示，任务收尾时也会有自动纠错功能。基于知识的标准化、模块化和场景化，知识推送可以做到千人千面，提高推送准确性。仅上海飞机子公司为例，每年就贡献知识点37 000多，人均贡献知识点12个。上海飞机制造中心工装设计任务周期由原来的平均22个工作日缩短到14个，设计效率平均提升了36%。

5.5 引领级（5级）：人工智能与协同创新

引领级是智能制造能力建设的最高程度，在这个级别下，数据的分析使用将贯穿企业的方方面面，各类生产资源都得到最优化的利用，设备之间实现自治的反馈和优化，企业已成为上下游产业链中的重要角色，个性化定制、网络协同、远程运维已成为企业开展业务的主要模式，企业成为本行业智能制造的标杆。

第五阶段的智能制造将激发过程和产品创新，改变消费者被动接受批量生产产品的现况，如客户可以"告诉"工厂生产何种汽车、在个人计算机中配置哪些功能或如何裁制一件合身的衣服，这些均是通过引入人工智能实现协同创新而实现的。

5.5.1 生态系统

软件定义了整个制造业的生态。企业新型能力的本质是生态系统的构建能力。如同 30 年前的 Wintel 体系、10 年前的 iOS 体系和安卓体系，作为制造业的未来形态的智能制造也在形成自己的生态体系，西门子、英特尔等公司都在构筑自己的数据采集、设备互联、工业软件、云计算等系统，工业软件构筑的就是智能制造的产业生态。

如图 5-18 所示，美国国家标准与技术研究院（NIST）提出的智能制造生态系统模型涵

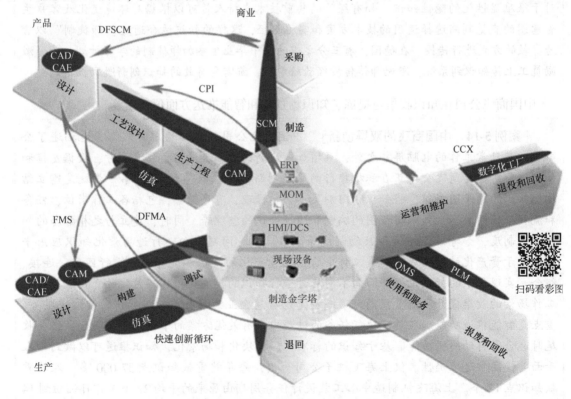

图 5-18 智能制造生态系统的三个维度[3]

盖制造系统的广泛范围，给出了智能制造系统中显示的三个维度，每个维度（如产品、生产系统和业务）代表独立的全生命周期。制造业金字塔仍为核心，三个生命周期在这里汇聚和交互。智能制造覆盖产品生态系统、生产生态系统、商业生态系统。

1）产品（Product）。涉及信息流和控制，智能制造生态系统（SMS）下的产品生命周期管理包括六个阶段，分别是设计、工艺设计、生产工程、制造、使用和服务、报废和回收。

2）生产（Production）。关注整个生产设施及其系统的设计、构建、调试、运营和维护、退役和回收。"生产系统"在这里指的是从各种集合的机器、设备和辅助系统中组织资源和创建产品、服务。

3）商业（Business）。关注供应商和客户的交互功能，电子商务在今天至关重要，使任何类型的业务或商业交易都会涉及利益相关者之间的信息交换。在制造商、供应商、客户、合作伙伴，甚至是竞争对手之间交互的标准，包括通用业务建模标准、制造中特定的建模标准和相应的消息协议，这些标准是提高供应链效率和制造敏捷性的关键。

4）制造金字塔（Manufacturing Pyramid）。制造金字塔是智能制造生态系统的核心，产品生命周期、生产周期和商业周期都在这里聚集和交互。每个维度的信息必须能够在金字塔内部上下流动，为制造金字塔从机器到工厂，从工厂到企业的垂直整合发挥作用。沿着每一个维度，制造业应用软件的集成都有助于在车间层面提升控制能力，并且优化工厂和企业决策。这些维度和支持维度的软件系统最终构成了制造业软件系统的生态体系。

[案例5-15　美的构建生态系统]　美的公司打造了基于大数据和互联网的营销平台及售后服务系统，通过两大平台，美的清楚地掌握了客户信息、产品详情，并在产品需要维修时告诉客户维修点信息，构建了覆盖客户、终端、平台和第三方应用的产品生态系统。通过IT子公司"美云智数"的建立及协作云的开发，向外推广美的制造的标准，如物流容器标准，甚至智能工厂系统解决方案，把美的多年积累的IT技术与OT技术向合作伙伴输出，基于一致的标准实现与广大中小企业的紧密协作，在此基础上构建了生产生态系统。更进一步，将这些信息进行大数据分析，指导产品生产，培育工业机器人、机器手臂等智能设备供应商的快速响应与传导能力，通过上下游环节的联动，打造覆盖客户、制造、供应商的商业生态系统，美的实现了生产过程的自动化，使得生产、售后更加科学和智能。

智能制造生态系统是竞争制高点。随着"伙伴经济（We Economy）"的兴起，领先的数字化企业发现，以生态系统的方式运营比单打独斗要有效得多。企业的竞争正在从单个企业之间逐渐向供应链之间乃至生态系统之间的竞争转变。凯文·凯利在《失控》中提到："大企业之间的结盟大潮，尤其在信息和网络产业当中，是世界经济日益增长的共同进化的又一个侧面，与其吃掉对手或与之竞争，不如结成同盟，共生共栖。控制的未来是：伙伴关系、协同控制、人机混合控制，人类与我们的创造物一起共享控制权。"随着不同行业被各类平台重塑为互联互通的生态系统，未来的行业界限将非常模糊。

生态系统的形成伴随着核心企业的组织架构变革。它有四种模式：

1）传统企业的扁平化与自组织。如变革后的海尔由 2000 多个自主经营体、平台化企业、创客化会员、个性化客户构成。

［案例 5-16　华为的"铁三角"管理模式］　在 2009 年的一次客户召集的网络分析会上，华为共派去了 8 个人，每个员工都向客户解释各自领域的问题，客户当场抱怨无所适从，最终失去了订单。这件事驱动了整个华为的一场新组织变革。建立以客户经理、交付经理、产品经理为核心的业务核心管理团队，他们提出了"铁三角"的管理模式。华为"铁三角"模式的构成体系包含两个层次，一个是项目"铁三角"团队，一个是系统部"铁三角"组织。项目"铁三角"团队是代表华为直接面向客户的最基本组织及一线的经营作战单元，是华为"铁三角"模式的核心组成部分。而系统部"铁三角"组织是项目"铁三角"各角色资源的来源及项目"铁三角"业务能力的建设平台。三人组织包括 AR（Account Responsibility，客户经理/系统部部长）、SR（Solution Responsibility，产品/服务解决方案经理）、FR（Fulfill Responsibility，交付管理和订单履行经理）。华为变革后让"听见炮声的人来决策"，从"师一级的战斗"改为"班一级的战斗"。

［案例 5-17　韩都衣舍公司的业务模式与组织架构］　供应链的类型与产品种类需要匹配。创新型产品是指需求不确定、产品周期短、高边际利润的产品，市场反应速度是关注焦点，因此市场反应型供应链与其匹配；功能型产品是指需求相对固定、产品周期长、重视物质功能的产品，最小化物质成本是一个极重要的目标，因此物理有效型供应链与其匹配。在这两种供应链模式中，速度与成本是一对矛盾，难以两全。通过互联网技术的连接与数字化精益思维的叠加，韩都衣舍解决了这一矛盾与供需不匹配的问题。

2017 年夏天，韩都衣舍的服装产品当季售罄率为 95%，而传统服装企业为 60%～70%。每天上线近百款新产品，超过全球标杆 ZARA，每年累计上线近 3 万款新产品。生产模式是小批量、多款式、高频次，40% 的订单都是追单，基本没有库存。在组织架构方面，建立以"产品小组"为核心的扁平化组织体系，2017 年有近 300 个产品小组，产品小组内 3～5 人负责非标准化环节：组长负责产品设计研发，一人负责生产库存管理，一人负责商业营销。标准化环节如客服、市场推广、物流等由企业统一负责，经营实现独立核算、自负盈亏，在最小业务单元上实现"责权利"的统一。

面对需求不确定性，韩都衣舍通过小批量、高频次的生产来应对真实的需求，以动态的"爆旺平滞"算法作为运营的核心。具体地，它根据库存周转率、销售额、进网店的客户数量、购物页面停留时间等数据种类，并赋予可动态调整的权重，在产品上线两周后就可以通过算法，确定爆款、旺款、平款、滞款，然后对于爆款进行追单，对平款、滞款打折清仓。哪一款产品的广告放在最优先的位置能取得更大利润、爆款产品放在仓库哪个位置使拣货路径最短等决策，也通过"爆旺平滞"算法与大数据分析支持，实现对碎片化的单品需求的快速反应。

2）大企业联盟。1984 年 Wintel 形成计算机生态系统，它由"英特尔 CPU + 微软操作系统 + 微软开发工具 + 应用软件"构成。应用软件包括五笔输入、邮件系统、杀毒软件、视频播放等几十万个应用，以及几万个打印机、照相机、扫描仪驱动。

3）大企业构建平台。这一形式的生态系统的典型案例包括苹果 App 生态、脸书生态、淘宝（契约关系、服务关系、规则关系）生态，这些公司都由于成功地构建了生态系统而取得了商业成功。

2007 年，苹果公司为智能手机构建由"CPU（ARM）+ 操作系统（iOS）+ 通信模块（博通）+ 苹果商城（App Store）+ App"构成的生态系统，使得智能手机迅速取代功能机。手表、电视、汽车这三种产品进入苹果公司高层的视野后，生态系统范围进一步扩大，生产系统对每一种产品的决策都是至关重要的影响因素，参见本书第 6 章启发案例。

2013 年，ROS（Robot Operating System，机器人操作系统）通过结合机器人 + ROS + 芯片解决方案 + App 应用打造生态系统，机器人产业发展将遵循 PC 发展轨迹，对推动机器人产业发展及普及而言意义重大。基于 Turing OS 1.5 版本，开发了机器人应用服务，涵盖远程、游戏、教育、工具、社交等诸多领域，目前应用总数达 30 余种。

小米基于安卓二次开发形成 MIUI 操作系统，在此之上构建开放的生态，目前已孵化了 90 多家公司，聚集了超过 12 万人的开发者和 3 亿多用户，2017 年小米生态链收入超过 1000 亿元，产业平台生态初具雏形。

华为从 2012 年开始规划自有操作系统，备用名为"鸿蒙"。华为创始人任正非表示，开发一个操作系统的技术难度不大，难度大的是生态的构建。安卓和 iOS 的优势在于其良好的软件生态，可以让开发者创造优质的应用，使得用户愿意付费购买、使用，从而形成良性循环，开发者愿意继续开发。

4）包含"技术 + 专利 + 标准 + 工具 + 商业模式"的更完整链条。技术的引领者、专利与标准的制订者、数据与工具的拥有者、生态的构建者将具有制订产业竞争规则、主导产业价值链结构、决定产业发展方向的生态系统主导权。商业模式包括租赁与供应链金融，通过租赁法的建立，融资租赁可以减少企业的一次性资金投入，让企业提前使用更大价格折扣的智能制造装备，如工业机器人。这是一种未来的生态系统模式。

5.5.2　人工智能

人工智能目前已在知识处理、模式识别、自然语言处理、博弈、自动定理证明、自动程序设计、知识库与专家系统、智能机器人等多个领域取得了实用的成果，在制造业也得到了广泛的应用，如产品的智能设计与制造、智能协作型机器人、智能工艺规划、智能调度、智能测量、智能管理和智能决策等。随着传感器、RFID 等感知技术和网络通信技术、大数据的蓬勃发展，经过几十年孕育的各类人工智能技术开始将其优势发挥到制造实践中。完善人工智能技术的理论研究，同时将成熟的人工智能理论用在复杂制造系统中的各个环节，才能真正地实现智能制造[20]。

大量可用数据的出现和计算能力的大幅提升，以及深度学习的突破让人工智能进入了新阶段。人工智能是我国制造业转型升级的最重要工具。当完成了数字化和网络化，并积累了大数据后，人工智能在制造业的应用才有了真正的根基，开始成为整个智能时代的核心。

大数据和人工智能的结合对工业产生了显著的影响，其中电子商务和汽车工业是受影响最显著的两个行业。在流行的电子商务平台中，智能数字助理与客户进行在线交互，提供个性化的营销建议与推荐；在汽车工业中，特斯拉（Tesla）使用人工智能和大数据来驱动自动驾驶仪。

人工智能一般被认为是通过模拟、延伸和扩展人类智能，产生具有类人智能的计算系统。它的主要目标是使机器能够胜任以往需要人类智能才能完成的，或者人类也无法完成的复杂任务。例如，银行可以通过人工智能技术，挖掘融资客户数据，完成客户信用评级、风险监控、资金合理配置的工作；交通系统可以借其提前预测交通拥堵并在合适的地点安排疏导；在制造服务领域，系统可以智能分析得知哪台装备将发生故障、故障部位以及原因，利用机器视觉可以帮助产线识别异常产品，测量目标物体尺寸，辅助多关节工业机器人找出产品质量最好、用时最短、使用最少运动的轨迹方案；在企业的采供销领域，成千上万的企业可在开放的市场中找到与其匹配的企业，辨别谁是可靠的供应商，谁是产品的采购者；通过语义识别，机器能从海量的市场舆论数据中，挖掘出市场的产品需求与变化、产品迭代周期、前沿技术方向、挑战者的出现和竞争者的出局；在人力资源方面，智能系统能够分析得到简历对应的是否是一个合格的求职者，并为薪酬待遇、绩效管理、培训管理、员工关系等做出决策参考；在财会审投融资等方面，应用领域有手写报销凭证文字识别、自动对账、财务风险识别、资金规划，通过对人工笔迹的不断学习，出错率甚至低于人工录单。

总体来说，人工智能到现在有三个主要的代表性的学派，其发展历程如图 5-19 所示。

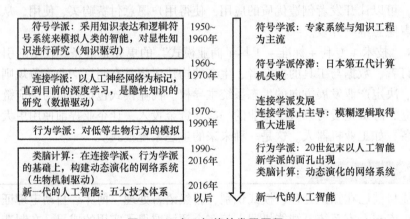

图 5-19 人工智能的发展历程

（1）符号学派

符号学派以逻辑的方法为基本工具，也可称为逻辑主义。语义网络、产生式系统、Agent 是其典型代表。符号学派认为，人类的认知过程，就是各种符号进行运算的过程。计算机也应该是基于各种符号进行运算的，所以，认知即计算。知识表示、知识推理、知识运用是人工智能的核心。知识可以用符号表示，认知就是符号处理过程，推理就是采用启发式知识及启发式搜索对问题求解的过程。知识系统善于推理，适用于显性知识的管理。

目前，产生式知识表示方法已经成了人工智能中应用最多的一种知识表示方式，许多成功的专家系统都是采用产生式知识表示方法。产生式的基本形式为 P→Q 或 IF P THEN Q，P 是产生式的前提，它给出了该产生式可否使用的先决条件，由事实的逻辑组合来构成；Q 是一组结论或操作，它指出当前提 P 满足时，应该推出的结论或应该执行的动作。产生式的含义是如果前提 P 满足，则可推出结论 Q 或执行 Q 所规定的操作。

多数较为简单的专家系统（Expert System）都是以产生式表示知识的，相应的系统称为产生式系统。产生式系统由知识库和推理机两部分组成。知识库与推理机是分离的，这种结构给知识的修改带来方便，无须修改程序，对系统的推理路径也容易作出解释。其中知识库由规则库和数据库组成。规则库是产生式规则的集合，数据库是事实的集合。

[案例 5-18　化工装备故障诊断专家系统]　某化工厂为了提高生产安全性，将事后维修转变为预防性维修，为此建立了化工装备故障诊断专家系统，其目的是：根据装备检测参数与征兆，快速执行分析逻辑，预测并判断故障等级，并给出有关建议。产生式规则库按照装备分类方式而组织，这里仅摘录少量故障诊断规则，以此说明产生式规则的特点。具体规则如下：

- IF 搅拌机压强 >160kPa AND 温度 >60℃，THEN 1 小时后物料变质
- IF 反应釜振动 >60dB OR 振动分贝上升速度 >0.5dB/分钟，THEN 轴承高温
- IF 轴承高温，THEN 1 天后动力失效
- IF 配电柜接地电阻 >10Ω，THEN 接地系统失效
- IF 接地系统失效，THEN 设备带静电
- IF 设备带静电，THEN 触电、爆炸风险高
- IF 触电、爆炸风险高，THEN 属第一类故障
- IF 动力失效，THEN 属第一类故障
- IF 物料变质，THEN 属第一类故障
- IF 反应釜受压区域相对超限变形量较大，THEN 属第一类故障
- IF 反应釜受拉区域相对超限变形量中等，THEN 属第二类故障
- IF 反应釜受拉区域相对超限变形量较小，THEN 属第三类故障
- IF 属第一类故障，THEN 结构损伤严重，应禁止工作，马上维修
- IF 属第二类故障，THEN 结构损伤较严重，但可以降载使用，稍后再维修
- IF 属第三类故障，THEN 结构是局部性的损伤，不影响安全性，暂时不必维修

该化工厂在每一台关键设备上安装针对常见故障的传感器，形成了传感器网络，实时地获取与故障相关的数据。当检测到反应釜振动为 60dB 时，推理机通过链式推理，得到如下预测结果：轴承高温；1 天后动力失效（第一类故障）；应马上维修。为此工厂提前做了生产调整，安排在该装备失效前的当天下班时间停机维修，提高了安全性并减少了安全成本。

（2）连接学派

连接学派以人工神经网络为基本工具，或称联结主义、并行分布处理主义。它源于仿生学，特别是对人脑模型的研究。深度学习、超限学习机、自组织特征映射是新一代技术代表。这类模型往往是以数据为基础发现的，可称为数据驱动模型。数据驱动模型善于预测识别，但过程难以理解，适用于隐性知识的管理，而知识隐藏于大量的数据之中。

如图 5-20a 所示，一个神经元通常具有多个树突，主要用来接受其他神经元传入的信息；而轴突只有一条，轴突尾端有许多轴突末梢可以给其他多个神经元传递同一信息。轴突

末梢跟其他神经元的树突产生连接，从而传递信号。当细胞接受信号输入累加从而导致细胞膜内外电位之差超过阈值电位（−55mV）时，该细胞变成活性细胞，向外产生一个100mV的电脉冲，又称神经冲动。

所谓神经网络就是将许多个单一"神经元"连接在一起，这样，一个"神经元"的输出就可以是另一个"神经元"的输入，每个神经元可以接受多路输入刺激，按加权求和超过一定阈值时产生"激活"输出，或对加权求和值做激活函数处理然后输出，如图5-20b所示。常用的激活函数有：Logistic（Sigmoid）、tanh、ReLU、Softmax。激活函数通常是非线性函数，如果激活函数采用线性函数，由于线性函数的组合还是线性函数，那么不管神经网络有多深，都等效于单层网络。ReLU是常用的也是最简单的激活函数，它的定义为：$f(z) = \max(0, z)$，z是输入刺激的加权求和。

神经网络就是通过这些神经元部件相互连接的结构和反映关联强度的权系数使其"集体行为"具有各种复杂的信息处理功能，使单个简单神经元通过连接涌现出智能。信息以非符号的分布式方式存储于神经网络中。图5-20c所示为一个含两层隐藏层的神经网络。

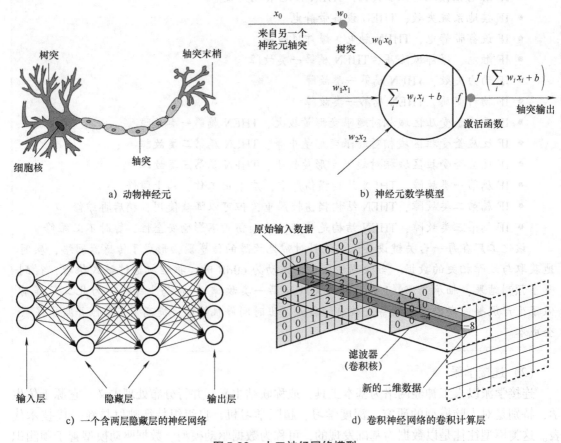

a）动物神经元   b）神经元数学模型

c）一个含两层隐藏层的神经网络   d）卷积神经网络的卷积计算层

图5-20　人工神经网络模型

第一层称为输入层；隐藏层（图中有两个隐藏层）则将前一层的输出作为下一层的输入；而下一层的输出又会作为再下一层的输入。隐藏层调整那些输入的权重，直到将神经网络的误差降至最小。这些分配给输入的权重可以通过训练（Trainning）自动得出。通过调整网络内部结构能够学习输入与输出之间的联系规律。

传统意义上的多层神经网络是只有输入层、隐藏层、输出层。学者们认识到神经网络的深度对其性能非常重要，但是神经网络越深，其训练难度越大，并且还将面临对计算能力要求高、网络过拟合、精度退化等问题。

深度学习的网络结构是多层神经网络的一种。在深度神经网络中，隐藏层提取输入数据中的显著特征，这些特征可以预测输出。深度神经网络具有大量隐藏层，有能力从数据中提取更加深层的特征。而深度学习中最著名的卷积神经网络（Convolutional Neural Networks，CNN），是在原来多层神经网络的基础上加入了特征学习部分，这部分模仿了人脑对信号处理上的分级。具体操作就是在原来的全连接的层前面加入了部分连接的卷积层与降维层，在卷积层利用滤波器提取对象的特征，如图 5-20d 所示，然后在池化层汇集特征，并取出局部最明显的特征，最后才通过全连接神经网络输出最终结论。随数据窗口的平移滑动，滤波器对不同的局部数据进行卷积计算，图 5-20d 中当前位置的具体计算过程则是：$4 \times 0 + 0 \times 0 + 0 \times 0 + 0 \times 0 + 0 \times 1 + 0 \times 1 + 0 \times 0 + 0 \times 1 + (-4 \times 2) = -8$。如果所得的值较大，神经元被激活，特征被发现。

传统神经网络对于大型图像来说并不适用。如在某个街道图像中，有人、狗、树木等对象，如果图像的大小为 $1000 \times 1000 \times 3$，其中 3 是指三维的 RGB 颜色值，那么一个神经元需要训练的参数个数是 10^6 数量级的。这仅仅是一个神经元，如果算上其他的神经元，需要训练的参数数量将是一个由于组合爆炸产生的天文数字。显然，这种全连接的形式非常费时，而且如此大量的参数会导致过拟合的问题。如果预先分别提取人、狗、树木等的特征，再将特征数值输入滤波器矩阵，如树木采用一种 50×50 的矩阵以描述树木的形态，然后运用这些滤波器对原始像素进行对象识别，矩阵还可以进行旋转运算以应对拍摄时镜头的角度变化等问题，再对识别的结果通过全连接神经网络输出，将显著缩小需要训练的参数数量规模。

深度学习方法虽然在大规模图像分类、语音识别、人脸识别等领域取得了惊人的进步，但深度网络模型与人类大脑相类比，存在巨大的局限性，深度网络只有"前馈"连接，缺乏逻辑推理和因果关系的表达能力，缺乏短时记忆并且无监督学习能力，很难处理具有复杂时空关联性的任务。这些问题促使我们去寻求新的人工智能方法。类脑计算（Brain – Like Computing）是人工智能的新方向，它利用动态演化的网络系统突破传统基于符号与概率的知识表达局限[21]。

（3）行为学派

行为学派或称进化主义，受到了自然界中相对低等生物的启发，以生物启发、自适应进化计算为基本工具。遗传算法、粒子群优化、蚁群算法、免疫算法、强化学习是典型代表。行为学习手段可以对未知空间进行探索，但依赖于搜索策略。

行为学派的科学家们决定从简单的昆虫入手来理解智能的产生，认为人工智能源于控制论。行为学派是 20 世纪末才以人工智能新学派的面孔出现的。早期的研究工作重点是模拟人在控制过程中的智能行为和作用，如对自寻优、自适应、自镇定、自组织和自学习等控制论系统的研究，并进行"控制论动物"的研制。

遗传算法对大自然中的生物进化进行了大胆的抽象，最终提取出两个主要环节：变异

（包括基因重组和突变）和选择。在计算机中，我们可以用一堆二进制串来模拟自然界中的生物体。而大自然的选择作用——生存竞争、优胜劣汰，则被抽象为一个简单的适应度函数。这样，大自然进化过程就可以在计算机中进行建模与仿真了，这就是遗传算法。

1995 年扩展了 Boid 模型，提出了粒子群优化算法，成功地通过模拟鸟群的运动来解决函数优化等问题。类似地，利用模拟群体行为来实现智能设计的例子还有很多，如蚁群算法、免疫算法等，共同特征都是让智能从大量个体之间遵循的简单交互规则中自下而上地涌现出来，并能解决实际问题。行为学派擅长模拟低等生物身体的运作机制，而不是模拟人类大脑的高级智能。

5.5.3 智能产品

企业并不需要宣传生产线的现代化，而一定要说明所生产的产品的价值。智能制造的目标是产品的高价值，而不是智能制造本身。例如，一个机床生产厂的生产装备和过程都是智能化的，但它生产出来的机床却是没有智能的普通机床，那么这个机床厂自己都不会去购买这种机床。

产品与装备智能化是智能制造的重要内容，智能制造除了要重点推进生产过程智能化的建设发展外，还要不断提升终端产品的智能化水平。德国"工业 4.0"报告这样描述智能产品："智能产品能够存储它们被制造的细节及将如何被使用的信息，因此它们在与机器、员工的交互中能回答诸如'需要安装什么零部件''下一步的生产步骤''生产时使用什么参数''我应该被传送到哪里''产品应该用什么包装'等问题。"具体地，这些数据往往被存储在 ERP、MES 或其他系统中，或存储在云端，可通过产品上的标签条码查询到这些数据，也可以将数据直接写入产品嵌入的具有存储能力的 RFID 芯片中，这样就可以在离开车间后或缺乏网络条件的情况下继续对产品进行追踪。

以刀具产品为例，如图 5-21 所示，在基于 RFID 的刀具智能管理解决方案中，当刀柄或

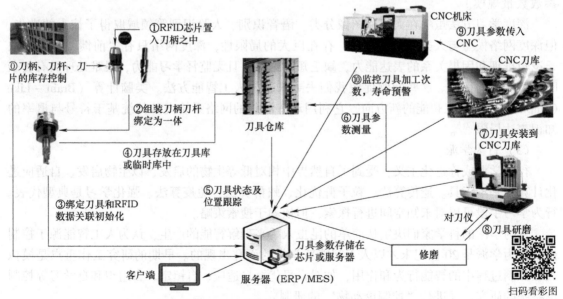

图 5-21　以刀具为例的智能产品与监控平台之间的信息交换

刀具嵌入 RFID 芯片后，借助 ERP/MES 的信息管理，刀具就能回答诸如"还能切削多长时间""应该采用什么样的加工参数"等问题，为无人值守的 24 小时连续生产提供前提，在提高生产效率的同时延长刀具寿命、降低用刀成本。这一系统描述详见本书第 3 章的启发案例。

产品的数字化、网络化是智能产品的首要基础，在产品上安装传感器并增加计算功能是产品智能化的必要基础。进一步地通过联网使产品具有雾计算、边缘计算和云计算相连接的功能是产品智能化的主要途径。互相通信不仅在两个对象之间进行，还可以跨越车间、工厂、企业，穿越不同的业务系统和供应网络的各个层次。

> [**案例 5-19　中联重科的施工机械上的传感器**]　中联重科在它生产销售到全国各地的挖掘机等多种施工机械上面安装了传感器，平均每台机械安装 110 个传感器。通过互联网可以将传感器网络采集到的实时数据直接传到中央控制中心。在控制中心的大屏幕上可以实时掌握全国工程机械的状况。国家统计局设立了一种叫"挖掘机指数"的经济指标以评价中国的经济发展情况，并专门设计了一个职位对该指标进行持续监视。

从智能的层级来看，可分为部件级、系统级、终端级三个层级[19]。部件级智能产品主要包括关键基础零部件与通用部件，如落水后能自动开启的车窗、陌生人靠近时自动关闭的车门；系统级智能产品主要是指智能装备，主要包括高档数控机床与工业机器人、3D 打印设备、智能传感与控制装备、智能检测与装配装备、智能仓储物流装备五类关键技术装备；终端级智能产品指为用户提供服务的各类智能终端，如能提示婴儿感冒概率的婴儿车、能提供个性化健康菜谱并提示采购需求的冰箱，以及各种可穿戴设备、智能家居与家电。

借鉴智能主体（Agent）的信念-愿望-意图（Belief-Desire-Intention，BDI）模型，智能产品应具有如下智能特征：在交互界面上，具有环境感知、相互通信、人机交互、动作执行的特征；在智能体内部，具有功能定义、任务规划、数据分析、优化控制的特征，通过功能定义完成包括环境特性和自身功能的"信念"认知的描述，通过任务规划制定实现"愿望"状态的计划，通过数据分析与优化控制实现"意图"目标的执行指导；在新兴商业模式上，具有个性化定制、网络协同、远程运维的特征。智能产品应具有的基本结构如图 5-22 所示。

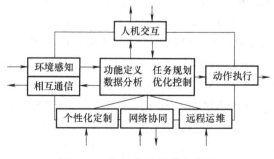

图 5-22　智能产品的基本结构

[**案例5-20 多功能轮椅床行走服务机器人**] 针对老龄化社会中增强的老人护理需求，开发出的轮椅床服务机器人具有如下功能特性：

1）多姿势。可作为平躺床用于睡眠；可通过铰链杆折叠机构收缩前后轮变为坐起姿态，为使用者的上厕、冲凉提供服务；前后轮继续收缩则变为站起姿势，对使用者起扶起与辅助行走的作用。

2）远程监控运维。通过传感器或摄像判断老人外出或跌倒，通过短信、微信通知监护人；通过红外感应等环境感手段，识别晚上使用者走动，则自动开启椅上的灯并跟随行进，摄像可通过无线网络与实时通信进行远程监控与操作。

3）多传感器融合。对人体的手部及肢体动作进行感应与判断，综合头、背、臀、足等部位对轮椅压力的变化来识别使用者的意图，为使用者的睡眠、坐起、站立和走动提供动力和支撑辅助。可在后顶枕区设置脑电电极高频采集头皮脑电波，通过嵌入式CPU与软件辅助识别脑电波的模式，实现预先定义的目标。

4）任务规划与优化控制。产品能进行机器学习，并通过人机交互界面，可以叫停某些规则，或调整规则权重，或补充新规则；能记忆用户的居住环境、居室布局和生活方式，根据个性化定制的功能定义进行任务规划，对行走进行路径规划并躲避障碍物，评估每次任务执行的效果，自主优化适应。

智能的产品与顾客的生活方式等同一体。

智能产品是智能制造的重要部分，发展智能产品技术，提升产品的智能化水平，是我国智能制造工程实施的必要环节，也将成为智能制造的重要评价指标。从智能手机、智能电视、可穿戴产品、智能水杯到智能汽车、智能机器人等，需要企业不断进行技术创新，投资于产品的智能化，如海尔、格力、美的都在投资智能电器。

5.5.4 智能服务

智能服务是通过物联网技术、大数据和其他IT技术，以用户需求为中心，在智能产品的基础上，将企业的商业模式从产品驱动转变为数据驱动，从销售产品转变为销售服务，实现服务模式和商业模式的创新。

德国"工业4.0"从2011年正式提出开始已经历了几次升级，其重点已从数据驱动智能工厂的生产到智能产品及智能服务转变。"工业4.0"和"智能服务"已经成为德国的国家产业竞争战略。预计到2025年，智能服务将为德国企业带来30%的生产率提升。

智能服务实现的是一种按需和主动的服务，即通过捕捉用户的原始信息，通过大数据分析，构建需求结构模型与用户画像，进行数据挖掘和商业智能分析，还原真实的大情景。除了可以分析用户的习惯、喜好等显性需求外，还可以进一步挖掘与时空、行为、工作生活规律关联的隐性需求，主动给用户提供个性化的、精准高效的服务。这里需要的不仅是传递和反馈数据，更需要系统进行多维度、多层次的感知和主动、深入的辨识。另一方面，服务行业从低端走向高端势在必行，服务业转型升级需要依靠智能服务。

[**案例 5-21　亚马逊的销售服务**] 亚马逊利用其 20 亿用户账户的大数据，通过预测分析 140 万台服务器上的 10^9GB 的数据来促进销量的增长。亚马逊灵活的 MapReduce 程序建立在 Hadoop 框架的顶端。界面上数据的产品目录每 30 分钟都要进行分析并发回不同的数据库。每隔 10 分钟，亚马逊就会改变一次网站上商品的价格。亚马逊为销售商提供的库存脱销预测是最受欢迎的服务之一，亚马逊利用推荐算法为销售商分析销售量和库存量。亚马逊还运用图论选择最佳时间安排、路线和产品分类来配送产品，使成本降到最低。亚马逊的预测式购物就是在下单之前就发货，依据"预测式购物"新专利技术，亚马逊根据消费者的购物偏好，提前将他们可能购买的商品配送到距离最近的快递仓库，一旦购买者下了订单，商品立即就能被送到家门口。不过，如果大数据算法在预测上出错，亚马逊将有可能面临承担来回运送商品的物流成本的困境。

未来企业的重心将从功能产品到服务体验转变，如图 5-23 所示。制造商不再是销售纯粹的产品，而是通过产品服务系统（Product-Service System，PSS）将价值交付给用户，在此过程中，无形的服务发挥至关重要的作用。服务主导逻辑（Service-Dominant Logic，SDL）将供应链视为一种价值共创与资源集成的网络，提供了一种有益的视角来探索 PSS 是如何开发和交付的。制造企业要想获得新的竞争优势就必须与顾客互动，从产品主导逻辑转移到服务主导逻辑。

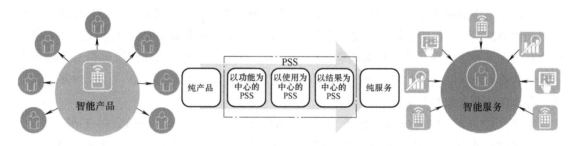

图 5-23　从功能产品到服务体验的转变

5.6　实践案例：美的智慧工厂

1. 美的集团的战略

美的集团未来的愿景是从以前的劳动密集型转移到技术密集型、资本密集型，从低端制造业向高端制造业或先进制造业转型，转型成为一家以消费家电、暖通空调、机器人与自动化系统、智能供应链四大块业务为主导的科技集团，靠科技来驱动。

美的战略的基本主轴，首先是产品领先，通过科技创新超越日本家电；其次是效率驱动，包括制造效率、资产利用效率等，目前美的公司的订单到销售周期从 30 天压缩到 12.5 天；再次是全球经营，美的现在是全球化的企业，美的集团在海外的收入占营业收入的

50%。美的近两年还提出"双智战略",一是智能产品,如厨房生态圈的互联冰箱、校园支付宝洗衣机、能模拟森林空气的空调;二是智能制造,进行全价值链的精益化、数字化改造和经营。这可以从并购库卡(KUKA)的布局上面体现。

2. 加减法战术

利润与员工效率的提升途径有两个方面:

1)做减法。主要的减法就是减少产品种类,原来美的很多的小品类都在做,有60多个品类,现在减到了32个,降了一倍;其次是减少规格和款式,款式数从原来的4000个降到2000个,这使成本大幅下降,包括模具成本、供应链物料成本与研发成本;再次是去渠道库存,美的在2016年从小天鹅洗衣机开始试点"T+3"的订单制度。用户从下单到需求得到满足分为搜集客户订单、工厂收集原料、生产及发货四个周期。将每个周期定为3天,因此称为"T+3"。以往23天的传统销售订单的供货周期被压缩至12天。市场调研显示,这个时间内用户体验最好。以前很多企业都是以产定销,每年制定的计划是今年比去年增长10%~20%,超量生产之后往渠道压货,渠道苦不堪言。

2)做加法。特别是在自动化和IT投入方面的加法。以前每个事业部的IT体系是分散各自实施的。从2011年开始规划实施的"632"IT项目,"632"是指6大运营系统(PLM、ERP、APS、MES、SRM、CRM)、3大管理平台(商业智能BI、财务管理系统FMS、人力资源管理系统HRMS)、2大技术平台(美的信息门户MIP、美的开发平台MDP),以及流程框架咨询(EPF)、主数据咨询(MDM),共13个大项目群的实施与推广。2016年12月31日最终完成,整体历时5年半。2017年自动化的投入就有70个亿。到2018年IT人员有一千人。在"632"项目中,为系统设置了两千多个接口,八大事业部全面铺开上线,每个事业部约有两百人专职负责,从三星公司聘请资深人士,巨大的人力投入体现了公司对于推动企业转型的勇气和决心。美的最终实现了从业务订单到收款、从采购到付款,以及内部关联交易、合作伙伴业务流程与系统的打通。

美的在智能制造实施过程中形成了一整套的方法论,它包含三个阶段的工作:首先,搭建业务的流程架构,每次实施的时候就会以这个架构去覆盖事业部,由事业部去比对、辨别部门流程框架和整体框架是否一致,梳理出变革点。业务先变革,然后再整合系统。企业转型的要求首先是企业运营的精益与用户响应的敏捷。其次,进行IT系统的整合,包括用户端到端、产品端到端、订单端到端。利用"632"战略把整个流程拉通,实现IT信息化管理的统一。最后,着重在互联网技术发展,包括大数据、移动化、云化技术。目前已进入了称为智能化3.0的第三阶段,工作内容包括工业互联网、C2M、客户定制化生产等。

3. 大数据分析

大数据实现由原来的经验驱动变成数据驱动的一个转变过程:利用大数据覆盖研发端,帮助了解用户的想法和改善产品;在生产端支撑精益制造;在市场端帮助市场研判,做竞争对手分析,直到能够帮助做好整个渠道的管理和铺货等;对消费者的研究及实现售后服务的提升。具体地,从几个方向来发力,一是拉通内部数据,内部的供应链,即生产、研发、销售、财务等,这些领域的数据全部连接并放在一起,建立美的统一的数据仓库,在这个基础上做数据的运营分析。二是与外部数据的融合，搜集互联网的商情、舆情数据，包括电商系列的数据，像淘宝、天猫、京东和苏宁网站上的数据；传统的行业网站的数据；新闻媒体的数据；用户数据，美的所有跟用户有接触的数据，如每一个订单、每一个售后电话、每一个安装的记录等，经过清洗融合，就得到用户数据，即用户画像；设备的数据，特别是利用智慧家居设备搜集到的数据。

基于这些数据开发了几个产品。首先是观星台产品，因为美的内部的 IT 采取产品经理制，所以每一个软件都是产品，不叫系统。产品从规划到最后运营用得好不好，产品经理要一直负责到底，而不是项目经理。观星台产品采取互联网的数据，使得对市场的研究有了数据支撑，如市场容量计算、竞争对手判别、竞争价格段、本公司产品的表现、畅销或滞销的原因和销售波动的原因等，还有电商的运营，为什么有些事业部做得好，有些事业部做不好，以及用户反馈等。

美的公司以前产品开发方法是试错法，导致产品种类非常多，如一年能够开发出 100 款电饭煲，但可能只有 10% 卖得好，还有 90% 是亏本的。而现在基于大数据分析，生产市场上最需要的产品，设计的产品成功率比以前高，这就是互联网数据的第一个成功应用。第二个应用是利用互联网的这些非结构化的数据、中文的数据，进行语音分析，从用户的零碎评论里面得出有价值的观点，并且对这些观念进行统计，如有多少次提到空调噪声，统计出一个具体的、格式化的、可落地运营的数据。

基于商情与舆情建立的行业情报系统可用于挖掘市场的商机、洞察用户的诉求、获取用户评价与产品口碑，第一时间拿到负面舆情，了解整个行业形势，如空调行业前十的品牌之间，特别是前三的美的、格力、奥克斯之间的竞争格局，包括分析自身优势、行业的最新的情报资讯、与对手的对比。口碑是作为全集团统一考核的指标，只要这个产品在电商销售，就会直接拿用户差评来考核这个产品的质量。如果连续三个月不达标，可能这个产品就要强制下线。2015 年到 2016 年各种产品的市场占有率有了变化，如微波炉，在 2015 年行业占比是 30%，到 2016 年占比达到 53%；电烤箱，从 2015 年的 20% 增长到 2016 年的 29%。每天进行数据分析，事业部会按周、月、季度来跟踪数据，然后制定相应的策略，包括一些单品爆发频率效果的评估，驱动产品的营销活动、政策。如电烤箱，在 2015 年初的时候，发现某个竞争品牌推出电烤箱爆款。美的通过大数据分析发现它的好处在于：它的价位是在 400 元左右，容量为 32 升，主打烘焙的功能和文化，同时通过分析用户评论发现很多用户不会烤点心、饼干和蛋糕。美的事业部就去策划，将原来容量为 38 升的、主打功能是烤肉的烤箱改成 32 升的、主打烘焙功能的烤箱，同时还会送相应的烘焙使用的小配件，制作相应的教程和视频来主推这个产品。通过三个月时间美的做到电烤箱行业的第一。其次就是发现产品的质量问题并进行改善，以冰箱为例，像以前一款新产品推出到市场，到市场把噪声的问题反馈到公司，最后到在生产线进行改善，这个过程往往要半年时间。这半年时间里还会有大量的这种质量不合格的、设计有缺陷的产品流入到市场。现在通过互联网大数据分析，美的可以在一个月之内做出反应，将新的批次推到市场，如果还是有用户抱怨说有噪声的问题，那么就直接把这个用户评论定位到这个用户对应的订单，通过联系订单里相应的用户，工程师上门分析。有一次，拆开之后发现里面进了头发引起了噪声，随后通过改进了进风口解决了噪声问题。

美的从 2008 年就开始做商业智能（Business Intelligence，BI），但是效果一直不太好，原因在于 BI 就是做相应的报表给领导汇报的，由于领导需求变化，陆陆续续做了大概上千张报表，使用率不到10%。报表的需求响应也非常慢，要修改或制作一张报表可能要花一两个月以上的时间，导致领导非常不满意，做出来数据不但不准又不好用，而且使用率很低。基于这样的情况，美的在 2015 年做了全面的数据整合重构，基于业务流程，再梳理出待分析的指标，基于指标体系来构建报表体系，美的八个事业部可以勾选不同的维度去看报表。然后再以指标体系为基础，构建了整套的元素管理系统。任何一个指标出了问题，都可以找出它的处理逻辑步骤，明确最终的数据来源是哪些业务系统。通过层层的溯源来保证指标的科学性，达到数据质量的管控。如有一次发现物料的成本异常，就通过元素管理系统去溯源，发现问题出在 ERP 系统里面物料的成本栏填错了，把手机号码填到了价格里面，而业务系统没有校验，这个 11 位数的手机号变成一个单价。系统用了一年以后，通过闭环的优化，基本上就没有部门反映数据不准了。

互联网大数据产品还推出了移动端应用，给核心管理层做经营日报，每天早上发经营简报，把管理层关注的指标，如年累计完成额、应收额、订单交付剩余天数、订单延误预警及延期原因，每天七点钟在日报中推送，八点钟推送邮件，八点半推送预警。以只读的方式发送，简单点击即可完成报表浏览，这样系统就逐渐用起来了。为了推动数据更快落地运营，IT 人员偷偷地在方洪波总裁的办公室放置了一块大屏幕，展示一些大数据分析报表。然后在开经营分析会的时候，方总就能准确地指出事业部的排名情况、存在的问题，导致各事业部负责人大惊失色，纷纷询问方总是怎么知道这些数据的。这种自上而下的压力，培育了美的数据文化，大数据分析报表就应用推广开了。

目前美的把几百万台的智慧家居设备数据全部接了进来，未来还会把工业互联网的生产线的设备数据接进来，做实时的监控和处理，进行用户画像。美的的公司的用户画像就是基于自有的社会大数据，加上线上数据，得到大概 1.88 亿用户的画像。基于用户画像操作营销活动是美的的一个特色。如在广场促销时，可以精准地通知这个广场周围五公里范围内的潜在用户，向不同的用户发送不同的短信，向高消费人群推送高档新品信息，向价格敏感人群推送优惠信息，屏蔽掉曾经投诉垃圾短信的人群，确保了参与活动的用户数量，提升了促销效果，一个省的范围一天能够做到大概 1 个亿的销售规模，比原来那种现场散发传单的方式增加了 1 倍的销售额。

基于用户画像进行对用户的洞察，还可以辅助产品的设计，如要开发环保型的产品时，就把环保型产品对应的所有的用户找出来，然后分析这个群体，包括他们的特征、意向价位、质量要求，使设计师在设计的时候能够更好地使产品来匹配用户。

4. 待解决的问题

IT 系统每次闭环优化，都会寻找并解决一些问题。当前需要解决的问题包括：

1）生产计划与调度算法模型逻辑不清。美的现在用的 Oracle ASCP 是在原来 MRP 的基础上升级的，做得比较教条，有些逻辑并不符合美的生产实际，但难以更改。制订生产计划时应该先把订单合并，MRP 基于需求时间倒推开始时间，只要需求时间是一致的就会进行订单及物料的合并，Oracle ASCP 制订基于有限资源的计划，会根据资源的一些能力，把计划前移或者推后，从逻辑上来说，已做的合并可能并不合适，合理的做法应该是先基于资源计划进行前移或者推后，然后再合并。美的自己现在开发了一个生产计划系统，用了简单的模型，只考虑瓶颈资源，因为要考虑所有的资源需要消耗大量的时间。美的要进一步应用深度学习、视觉识别等下一代人工智能方法，才能更好地解决计划排产决策方面的问题。

2）运算速度慢。美的的目标是做到 2 ~ 4 小时完成一次计划与排产，但 Oracle 需要一天才完成一次，为了明天的生产经常要运算到晚上。计划要快速精准，要求越来越高，但难以满足。因为美的业务及产品太复杂了，某些产品的 BOM 就有十层之多。而 Oracle 针对的客户主要是可口可乐、IBM、戴尔等排名前十的样本，软件主要适应那些标准化已经非常高的企业，而难以满足美的公司的需求。

3）营销预测准确性差。营销预测不准确，却要求制造端订单快速地交付，产销两端总是有这样的矛盾。要解决这个矛盾，只能从源头开始做起，就是怎样能把预测做到相对准确，或者能滚动循环修正。目前需要根据大数据分析，建立多因子模型，为促销活动及季节性的需求预测得到一个准确的结果。

4）人机协同的自动化程度低。在美的，机器人做码垛和搬运已经是普遍现象。码垛、焊接、喷涂等工艺对设备要求条件是很高的，美的基本上都实现自动化了，但是总装装配、装柜过程中，型号、工具很多，自动化程度相对较低，因为现在只能在一些比较标准化的大批量的生产中实施自动化。复杂变化环境下的多品种小批量的自动化的研究尚欠缺，美的与库卡有这方面的合作，有专门团队去研究，一旦这些共性技术取得突破，整个美的或整个行业都可以受益。为了满足发展需求，美的集团现在计划在顺德再建一个一千亩的工业园。到 2025 年的时候，美的将展现出全新的面貌。

思考练习题

1. 指出美的公司的智能制造基础情况。企业应用了哪些信息系统？应用状况如何？发展方向有哪些？
2. 指出产业链协同所需的支撑或前提条件。
3. 试分析美的公司智能制造转型的难点。
4. 试指出美的公司智能制造的三个集成。
5. 试分析美的智能制造实施的步骤阶段。

回顾与问答

1. 你觉得中国智能制造应该如何选择路径和侧重点？
2. 信息系统规划方法有哪些？
3. 信息系统规划有哪几个步骤，包括哪些内容？

4. 信息系统规划有哪些典型问题？

5. 精益生产与智能制造有何关系？

6. 标准化会对产品的质量、制造成本、开发周期与成本、多样性、变更、零件种类与零件数量、自动化成本等产生什么样的影响？

7. 互联网、大数据、人工智能这三种代表性技术之间有何关系？

8. 智能制造实施要注意些什么问题？

9. 智能制造实施的五个阶段之间有何逻辑关系？每个阶段之中的任务又有何关系？

第 6 章

未来研究与应用方向

启发案例：苹果的下一代产业

自 2001 年 iPod 发布以来，苹果公司可能是世界上最成功的技术公司之一。它在十年内彻底改变了三个业务：音乐、智能手机和平板电脑。史蒂夫·乔布斯在 2011 年去世时，由他的继任者蒂姆·库克来革新下一代产业。在 2015 年，库克似乎有三个潜在的产品目标：手表、电视和汽车。这三个目标的未来都是非常不确定的。手表在发布后第一季度的出货量开始走高；电视似乎已经成熟了，但很多公司试图改变电视行业；而汽车从产值上看是苹果最大的机会，但也是最大的冒险。

在财务上，苹果公司在 2014 年第四季度是世界上最赚钱的公司，净收入为 180 亿美元[35]。不过，乔布斯曾经发表过著名的讲话："苹果的成功来自于对 1000 件事情说不，以确保我们不要走错路或尝试做太多事情，我们一直在考虑我们可以进入的新市场，但只有说不，才可以专注于真正重要的事情。"库克和他的团队提出疑问：手表、电视和汽车是正确的方向吗？

1. 苹果手表

库克和苹果设计总监及苹果的营销部一再称苹果手表为"最具个性"的产品，并强调苹果手表是同时具备技术和时尚的产品。以库克的话说，"它体现你的品位，并表达你的自我印象，就像你的衣服和鞋子一样……我们认识到技术本身是不够的，它必须有一个风格元素。"

苹果公司看到手表正领导"科技与时尚融合"之路。苹果团队试图通过限制用户与 iPhone 的互动频率和持续时间来改变人们与移动技术的互动方式。2013 年的一项研究发现，用户每天平均打开智能手机超过 100 次，分析师估计，多达 2/3 的交互可以发生在手表或其他可穿戴设备上。用户手机的必要信息和通知，可以在手表上一目了然。手表允许他们专注于其他任务或周围的世界。与手表的互动必须很短暂，持续时间应该在 5~10s。为了实现这一点，苹果设计师简化或删除了一批功能。正如执行苹果手表项目的凯文·林奇所说："人们每天携带手机，频繁看屏幕，似乎已经习惯，但我们要以一种更加人性化的方式来提供它，它是来让你远离 iPhone 的，特别是在与某关键人物会谈时，频繁拿出手机来看短信是不礼貌的。"

（1）智能手表和可穿戴技术

在开发苹果手表时，乔纳森·艾夫花了几个月的时间来研究计时历史，并邀请手表专家到苹果校园谈论他们中的一个被称为"测量时间的仪器的哲学"。艾夫解释说："有趣的是，几个世纪以来，计时技术找到了手腕这个位置，然后再也没有移动到其他任何地方，有历史意义、至关重要的位置，就是手腕。"

几个主要的智能手机供应商在 2014 年底之前发布了智能手表，其中大部分与智能手机配对，允许用户接收并回复电话、通知，运行第三方应用。智能手表销售虽然增长，但 2014 年只有 360 万块，如果包括功能较少的健康手环，也只有 680 万块出货，总收入低于 12 亿美元。分析师预测，在苹果手表发布后市场会快速增长。市场调查机构 IHS Markit 估计，智能手表市场将从 2015 年的 360 万块增长到 3400 万块，而苹果手表占智能手表销量的一半以上。他们预计到 2020 年，市场将增长到 1 亿块，智能手表与智能手机销量的比例从 2020 年的 1：500 上升到 1：20。

2014 年 3 月，谷歌宣布 Android Wear 将安卓移动平台扩展到手表和其他可穿戴设备。三星、摩托罗拉、索尼、LG 和华硕在晚些时候推出了基于安卓或专有平台的手表。北宝 (Pebble) 还开发了专有的智能手表操作系统。与智能手机一样，安卓手表的实施方式有很大差异，包括各种规格、材料、价格和外形尺寸（如平面和圆形表面）。Android Wear 手表可以与任何运行最新版本安卓系统的智能手机配合使用。手表使用蓝牙或 WiFi 与手机配对。Android Wear 会将用户手机中的短信、电子邮件、来电和其他信息显示为可以被刷新或点击打开的小卡片。它还包括标准的健康和健身应用程序，音乐可以存储在手表本地，提供时间和位置敏感信息，如天气报告，公共交通信息或交通状况。有人抱怨说，安卓尝试预测用户可能需要的信息，导致过多的通知。

三星是市场的领导者，2014 年销售量达到 120 万块。在 2014 年底报道拥有智能手表的美国消费者中，有近 45% 的用户购买了三星手表，其中 LG、摩托罗拉、索尼、北宝分别占 8%~11%。到 2014 年底，三星在其 Gear 系列中提供了六款不同的手表。大部分手表都运行了 Tizen 操作系统，并需要一台三星 Galaxy 智能手机进行配对。

苹果手表目前的续航时间为 18 小时，为了增强续航能力，苹果两年前收购 Micro LED 显示技术公司 LuxVue Technology 后，加紧布局 Micro LED 相关技术专利。如果苹果真的能够在 Micro LED 技术上取得突破，那么它将成为首家将 Micro LED 技术引入量产的公司。

（2）版本和定价

苹果为用户提供了一系列选项。手表有三种版本，这些版本的壳体和腕带所使用的材料不同，而技术规格都是相同的。每个版本都有 38 毫米或 42 毫米两种显示屏尺寸。主要系列配有不锈钢表壳、蓝宝石水晶显示屏，以及各种由皮革、不锈钢或高档橡胶制成的名为氟弹性体的腕带，起价为 549 美元，最高达 1099 美元，取决于尺寸大小和腕带的选择。较便宜的苹果运动型手表价格为 349 美元，比竞争对手三星、LG、摩托罗拉和北宝的最昂贵的智能手表的价格都高。有 18k 金表壳和蓝宝石水晶显示屏手表的售价从 1 万美元起至 1.7 万美元。显示屏尺寸和腕带共有 38 种不同的组合可供选择。另外，可定制的数字化界面意味着几乎有无数的品种。据苹果人机界面的负责人介绍，"让一个公司的产品被不同的人戴上的唯一途径就是提供更多选项，我们想要有数百万种变化，通过硬件和软件，我们可以做到这一点。"苹果以这些价格获得了典型的高利润，38 毫米运动腕表的材料成本估计不到 84 美元，或只有价格的 24%。

（3）上市

苹果手表于 2015 年 4 月 10 日开始预订。起始库存数小时内卖完。苹果在发布后的两周内销售了 170 万块手表。与以前的产品发布不同，苹果最初并没有在其零售店销售手表，尽管客户可以预约在店内试用一次。大多数版本的手表仅在线上可订。2015 年销售额达到约 1500 万美元，比 2014 年的行业出货量增长了一倍以上。但有报道称由两家供应商之一制造的重要部件是有缺陷的，迫使苹果废弃了一些成品手表，并将其所有制造转移到单一供应商，这减缓了生产。苹果投入大量广告。在 3 月 9 日的发布活动和 4 月 10 日的初步订单之间，苹果花费了 3800 万美元用于手表的电视广告。而在过去 5 个月里，苹果为 iPhone 6 仅花费了 4200 万美元用于电视广告。

（4）功能

苹果手表配有不同数字界面可供选择，是极其精准的计时器。除了计时，苹果手表还配有常见的健康应用程序，包括心率监测器、运动跟踪器、卡路里计数器和定期提醒站立与运动。像其他智能手表一样，苹果手表与 iPhone 5 或更高版本配对时，将手机的一些功能转移到手表上，如来电、通话、电子邮件、日历活动或来自第三方应用的信息通知。目标是让简短的通知和信息一目了然，以限制穿戴者与 iPhone 进行互动的次数。它还允许用户控制音乐播放，在手表上存储音乐、访问地图和导航，并结合第三方应用程序的功能。

苹果手表在其用户界面中引入了几项创新。它包括了苹果所谓的"数字皇冠"，它看起来像传统手表上的表杆，允许用户操作实现滚动和缩放。触摸屏具有称为"强力触摸"的功能，用户在用力按屏幕时，会得到更多信息。另外，苹果还为手表开发了新字体 San Francisco，它专为小屏设计。另一个创新是感触引擎，它通过监视用户手腕上的不同模式来提醒用户不同类型的通知。而与手表的互动主要借助于苹果语音助手 Siri。

虽然早期评估大多是积极的，但也指出了一些缺点。主要问题是手表通常需要每天充电。此外，早期版本中约有 3500 个可用的 App 仅是应用商店中应用程序的小部分，并且大多数应用程序未针对手表进行优化，提供的信息太少或操作过多。更大的问题是：苹果能否维持利润？当竞争对手回应时，安卓会占有 80% 的份额，就像在智能手机中赢得的市场份额一样，还是苹果会保留其市场份额？一旦苹果公司在高端手表市场站稳脚跟，那么势必将转向攻克其他奢侈品市场，如汽车等。

2. 苹果电视

乔布斯曾在 2011 年对传记作家沃尔特·艾萨克森提出了这种猜测："我想创建一个完全易于使用的集成电视机，它将与所有设备无缝同步，iCloud……它会有最简单的用户界面。"然而，苹果公司的高管们仍然明确表示，他们认为电视机行业已经很成熟了。库克回应了这些观点："电视界面是可怕的……有东西来了你才能看到它们，除非你记得记录他们……苹果电视将重塑您看电视的方式。"

苹果在 2005 年首次进入电视业务，当时它开始销售电视节目，通过 iTunes 商店下载，供用户在电脑或 iPod 上观看。在乔布斯评论"电视"之后，分析师们正在等待苹果出货一台新的高清电视机。电视机业每年销售额超过 1000 亿美元，但电视机制造商通常利润率低，平均为 5%，电视机的技术升级周期长达 8 年。苹果对电视机做了好几年的研究，包括使用超高清显示器、运动传感器和摄像头来实现视频通话。然而在 2015 年 5 月，华尔街日报报道，苹果公司已经在 2014 年解散了该项目。

尽管苹果公司废除了制造电视机的计划，分析师预计苹果正在计划推出基于订阅的在线视频流媒体服务，核心可能是新一代的苹果电视机顶盒，这自 2012 年以来一直没有更新。苹果电视还曾推出了 AirPlay，允许消费者将批准的内容从 iPhone、iPad 或 iMac 上显示在电视上。苹果电视上的大部分内容来自其他提供商。到 2015 年初，苹果总共销售了约 2500 万台苹果电视盒。其相对较小的销售导致苹果高管将其电视产品称为"嗜好"。苹果在 2015 年 3 月将价格降至 69 美元，可能是为了清除库存。苹果电视机顶盒有几个竞争对手，包括 Roku、亚马逊和谷歌的产品，价格从 35 美元到 99 美元不等。

有线电视服务价格上涨导致了数量不多但在增长的消费者的不满，特别是年轻消费者，他们倾向于取消有线电视服务，而选择可订阅的服务，他们可以订阅较少的频道，每月只需要 25 美元或更少。据说苹果正在与迪士尼、21 世纪福克斯、CBS、Discovery 等媒体公司进行谈判，以获得某些频道。

2014 年，超过 40% 的美国电视家庭进行了订阅视频点播（SVOD）访问，12.5% 的家庭订阅了多个服务。2013 年首次出现为电视服务（有线、卫星或光纤）付费的美国用户数量略有下降，下降了 25 万，2014 年进一步下降。选择有线电视的家庭占比从 2001 年的 71% 下降到 2015 年的 57% 以下，而选择卫星无线方案的家庭从同期的不到 12% 上升到 30% 以上。2014 年末，美国人平均每个月观看传统电视超过 141 小时，只有不到 11 小时在互联网上观看视频，并只有不到 2 小时在智能手机上观看视频。然而，自 2012 年以来，观看传统电视的时间每月下降近 10 个小时（6%），但 63% 的人仍喜欢大屏幕。

电视广告的销售额在 2013 年达到 780 亿美元，高于 2009 年的 640 亿美元。据普华永道调查显示，互联网广告收入在 2013 年约为 420 亿美元。付费电视运营商在 2013 年的平均利润率大约为 40%。有线节目网络几乎同样盈利，利润率约为 37%。卫星电视运营商、广播电视公司、影视制作公司盈利较少，利润率分别为 25%、17% 和 11%。

2017 年液晶电视平均价格不到同尺寸、同功能的 OLED（Organic Light Emitting Diode，有机发光二极体）电视的一半。从 2013 年 LG 发布的首款 OLED 电视，定价为 14 000 美元，到 2016 年 55 英寸 4K OLED 电视的价格已经下降至 2000 美元。市场调查机构 IHS Markit 于 2018 年给出的数字显示，LG、索尼、创维成为全球 OLED 电视销量最大的三个品牌。面板产能直接决定了 OLED 电视发展空间有多大。2018 年，OLED 面板产能太低，无法满足行业的需求。当三星、LG 为了备战 OLED 而抛弃了 LED 业务时，基于 LED 的新一代显示技术 Micro-LED 突然出现。Micro-LED 利用微发光二极管，通过在一个芯片上集成高密度微小尺寸的 LED 阵列来实现将像素点距离从毫米级降低至微米级。

3. 苹果汽车

如果苹果想推出划时代的新产品，汽车是一个显著的选项。2014 年全年汽车销售额估计达到 1.6 万亿美元，远超智能手机的 4000 亿美元和个人电脑的 2660 亿美元。汽车行业正处于两次革命之中：由特斯拉倡导的电动汽车和自动驾驶汽车。无人驾驶、新能源汽车正成为全球竞争的下一个战场。

苹果在汽车上构建的想法在 2015 年受到了相当多的怀疑。苹果前全球营销副总裁史蒂夫·威利特表示，苹果将永远不会适应汽车行业的三到五年的产品生命周期。同样，通用汽车公司前任产品开发负责人鲍勃·卢茨也表示："苹果可以多种方式进入汽车业务，我认为他们要着手开始汽车的工作吗？是的。他们打算生产整车吗？不会。"

怀疑的理由显而易见。汽车业是一个成熟的行业，有很多基础扎实的厂商。开发汽车的工程复杂性超越了苹果以前的工程，并且汽车存在消费电子产业根本不存在的安全问题。即使是具有数十年汽车行业经验，包括丰田、通用汽车等巨头，仍然面临质量控制问题及其可能导致的昂贵召回费用和罚款。此外，汽车制造业务利润率比苹果现有业务低得多。2014年，汽车制造商平均利润率平均仅为8%。美国的销售和分销模式也带来了进入壁垒。例如，特斯拉在美国的许多州面临着汽车销售障碍，因为美国多个州的现行法规要求通过持牌经销商出售汽车。如果个人想购买特斯拉，那么他们不得不在线购买一台特斯拉，并完成交付。

特斯拉经过12年的运作，成功仍然不明朗。2017年，特斯拉只生产了10万辆汽车，但亏损了20亿美元。2018年，特斯拉的市值仅有513亿美金，而苹果的市值却即将突破1万亿美元，而且苹果的现金高达2850亿美元。特斯拉的CEO马斯克承认，从2015年开始他和苹果一直进行关于并购的对话，但同时又表示，苹果从特斯拉挖走了150名员工。

虽然电动汽车仍然是传统汽油动力汽车的主要替代品，但由氢燃料电池驱动的汽车正在成为零排放车辆类别的竞争对手。一些汽车制造商，包括本田和丰田，正在强调氢燃料电池汽车超过电动汽车。

电动和自动驾驶技术相结合，意味着汽车行业正在经历一个世纪里最快速的变化。在自动驾驶领域，谷歌的专利数量排名第一。但是伴随着传统汽车公司大举向自动驾驶投入资源，谷歌的优势正在缩小。在自动驾驶汽车领域，苹果目前处于落后地位。苹果新获得的专利包括"任意多边形避免障碍碰撞系统"和"自主导航系统"。

当被问及苹果是否计划造车时，库克拒绝发表评论，并强调苹果专注于CarPlay，它将用户的iPhone与汽车制造商的车载系统集成在一起，允许用户访问车载内置的手机、文字、音乐和导航应用程序屏幕。库克清楚地表示，苹果公司认识到这款产品对于未来很重要。2015年2月，他说，"我们已经把iOS扩展到你的车，进入你的家，成为你的生活中至关重要的部分，我们都不想在我们生活的不同部分有不同的平台。"苹果于2014年3月在日内瓦车展上推出了CarPlay，几家汽车制造商在2015年发布了配备CarPlay的汽车。谷歌开发了一款名为Android Auto的竞争平台。谷歌还启动了开放式汽车联盟的创建，将技术公司和汽车制造商结成合作伙伴关系，以开发和实施该平台，并且几家汽车制造商在2015年推出支持Android Auto平台的车辆。

使用CarPlay或Android Auto，用户将他们的智能手机连接到汽车的车载系统，并且汽车内置屏幕上显示有限数量的程序，以便快速访问特定功能：手机、文字、音乐、导航或地图。与苹果手表一样，目标是提供与手机相关功能的访问，而不会引起驾驶人的分神。重要的是，汽车制造商坚持保持对人机界面的主导，包括驾驶人如何操作CarPlay或Android Auto。沃尔沃的CarPlay实施包括一个类似于iPhone或iPad的触摸屏，而梅赛德斯坚持认为触摸屏并不是理想的人机界面。在2015年梅赛德斯C级车中，中控台上安装了滚轮，用户通过滚动滚轮操作应用程序和菜单项。

虽然许多汽车制造商已经开发了自己的导航、手机集成和音频系统，但似乎大多数汽车制造商可能会采用iOS和/或安卓来实现手机和汽车之间的紧密集成。此外，苹果和谷歌在开发可行的语音识别技术方面具有专长，这一技术长期以来一直是汽车车载系统中的薄弱环节。大多数汽车制造商认识到需要同时迎合苹果和安卓用户，在其车辆中提供两种平台，而不是强迫买家在购买汽车时选择一个平台。为了连接汽车和服务，用福特执行董事的话说，"我们不希望人们根据自己的手机做出选择，我们希望能容纳所有客户和他们的设备。"同样，汽车音响系统制造商阿尔派（Alpine）和先锋（Pioneer）发布了集成 CarPlay 和 Android Auto 的系统。一些分析师认为 CarPlay 是苹果在汽车上的立足之地，可以扩大对车载系统的更多控制，管理人机界面，并对车辆的室内设计施加一些影响，即使它不开发自己的汽车。苹果似乎迈出了第一步，在 2015 年 6 月宣布 CarPlay 将在汽车制造商的支持下，通过 CarPlay 界面来支持汽车的各种功能，如调整微气候功能。2017 年，库克接受了彭博社的采访，在采访中将自动驾驶技术、电动汽车和约车服务视为"即将到来的重大颠覆"。他认为，这三个方向的变革会在同一个时间框架内几乎同时发生。

进入汽车业务，不局限于 CarPlay，将是苹果数十亿美元的投入，相比早期投资开发苹果商店（Apple Store）甚至 iPhone，只需要 1 亿到 1.5 亿美元而言，苹果汽车存在高得多的风险。

思考练习题

1. 评估苹果公司的苹果手表策略。提高购买意愿与降低成本的途径有哪些？做或不做各有什么是利弊？这值得做吗？

2. 评估苹果电视业务的新兴战略。你会建议库克在电视中下注吗？

3. 苹果应该进入汽车业还是专注于为未来的汽车提供软件？

4. 试基于生态系统的角度思考以上问题。

5. 如果你和蒂姆·库克有几分钟的时间交谈，你会提供什么建议？

引　言

如何通过智能制造商业模式的变革成为行业的领跑者？如何通过流程创新增加产品服务的附加值？如何综合新一代人工智能、5G 通信技术、区块链、3D 打印技术，形成强有力的核心技术竞争力？如何利用互联网、大数据、人工智能等进行市场态势的观察和判断？这些对于面临转型升级的智能制造变革的企业来说至关重要。本章对这几个问题进行解读，分析制造业所面临的挑战、机遇和变革方向。

6.1　智能制造未来技术趋势

企业的聚焦点、政府的科技支持要更多地放在时间轴的未来点上，思考未来的新技术，不能仅仅停留在现实的技术需求上面，要充分运用想象力，走出创造性的技术发展道路。

6.1.1 新一代人工智能

2017 年 7 月 8 日，国务院发布了《新一代人工智能发展规划》。新一代人工智能是由大数据驱动的，它通过给定的学习框架，不断根据当前设置及环境信息修改、更新参数，具有高度的自主性。

人工智能发展进入新阶段。经过 60 多年的演进，特别是在移动互联网、大数据、超级计算、传感网和脑科学等新理论新技术及经济社会发展强烈需求的共同驱动下，人工智能加速发展，呈现出深度学习、跨界融合、人机协同、群智开放和自主操控等新特征。大数据驱动知识学习、跨媒体协同处理、人机协同增强智能、群体集成智能和自主智能系统成为人工智能的发展重点。当前，新一代人工智能相关学科发展、理论建模、技术创新、软硬件升级等整体推进，正在引发链式突破，推动经济社会各领域从数字化、网络化向智能化加速跃升。人工智能成为国际竞争冲突的新焦点，成为制造业发展的新引擎，为社会建设带来新机遇，同时又具有很高的安全风险与不确定性。以下将对新一代人工智能的五大技术体系进行解释。

1. 深度学习与大数据驱动

深度学习（Deep Learning）与大数据驱动是最近一次人工智能浪潮的技术基础。深度学习是应用深层神经网络技术来解决问题。源于多隐藏层非线性神经网络，深度学习拥有强大的学习能力与逼近任意函数的能力。

深度学习可以建立于大数据之上，也可以建立于小数据之上。但是，当深度学习与大数据联系在一起之后，会获得更优的描述这个大数据内在逻辑的信息，会产生"1 + 1 > 2"的效应。深度学习在图像识别、机器视觉、语音处理等各种应用中表现出了优异性能，并且适合利用 GPU（图形处理器）进行并行运算，在模型相当复杂、数据量特别大的情况下，依然可以达到很理想的学习速度。深度学习是其他四大技术体系的学习基础。

大数据智能理论研究重点是突破无监督学习、综合深度推理等难点问题，建立数据驱动、以自然语言理解为核心的认知计算模型，形成从大数据到知识、从知识到决策的能力[36]。

2. 跨界融合

跨界融合也称为跨媒体智能、跨媒体感知计算。界就是媒体，包括各种传感器，跨界融合包括多传感器融合与传感器端感知。跨界融合就是要把声音、图像、文字、自然语言等所有资源连接在一起，通过更完整、更高维的信息摄入和感知增强智能。

计算机现在可以很好地处理图像的信息，处理声音的信息，处理文字的信息，也开始处理语言的信息。但是人在运用这些信息解决一个问题的时候，不是分开运用，而是同时运用全局的、声音的、语言的信息，共同支撑进行创新性的视觉听觉识别。

跨界融合理论研究重点是突破低成本、低能耗智能感知、复杂场景主动感知、自然环境听觉与言语感知、多媒体自主学习等理论方法，实现超人感知和高动态、高维度、多模式分布式大场景感知[36]。

3. 人机协同的混合增强智能

人机协同的混合增强智能是指人与机器取长补短，各自做自己擅长的事，合力解决复杂问题，让智能更高能力更强。目前各种各样的智能穿戴设备就是这一方向的体现。人机协同的混合增强智能作为新一代人工智能的一个重要方向，旨在通过人机交互和协同，提升人工智能系统的性能，使人工智能成为人类智能的自然延伸和拓展，通过人机协同更加高效地解决复杂问题，具有深刻的科学意义和巨大的产业化前景。

混合智能将通过人机互补、人机协同和人机融合，实现更高级、更鲁棒、更增强的智能。当前的人工智能系统在不同层次都依赖大量的样本训练完成"有监督的学习"，而真正的通用智能会在经验和知识积累的基础上灵巧地完成"无监督的学习"。如果仅仅是利用各种人工智能计算模型或算法的简单组合，不可能得到一个通用的人工智能。因此，人机协同的混合增强智能是新一代人工智能的典型特征。混合智能的形态分为两种基本实现形式："人在回路的混合增强智能"和"基于认知计算的混合增强智能"[21]。人机协同和跨界融合则都存在自然语言处理、自然人机交互等技术特点。

混合增强智能理论重点是突破人机协同共融的情境理解与决策学习、直觉推理与因果模型、记忆与知识演化等理论，实现学习与思考接近或超过人类智能水平的混合增强智能[36]。

4. 群体智能

在互联网环境下，人、机器、计算机、机器人构成的群体正向集群、规模运用转变，依靠神经元之间的协作和群体计算提升智能。基于互联网的群体智能理论和方法成为新一代人工智能的核心研究领域之一。

在实践方面，群体智能在应用模式上从易到难可分三类：第一类是众包，将任务分解分配到不同的任务承担者身上；第二类是工作流模式的群体智能，通过多次的先后交替完成任务；第三类是复杂的求解问题，综合运用多种模型的群体智能完成求解。

在理论研究方面，遗传算法、蚁群算法和粒子群算法是三类传统的群体智能算法。它们都是从生物进化或动物群体行为中得到启发，利用群体的优势，在没有集中控制并且不提供全局模型的前提下为解决复杂优化问题提供了可行途径。其潜在的并行性和分布式特点更是为处理大量以数据库形式存在的数据提供了技术保证。

相对于以上方法关注的低等动物简单协作行为，专家群体的智能融合方法显然更有潜力。著名科学家钱学森在20世纪90年代曾提出综合集成研讨厅体系，强调专家群体以人机结合的方式进行协同研讨，共同对复杂巨系统的挑战性问题进行研究。

在互联网大数据环境下，群体智能的研究进一步拓展和深化。它不单关注专家群体，而且关注通过互联网大数据驱动的人工智能系统及其汇聚的大规模参与者，这些参与者以竞争和合作等多种自主协同方式来共同应对挑战性难题，完成开放环境下的复杂系统决策任务，在交互过程中涌现出超越个体智力的智能形态。在互联网环境下，海量的人类智能与机器智能相互赋能，将人类专家在创新能力、直觉灵性上的优势与计算机在计算速度、记忆容量方面的长处相互衔接，形成超越人与机器的人机融合生态系统群体智能。这一互联网大数据环境下的生态系统群体智能，将辐射包括从研发到商业运营的组织全生命周期，以及所有组织端到端交互形成的关系网络。因此，群体智能的研究不仅能推动人工智能的理论技术创新，同时能对整个信息社会的应用、体制、管理、商业创新等提供核心驱动力[30]。

群体智能理论研究重点是突破群体智能的组织、涌现、学习的理论和方法，建立可表达、可计算的群智激励算法和模型，形成基于互联网的群体智能理论体系[36]。

5. 自主协同控制与优化决策

经过人工智能60年的发展，无人系统比机器人发展更快，包括无人飞机、无人汽车、无人船舶。无人系统的自主协同控制与优化决策关键技术应该包括态势感知技术、规划技术、自主决策技术及任务协同技术四个方面：

1）态势感知技术。自主操控和跨界融合都离不开传感器的信息获取和感知认知。实现无人系统自主控制必须不断发展态势感知技术，通过传感器网络自主地对任务环境进行建模，包括对三维环境特征提取、目标识别、态势评估等。

2）规划技术。无人系统路径规划和规划优化能力是无人系统自主控制系统必须具有的，即系统可以根据探测到的态势变化，实时或近实时地规划、优化系统的任务路径，自主生成完成任务的可行运动轨迹。自主无人系统典型的规划问题是如何有效、经济地避开威胁或障碍物，防止碰撞和倾倒，完成任务目标。

3）自主决策技术。对于复杂环境下工作的无人系统，必然要求具有较强的自主决策能力。自主决策技术需要解决的主要问题包括任务设定、编队中不同无人系统协调工作、群体任务分解等。

4）任务协同技术。无人系统自主控制的目的是使它对环境和任务的变化具有快速的反应能力。无人系统自主控制应该具有开放的平台结构，提供的工作模式包括单机行动和多机编队协同。协同控制技术主要包括优化编队的任务航线、轨迹的规划和跟踪、编队中不同无人系统间相互的协调，以及在兼顾环境不确定性及自身故障、损伤的情况下实现重构控制和故障管理等。

自主协同控制与优化决策理论研究重点是突破面向自主无人系统的协同感知与交互、自主协同控制与优化决策、知识驱动的人机物三元协同与互操作等理论，形成自主智能无人系统创新性理论体系架构[36]。

6.1.2　5G 通信技术

从 1G 到 4G，主要解决的是人与人之间的沟通。2G 实现从 1G 模拟时代走向数字时代，3G 实现从 2G 语音时代走向数据时代，4G 实现 IP 化，数据速率大幅提升。5G 还将解决人与物、物与物之间的沟通，即万物互联。5G 是一种全新的通信技术，具有高速率、大容量、低时延的特性。在速率方面，从 4G 的以 100Mbit/s 为单位，5G 可高达 10Gbit/s，比 4G 快达 100 倍；在容量与能耗方面，为了物联网（IoT）、智慧家庭等应用，5G 网络将能容纳更多设备连接，同时维持低功耗的续航能力；在低时延方面，"工业 4.0"智慧工厂、车联网、远程医疗等应用，都必须超低时延。这使得 5G 技术在物联网、远程服务、外场支援、VR、AR 等领域将有新的应用，因此成为智能制造领域的重要支撑技术。

5G 的应用范围将会非常广泛，如无人驾驶、自动驾驶、导航、制造业、流通领域、新闻领域等。5G 被认为是未来关键网络的基础设施，已成为新一代信息技术的发展方向和战略制高点，中国的研发水平处于世界前列。目前 5G 技术研发试验第三阶段工作已经基本完成，重点是面向商用前的产品研发、验证和产业协同，2019 年 5G 进入了商用阶段。

从 5G 高可靠无线通信技术在工厂的应用来看，一方面，生产制造设备无线化使得工厂模块化生产和柔性制造成为可能。另一方面，因为无线网络可以使工厂和生产线的建设、改造施工更加便捷，并且通过无线化可减少大量的维护工作从而降低成本。智能制造闭环控制系统中传感器（如压力、温度等）获取到的信息需要通过极低时延的网络进行传递，最终数据需要传递到系统的执行器件（如机械臂、电子阀门、加热器等）以便完成高精度生产作业的控制，并且整个过程需要网络具有极高可靠性，来确保生产过程的安全高效。此外，工厂中自动控制系统和传感系统的工作范围可以是几百平方公里到几万平方公里。根据生产场景的不同，制造工厂的生产区域内可能有数以万计的传感器和执行器，需要通信网络的海量连接能力作为支撑。

智能制造下的无线通信时效性是基于大数据的智能制造非常大的一个考验。如果时效性达不到要求，则数据采集与工业互联网的意义都不大。未来数据采集将是毫秒甚至微秒级的，还要做基于大数据的实时分析和控制，这将是一种很难的共性技术问题。5G通信技术是解决该问题的一种途径。当运行在5G模式下时，5G的1毫秒超低时延，使倒立摆的控制指令快速执行，起摆到稳态只用4秒。通过对比，可以看到5G低时延网络在自动控制的巨大价值。可通过5G使能工厂无线自动化控制，使能工业AR应用，使能工厂云化机器人，满足机器人与协同设施间的实时通信需求。

5G将推动商业模式的转型与生态系统的融合。5G促进形成一个端到端的生态系统，它将打造一个全移动和全连接的社会。5G主要包括三方面：生态、客户和商业模式。它交付始终如一的服务体验，通过可持续发展的商业模式，为客户和合作伙伴创造价值。

相对于4G，5G的流量密度要提高100倍。而要实现这一目标，需要满足两个条件：①网络重构，运营商需要考虑空中接口（简称空口，指移动终端和基站之间的接口协议）和网络的适配，要提供差异性的服务，进一步开放网络能力；②云化，应根据不同的业务因地制宜，需要采用云集中处理及雾计算、霾计算分级处理的方式。

6.1.3 区块链

区块链技术是利用块链式数据结构来验证和存储数据，利用分布式节点共识算法来生成和更新数据，利用密码学的方式保证数据传输和访问的安全，利用由自动化脚本代码组成的智能合约来编程和操作数据的一种全新的分布式基础架构。区块链技术采用去中心化的点对点通信模式，将计算和存储的需求分散到组成物联网的各个设备中，高效处理设备间的信息交换。

简单地说，区块链就是一种多方参与的加密分布式记账本。它有三个属性：记账本、加密、分布式多方参与。首先它是一种记账本，记录用户希望公之于众的交易。其次，加密是指通过密码学的手段，保证账户不会被篡改。在区块链开户的时候，系统会自动创建密钥，有了密钥才可以操作区块链上的账户。最后，分布式多方参与是指区块链分布在全球的任何一个网络节点里面，不归属于一个特定的机构或一个中心化机构，这里没有中心，或者说人人都是中心；记载方式不只是将账本数据存储在每个节点，而且每个节点还会同步共享复制整个账本的数据。区块链有利于成本降低和供给侧改革，将成为对智能制造的支撑技术，理由如下：

1）区块链具有去中心化、去中介化、信息透明等特点。区块链首先解决了金融领域的信任难的痛点，能明显减少欺诈、降低成本及提高效率，因而在金融领域率先得到应用，目前在制造业中也开始得到应用。以酒的防伪与反防伪为例，厂商在瓶身或瓶盖上防伪，假货商便回收酒瓶或瓶盖造假，甚至直接破解厂商的编码规则作假。然而，区块链技术的加入就有望解决该问题。例如，A公司销售了某商品给B公司，不仅会将原有商品信息、来源信息和交易信息写入，以保证流通的连续性，还会将该交易信息广播出去，所有人都会知道真品在B公司，通过其他途径得到的必是假货无疑。区块链减少欺诈的作用源于其极好的可追溯性，可省去如供应商背景调查、产品质量入货检测等基于不信任的多余工作，缩减产品生命周期的中间环节。

2）区块链推动边缘计算的兴起。边缘计算（Edge Computing）是一种在物理上靠近数据生成的位置处理数据的方法，用来解决实时、交互性计算难题，边缘计算是相对于云计算而言的。今天越来越多的企业、组织和研究机构将集中式云计算的关注力转向侧重于边缘计算，并将应用程序和数据的架构从云端转移到边缘。边缘计算设备由于数量众多，位置分布比较分散且环境十分复杂，很多设备内部是计算能力较弱的嵌入式芯片系统，很难实现自我安全保护。通过使用区块链技术，使每个设备可以生成自己唯一的基于公共密钥的地址（散列元素值），从而能够和其他终端进行加密消息的收发，使边缘计算得以安全实现。

3）区块链将影响现有工业云企业的布局，逐渐打破工业云平台之间的品牌差异，促进平台与品牌之间的兼容，使公有云、私有云的概念逐渐模糊，突破公有云、私有云需求环境不同的障碍。但由于区块链信息透明的特点，导致其不适合于需要保密的交易记录，并且由于信息的同步共享复制与冗余存储导致数据量剧增，一般的用户不容易接受这种纷扰。

6.1.4 多材料3D打印

3D打印，是增材制造（Additive Manufacturing）技术的一类，已经成为应对产品个性化定制需求的重要支撑技术。这种不需要模具、按需定制大型多材料复合物体的能力将为制造业带来变革。根据美国材料与试验协会制定的相关标准，将增材制造分为七大类技术方法，目前应用在"金属"的打印主要有四种技术，分别为金属粉床熔化（Powder Bed Fusion，PBF）、激光金属沉积（Laser Metal Deposition，LMD）、黏着剂喷涂成型（Binder Jetting），以及分层实体制造（Laminated Object Manufacturing，LOM）。

在我国，3D打印技术参与了运20、C919等大飞机和歼15、歼31等新型战斗机钛合金部件的制造。高性能金属材料的3D打印技术是我国航空航天装备制造业的核心技术优势。在美国，GE公司长期以来一直将3D打印技术用于它的航空产品生产中。早在2013年《麻省理工科技评论》评选出的"十大突破性技术"中就包括增材制造。GE计划在2018年开始销售可用于大型零部件生产的3D金属打印机，实现金属的低成本快速打印。

目前3D金属打印的趋势是大尺寸、自动化、多材料。在3D打印最专业的展览——2017年于德国法兰克福举办的Formnext（国际精密成型及3D打印制造展览会）上，GE公司展出打印尺寸可达$1 \times 1 \times 0.3$立方米的航空零部件，并声称未来三维尺寸都可以提高到1米以上。另外，在自动化部分，GE公司也以燃油喷嘴尖端为例，通过3D金属打印，制造工期可由$15 \sim 18$个月缩短至$3 \sim 5$个月，而且此喷射引擎的零件也可由20件整合成1件。

在未来，一台3D打印机可以打印三种以上的材料。例如，飞机的机翼如同人的手臂由多种材料构成，包括：蒙皮、大量有机的有记忆功能的结构件、多种填充材料、液压系统、管路电缆等，这样的多材料的产品都可以在一台3D打印机上一起打印出来。

6.2 社会变革与新的商业模式

智能制造有助于建立起新的商业模式，同时也会对社会的发展造成全方位的影响。

6.2.1　社会与工作岗位的变化

由于人工智能技术的推动，人类社会正在处于全面而深刻的变革当中。以前由人做出的决策越来越多地由计算机与大数据算法完成。一旦拥有足够多的数据与计算能力，软件算法就能比人类更好地理解制造系统的运作机制与优化路径，甚至会比人类自己更好地理解人的欲望、想法与决策，如人们在网上想购买某种产品，通常依靠购买者的直觉、亲朋的建议，而现在则越来越多地依赖软件算法的建议。如亚马逊的自动推荐功能就大受欢迎，它代替人们进行决策。根据用进废退的原理，人类的决策能力可能会逐渐退化，就如同习惯于使用GPS/北斗导航的司机逐渐丧失了寻找道路与方向的能力。随着数据量和系统复杂度的增加，能把握复杂定制产品生产计划并实时优化的管理者、根据互联网大数据挖掘用户需求并找到最优设计方案的设计师、理解金融交易态势并瞬时做出正确反应的股票交易员将越来越少，而算法越来越胜任这类工作。在各行各业的应用领域，机器人及其算法将不仅在体力上还在智力上超越一般人，而人类无法在某些能力上继续进步甚至在决策能力上还发生退化，因此越来越多的人将落后于人工智能，成为被智能机器人取代的一个阶层。

企业间的竞争将从人之间的竞争转变为软件算法之间的竞争。在竞争的压力下，大量的工厂生产线上的工人、出租车司机、快递员，甚至行政管理者将失去工作。新产生的工作岗位（如软件工程师）也难以弥补消失的工作岗位。自动化程度高的国家，生产成本更低，国家与国家之间的贫富差距进一步拉大。

人工智能对社会和工作岗位的影响是一浪接一浪并且不断变化的，很多工作岗位被创造但不久之后又消失，被新的工作岗位替代。当前的流水生产线或依据简单规则的工作将基本由机器人与计算机承担，仍让人来承担的工作岗位是那些具有高度创造性的、柔性灵活要求的。因此，培养学生具有创造力与灵活性的思维、系统综合与协调平衡能力及大数据与人工智能新技术研究应成为重要的教学内容和研发课题。

6.2.2　行业边界的扩展与扩展到新的行业

扩展到新的行业是指企业利用其技术优势和基础设施壁垒，进入存在共性关键技术的其他行业。行业竞争基础从单一产品功能转向产品系统性能。例如，在农机行业，行业边界从拖拉机制造扩展到农业设备优化。在采矿机械业，从优化单独设备的性能转向优化矿区整体设备的性能，行业边界也从单独的采矿设备扩展到整个采矿设备系统。国家电网借助"中国制造2025"和"互联网＋"行动计划等相关政策的东风，参考推进电信网、广播电视网和互联网三网融合的重大部署，利用电力通道资源，实现了电网和通信网基础设施的深度融合；通过电力光纤到户示范工程实现能源和信息的同步传输，将信息作为服务社会公众的新内容；开发为广大电动汽车服务的充电桩及服务网点，打造开放的新型公共服务基础平台。

美国迪尔公司（John Deere）和爱科公司（AGCO）合作，他们不仅将农机设备互连，更连接了灌溉、土壤和施肥系统，可随时获取气候情况、作物价格和期货价格等信息，从而优化公司整体效益。专业做空调的格力电器公司试图通过以自主开发的手机作为智能家居的控制中心，将空调、家庭蓄能系统、照明系统、安全系统、家用汽车等连接，以期进化为系统整合者，从而占据家电产业链的统治地位。未来，在网络协同制造的闭环中，用户、设计师、供应商、分销商等角色都会发生改变，与之相伴而生的是传统价值链将不可避免地出现破碎和重构。

以上这些扩展要求企业注重利用新的数字化能力，将原有的、与集中式控制相对应的线形传统价值链转化为集成的价值环，从而在每个环节实现数字化的创新和改进，最终带来紧密的集成、自动化和内部运营的加速。不同行业的数字化成熟度及覆盖范围是不同的。要扩展到新的行业，就需要实施新的行业解决方案，吸引新的人才来服务于新的企业，打造新的合作伙伴来服务客户，采用新的后台业务流程，如收入模型、计划、预算等，以适应新的行业需要。

6.2.3 企业边界消失与全渠道顾客体验

线上线下全面整合的全渠道顾客体验是把每个触点都连接起来：所有面对面的接触、每个零售环境、每一次的线上行为、任何通过智能手机而连接起来的事物，以及和客户之间的所有其他纽带，与客户生活在一个互动的世界里，把客户的行为聚合成企业可以参考的数据，并以此来做出商业决策。反过来，对客户来说，企业的行为也会比以前更加透明。

互联网的创新红利给传统行业带来了翻天覆地的变化，传统工业领域的界限也越来越模糊，工业和非工业也将渐渐地难以区分。线上线下全面整合的"OMO"（Online-Merge-Offline，线上整合线下）模式有望成为互联网的下一个增长点。OMO模式意味着企业线上线下边界的消失，在某些领域可能是线上整合线下，在其他一些成熟的领域也有可能是线下整合线上。如买衬衫可以从网上的虚拟商店挑选，然后购买线下产品，不用排队付款，店家甚至可以根据顾客的历史偏好提供商品建议，并将个性化小订单自动投入排产。当然，这种商业模式将要求更高的产品设计水准及自动化的生产方式。在新一波的创新浪潮中，OMO领域将是初创企业发展的机会。

制造企业关注的重点不再是制造过程本身，而将是用户个性化需求、产品设计方法、资源整合渠道及网络协同生产。所以，一些信息技术企业、电信运营商、互联网公司将与传统制造企业紧密衔接，而且它们将很有可能成为传统制造业企业的乃至工业行业的领导者。

6.2.4 去中心化的端到端产品服务

互联网让跨越企业边界的生态系统大规模协作成为可能。电子商务消灭的只是一些利用信息不对称而生存的中间服务商，同时却又催生了大量新兴的拥有核心能力的电子中介，如阿里巴巴、淘宝。另有一类新兴的中间服务商与传统电子中介的区别是，它们将逐渐隐身幕后，利用去中心化的软件，为客户之间的直接连接提供端到端的产品服务。去中心化的服务模式有如下优势：①去中心化的软件没有能导致整个系统失效的中心点，因而更稳定；②任何一个节点都不会干涉其他节点的工作，基于边缘计算等技术，各节点进行并行计算，可以加快计算速度、降低数据延迟；③各节点直接进行交易和交互，效率更高，也更容易保证数据安全。去中心化社交电商将成新热点，而微信小程序已经形成了去中心化生态。

> [**案例 6-1 谷歌 Pixel Buds**] 谷歌 Pixel Buds 展示了实时翻译的前景，它适用于多种语言，而且使用起来很方便。该产品使用户脱离了平台，所有软件嵌入到穿戴产品中，人与人之间、端到端之间实现直接翻译、沟通与服务，而不需要一个强大功能的平台或中介，是与"第三方云平台"趋势相反的另一个趋势。

6.2.5　第三方云平台与自由职业

智能制造模式最终可能形成一个面向某一产业的数字化平台，它连接着遍布全球的机器、设备和产品，在它的上面可以创造出许多新的商业模式，如设备生产剩余能力及制造数据的交易、设备的远程监控与维护、设备租赁与维修业务外包，以及各种服务捆绑等；也可以吸收社会各方面及产业链各环节上的资源，包括大企业、中小企业、自由职业者。中国目前年新增 30 万工程师。依据领英（LinkedIn）的预计，到 2020 年，自由职业者人数将占总劳动力的 43%。最大限度发挥自由职业者等各种社会资源效率的业务模式创新，对制造业发展至关重要。

企业可以围绕平台制定战略。平台在新工业体系里的地位，就正如价值链在旧工业体系里的地位。平台结合相互操作的标准和系统，创造了一个即插即用的技术基础，在此基础之上，大批供应商、自由职业者和消费者能够通过同一套硬件、软件和服务等进行无缝互动。最成功的平台应该匹配客户和供应商，维持一个高效的客户体验并收集数据。在形成的生态系统之中，一批企业在此交换产品和服务，结成命运共同体，而不仅是利益共同体。

例如德国的通快（TRUMPF）公司构建了工业平台 AXOOM，为许多小公司提供激光设备、焊接、金属加工、3D 打印工具和所有的软件访问权等服务。个人消费者可以在平台上提出定制的产品构思，自由职业设计师可以进行产品与工艺的设计，并在平台上实现费用预算、远程制造与物流配送，最终完成订单。医院、银行等各类机构也都在组织特定的供应链平台。无人驾驶汽车的出现也诱发了智慧城市平台的构想，将出现基于自动驾驶的导航式交通体系的运作方式。

6.3　智能制造相关产业技术预见

6.3.1　国内外产业技术预见研究状况

技术预见是对未来的科学、技术、经济及社会的发展方向进行系统研究，其目标是选择具有战略性的研究领域，分析潜在的技术机遇的方法[37]。技术预见在国际上得到了广泛关注，并在信息通信、能源技术等战略性新兴产业领域取得了显著成效。如何分析预测战略性新兴产业发展的轨迹，寻找最具发展潜力的技术与产品种类，为产业的发展指明正确的方向，已经成为研究的热点。

技术预见始于 20 世纪 30 年代的美国[38]，现在越来越多的国家注意到技术预见的重要性，并积极开展了技术预见和关键技术选择等前瞻性研究。日本第九次科技预见报告中，预测在 2018 年能研发出精确分析农产品味道和成分的机器人，在 2020 年能研发出具有复杂局面判断力的自主机器人，在 2023 年能研发出自主深海地下挖掘机器人。美国自 1991 年起每隔两年发布一份《国家关键技术报告》，对重点发展技术领域进行预测和选择。2017 年美国发布了《国家机器人计划 2.0》，继续跟进机器人战略部署。该计划侧重于更广泛的问题：由多人多机器人组成的各个团队之间如何有效互动和协作；机器人促进在各种环境下完成各种任务，并且将硬件和软件改动控制在最小范围；利用来自云、其他机器人和人的海量信息让机器人更有效地学习和工作；确保机器人的硬件和软件可靠运行。美国机器人技术路线图指出工业机器人的关键能力包括：非结构环境运作感知、类人灵活操纵、可适应和可重组的装配、与人类共同工作的机器人、自动导航、装配线快速利用、绿色制造、基于模型的供应链整合设计、协同工作能力和组件技术，以及纳米制造[39]。

美国、德国、日本、韩国目前已开展智能制造装备产业的技术预见，国内与此相关的实践活动也逐渐开展。我国自1992年起开展技术预见工作[40]。2011年，上海科学学研究所基于技术路线图方法，对上海13个新兴产业的战略及技术发展进行了研究，发布了"智能机器人战略性技术路线图"[41]。国家制造强国建设战略咨询委员会于2015年10月公布了《〈中国制造2025〉重点领域技术路线图》[42]，形成了一套以五年为阶段的较为健全的机器人制造技术路线图。指出工业机器人的关键共性技术包括整机技术、部件技术、集成应用技术；关键零部件包括减速器、控制器、伺服系统、传感器；重点产品包括国产的焊接、搬运、喷涂、装配、检测机器人；装备制造业的主要技术内容包括机器人的装载及送料、机器人的控制及定位系统[43]。

由于产业技术系统预测问题的非结构化，传统的技术预见方法大多是以定性为主、统计方法为辅的研究方法，包括头脑风暴法、德尔菲法、亲和图法、标杆分析、用户分析等。定性方法结果容易受到主观因素的干扰，因此以数据分析为主的定量分析方法受到越来越多研究者的重视。表6-1是对当前技术预见相关研究方法的总结，当前技术预见方法的两大发展趋势是从定性方法向定量方法迁移及从单一方法向多种方法综合的模式发展。专利同时具有技术与市场属性，因为它需要满足原创性、技术可行性及商业价值评估的要求。专利分析作为一种定量分析方法已经逐渐推广开来，而且数据挖掘也发挥了越来越大的作用。据实证统计，专利包含了世界全部科技知识的90%~95%。但如此蕴含着海量的技术和商业知识的资源却远未被人们充分利用。因此专利挖掘逐渐成了产业规划及技术预见的重要工具。

表6-1 技术预见研究主要研究问题及方法总结

	技术生命周期分析	技术活跃度识别	技术演化轨迹与趋势分析	技术评估	其 他
研究问题	生命周期评估 技术成熟度预测	关键技术识别 共性技术识别 新兴技术识别 空白技术预测 颠覆性技术识别	技术创新扩散 技术转移 技术替代 技术发展路径 技术演变轨迹	技术权重排序 技术水平评估	备选技术排序 研发项目选择 知识管理 风险管理 技术生态系统 技术合作与竞争
主要方法	专利分析 数据挖掘 S曲线 阿奇舒勒专利挖掘模型 技术成熟度等级（Technology Readiness Level，TRL）	专利分析 数据挖掘 社会网络分析 形态分析法 文献计量 技术路线图 德尔菲法 头脑风暴	S曲线 包络分析 专利分析 德尔菲法 情景分析法 技术路线图	德尔菲法 专家咨询法 专利分析 层次分析法	形态分析法 层次分析法 数据挖掘 S曲线 社会网络分析 德尔菲法 情景分析法

基于 SAO（Subject-Action-Object，主体-行为-客体）三元组的专利分析方法作为一种新一代技术，相对于 KWA（Key Word-based Analysis，关键词分析）能获得更多的语义信息[44]。SAO 结构可作为问题-解决方案的模式，其中（A + O）代表问题，加上主语（S）形成解决方案[45]。目前国外对 SAO 方法的研究侧重于方法体系，包括提取专利 SAO 三元组结构对相似的 SAO 三元组进行聚类，开发出软件系统对技术进行规划[46]。而国内的 SAO 方法的相关研究多与专利分析相结合，主要应用于技术路径研究。如通过 SAO 三元组结构之间的语义相似度计算，利用专利网络和专利地图的可视化方式，通过将高维数据降至二维数据，展示处于网络中心的核心专利及专利整体场景，可进一步分析专利空位和技术热点，进行高新技术发展趋势的预测[47]，从专利库中发现新的技术机会[48]，预测新的技术概念，描绘技术路线图。

6.3.2 工业机器人产业发展现状

《中国制造 2025》明确了十大重点领域包括新一代信息技术产业、高档数控机床和机器人等。新一代信息技术产业的发展重点是智能制造基础通信设备、智能制造控制系统、新型工业传感器、制造物联设备、仪器仪表和检测设备、智能制造信息安全保障产品；高档数控机床和机器人的发展重点是能够满足智能制造需求，特别是与小批量定制、个性化制造、柔性制造相适应的，可以完成动态、复杂作业使命，可以与人类协同作业的新一代机器人，将成为先进高端制造装备的"大脑"。

工业机器人是指应用于工业领域的、能够通过各种自动化运作来代替人类劳动的机械装置，通常应用于搬运、焊接、喷涂及组装等。早期的工业机器人复制人类手臂的力学与运动原理，对环境几乎没有感知能力。在 20 世纪中后期，集成电路、数字计算机和微型化元件的发展使计算机控制的机器人得以实现。在 1954 年诞生了世界上第一台可编程的工业机器人，在 20 世纪 70 年代末工业机器人已成为柔性制造系统自动化的重要组成部分。经过 60 多年的发展，工业机器人已在汽车、金属制品、化工、电子、食品等多个工业领域得到了广泛的应用。工业机器人把人们从繁重、单调和高危的工业生产活动中解放出来，同时还能够提高生产效率和质量，逐渐成为第三产业中不可或缺的核心装备。

工业机器人系统结构如图 6-1 所示，其三大核心零部件为控制器、伺服电机和减速器。其中控制器属于控制系统，是整个机器人系统的大脑；伺服电机属于驱动系统中驱动器的一种，主要是为执行机构部分提供动力；减速器则是驱动系统和执行系统之间的减速传动装置。

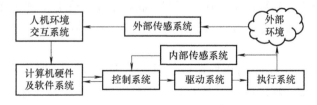

图 6-1 工业机器人系统结构

目前工业机器人主要存在三大分类标准，如图 6-2 所示，按机械结构分类可分为串联型、并联型；按操作机坐标形式分类可分为圆柱坐标型、球坐标型、多关节型等，该分类是最常使用的分类方式；按程序输入方式分类可分为编程输入型、示教输入型。

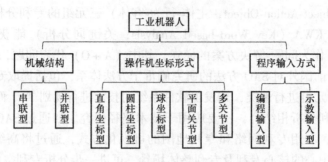

图6-2　工业机器人三大分类标准

我国自2013年来便成为世界上最大的工业机器人市场，并持续不断地扩大。2017年，我国工业机器人产量达到131079台，约占全球产量的1/3，同比增长81%。有资料显示，推行"机器换人"政策以来，东莞市的产品合格率平均从86.1%提升到90.7%，相对可减少用工近20万人，单位产品成本平均下降9.43%。根据国家统计局的数据，我国有5000万制造业职工，以每台工业机器人替代2~3位工人来看，潜在存量市场会达到1800~2500万台。2018年及往后的五年内可以预计国内市场年销量将达到50~60万台。

国内自主生产的机器人比重较低，仅为30%左右。原因在于国内工业机器人企业自主研发能力较弱，多数企业是组装、集成的模式，以中低端产品为主，主要面向码垛、搬运和上下料等对精度要求不高的领域，大多为三轴和四轴机器人，应用于汽车制造、焊接等高端行业领域的六轴或以上高端工业机器人市场主要被日本和欧美企业占据，国产六轴工业机器人占全国工业机器人新装机量不足10%。近年来，虽在隧道挖掘、装配自动化、工程机械智能化机器人技术领域取得了较大突破进展，不过整体状态仍处于国外发达国家20世纪八九十年代的水平，特别在制造工艺和装备方面难以实现高精度、高可靠性、高速度、高效率，关键配套单元部件和器件仍旧处于进口状态。我国有着如此庞大的市场需求，国际上的一些先进机器人企业瞄准了这一点，大举进入中国，包括发那科、ABB、川崎等企业，这在一定程度上阻碍了国产自主品牌的发展。

6.3.3　工业机器人产业技术预见

Innography是Dialog公司开发出来的专利信息检索及分析平台，收录的专利数据覆盖全球70多个国家。而且Innography提供了一种独特的专利强度算法，可帮助过滤掉超低价值专利，获得价值集中的专利数据集。作者通过Innography检索并下载工业机器人领域相关专利，通过去重、清洗，根据专利强度筛选后得到5002项专利数据，存入本地关系型数据库中作为后续分析的基础数据。

作者基于SAO方法构建专利相似矩阵，基于专利相似矩阵形成专利网络与专利地图，然后对知识图谱可视化分析，得出工业机器人技术热点转移过程及核心技术之间的相关性，指出当前技术机遇，并对技术的未来发展方向进行了预测。

1. 专利知识图谱的构建

（1）专利权人分析

首先对工业机器人的专利数据进行专利权人分析。在图6-3中，x轴代表专利权人的技术实力，由专利量、专利分类号、专利被引用量计算所得；y轴代表专利权人的经济实力，由企业收益、诉讼情况、企业位置计算所得，气泡大小代表所拥有专利数量的多少。右侧的专利权人按企业所拥有专利数量降序排列。

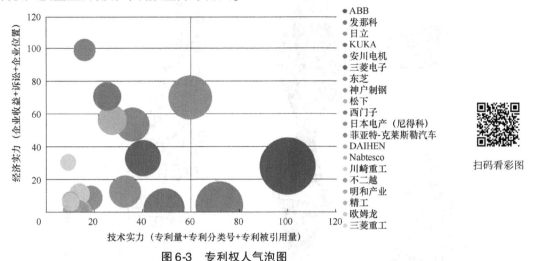

图 6-3　专利权人气泡图

对主要专利权人的行业、能力、规模等特性逐一分析，发现它们出自如下行业，并有相应的特点与规律：

1）工业机器人及其部件业。工业机器人"四大家族"的专利拥有量名列前茅。其中 ABB 公司的专利申请量最多，ABB 强调的是机器人本身的整体性，多轴联动精度高，核心技术是运动控制系统。发那科（FANUC）优势在于高水平的数控系统，拥有智能反向间隙补偿技术，它的工业机器人具有工艺控制便捷、底座尺寸小、独有的手臂设计等优点。KUKA 的工业机器人动作速度快、动作控制优化，但在减速器上缺乏能力。安川电机（YASKAWA Electric）主营伺服系统和运动控制器，其技术优势在于多电机控制、矢量控制等技术。川崎（Kawasaki）公司主营控制器与传送臂驱动构件。良性的生态系统促进了专业化分工。

2）电子制造业。龙头企业主要有三菱电子（Mitsubishi Electric）、日立（HITACHI）、东芝（Toshiba）、松下（Panasonic）、精工（Seiko）、欧姆龙（OMRON）等日本公司。这说明电子制造业对工业机器人有迫切的需求，电子制造公司有向产业链上游战略转移的动力。这也体现了日本电子制造业已经基本完成了向上游元器件、高端制造装备转移的战略方向。产业需要开发出高速、轻负荷、尺寸小、高度柔性的工业机器人，以应对电子产品生产的产量大、产品重量轻、工艺种类多样化的特点。

3）汽车制造业。包括菲亚特-克莱斯勒汽车（Fiat Chrysler Automobiles）公司、三菱重工（Mitsubishi Heavy Industries）。汽车制造业是对工业机器人需求量最大的产业，汽车制造商向产业链上游延伸，开发出高速、高精、重负荷、防抖动、工作范围大的工业机器人，以应对汽车生产的产量大、精度高、部件重、零件尺寸大的特点。

（2）专利网络分析

专利网络引用了社会网络分析方法的思想，通过以图论为基础的图形来表达技术网络。本文基于 SAO 结构的语义相似度来计算两两专利之间的相似度，得到专利网络。专利越相似，则专利距离越小。选择 UCINET 作为分析工具进行专利网络分析。

图 6-4 中可以发现总共有 6 个呈孤岛状的专利簇及一串关联的专利群。经阅读专利发现，

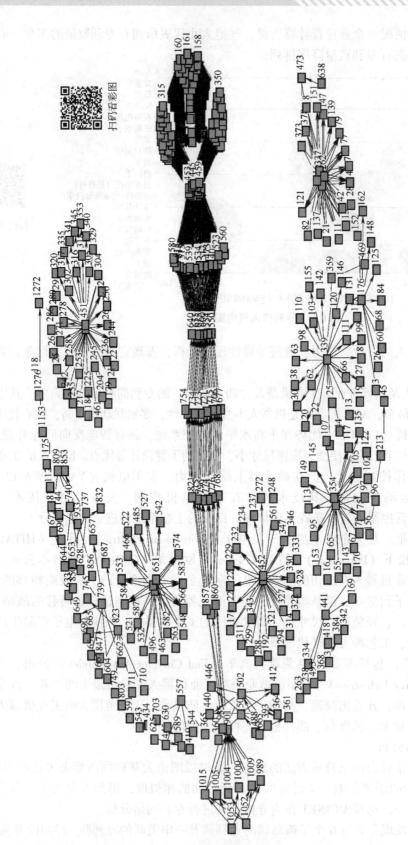

图 6-4　工业机器人各阶段专利网络（专利距离 <0.08，1975～2018 年）

这些专利簇出现于不同年代，体现了技术热点的转移：

1960~1984 年，工业机器人概念提出阶段，该阶段技术的核心是位置控制及力（力矩）控制，大部分专利一方面研究机器手能否有效地抓取物品，另一方面是研究机器手的抓取能力上的提升。在传感方向，主要是利用 TV camera 技术，使用闭路电视摄像机测量垂直位移和纵向距离。该阶段人们已经开始研究六轴及以上的高自由度的机器人。

1985~2009 年，工业机器人热潮消退阶段，该阶段专利申请数量呈先下降再上升的趋势，但是技术上却得到很大的发展。该阶段已出现早期的智能控制，在控制上，除了提升传统的力矩控制之外，还在优化路径、最优转矩路径、补偿静态定位错误、触觉反馈、防止碰撞等技术领域得到发展，向网络化协作型工业机器人方向发展。

2010 年至今，该阶段工业机器人向高精度、柔性可重构、人机协同、智能化方向发展，产量也迎来迸发式增长。在智能控制上，提出自诊断、机器人健康管理、学习系统、神经网络、非受控遗传算法、多目标最优化模型、免碰撞路径规划、数据融合和智能学习等技术；在柔性协作与人机交互界面上，提出多机协调、鲁棒性、多轴联动、图形操作界面、云平台等技术；在精度提升上，提出精确定位、在线校准、误差数据分析等技术。

中部水平位置的竹节状专利群体现了如下相关技术迭代更替："距离传感器、视觉传感器"→"免碰撞路径规划、最优路径规划、多传感器融合、环境感知"→"鲁棒性、数字化控制、模糊控制、灵巧操作"→"智能学习、遗传算法"→"多轴联动、多机协调、协作型机器人"→"云服务、导航地图、离线编程、自主导航"→"人机交互与安全性、自诊断、自我修复"。根据技术出现至被引用的时间跨度平均值计算，技术迭代更替周期平均为 6.1 年。

以上技术热点转移与更替过程体现了"系统集成与微观化""可控性与动态性增加""自动化与及智能化""技术不均衡发展""理想度增加"等技术进化法则。

（3）专利地图分析

经多维尺度分析降至二维的专利地图如图 6-5 所示，圈中的空白区域称为"专利空位"，

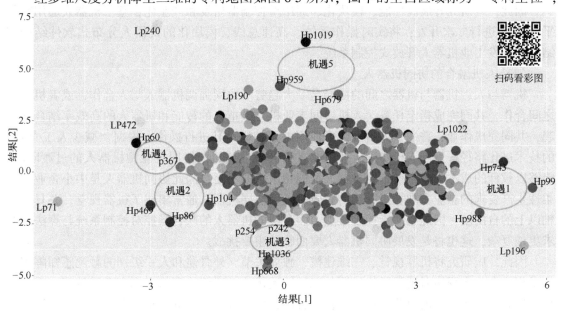

图 6-5　工业机器人专利地图（1975~2018 年）

它是被已有的专利围绕而成的圈内尚未出现专利的区域，代表尚未出现的技术。这一技术是由围绕着这一空白的圈上的专利集定义的，由它们融合而成。专利空位的填补是必然的趋势，而尚未填补的专利空位就是技术机遇。成团的点则为专利热点，如图中的中心位置，是富有成果的区域。远离专利热点区域的点则为异常专利，其中蕴含着一些萌芽中的、非主流的技术。

2. 技术机遇分析

基于对图6-5所示的专利地图中的5个专利空位分析，并对技术和产业价值进行判断，总结出5个具有较高开发价值的技术机遇，这些都是值得进行超前专利布局的技术领域：

（1）软件驱动与柔性化

工业机器人的智力主要体现在软件上。随着智能制造、智慧工厂、工业大数据等概念的提出，人们对机器人的智力要求越来越高，而机器人的智力主要体现在软件上，如路径规划、自主学习、遗传算法、数字控制、模糊控制等，并且数字化车间的轨迹规划、车间布局等都需要软硬件相结合，仅仅开发硬件还远远不够，还需要优化软件系统及智能算法。

因此，为了增加工业机器人的使用场景，适应广大中小企业的多品种小批量生产需求，需要研究使机器人更加柔性化，主要通过软件整合来实现速度和距离监控、功率和力限制等功能，并且可以通过抽象记忆系统进行自适应抓取和智能产品装配。

（2）交互通用化、系统标准化、通信网络化、部件模块化的机器人

未来的机器人趋势是通用化、标准化、网络化、模块化，一方面方便不同厂商的机器人信息交互，实现远距离操作监控、维护及遥控；另一方面也降低了行业成本。模块化、可重构机器人未来将引领高端制造业的发展，模块机器人对环境和任务有极强的适应能力，成本优势明显，通用性强，能适应多种工作环境。以模块为基础的协同机器人在技术上可以做到定制化与可重构，推动生态系统的形成，可通过模块复用大幅降低后期的使用成本，这对生产模式以小批量、定制化为主且无法投入过多资金对生产线进行大规模改造的中小企业有着较大吸引力。

因此，应研究开展高性能、模块化、通用型控制器研发和产业化；基于机器人通用软件平台ROS进行二次开发；将实时操作系统、高速总线、模块化的机器人分布式软件结构相结合，开发工业机器人开放式控制系统。

（3）人机融合的协同机器人

机器与人、机器与机器之间的协同是一大趋势。协同强调机器人与人合作，或者机器人之间合作，共同完成指定任务。人机协同工业机器人把人的智能和机器人的高效率结合在一起，共同完成作业，普通工人将可以像使用电器一样对其进行操作。根据"减少人工介入"的技术进化路径，发展人机协同工业机器人将会是发展机群协同智能型机器人的过渡阶段，能够以较低的成本弥补当前工业机器人智能化水平的不足，因此协同机器人是中小企业和有柔性生产要求的企业实现智能制造的有效手段。协同机器人通常集成了机器视觉，并具有六轴以上的自由度，因此它的操控是难点，多台协同机器人的联合操控对控制系统与算法的要求更加复杂，这也将是发展协同机器人要面临的主要挑战。

因此，应研究将机器视觉、三维建模、独立关节、外骨骼和人手级别的触觉感知阵列等技术相结合，实现实时地障碍物检测与三维轨迹优化、碰撞检测与虚拟交互示教等；采用新材料提高工业机器人的负载和自重比；结合高精度的触觉、力觉传感器和图像解析算法，及时检测产品零部件的生产情况，评估出生产人员的情绪和身体状态。

（4）智能传感与智能化

机器人不是孤立的个体，而是与环境相结合的有机的系统，机器人技术与物联网技术相结合，实现精准定位。

利用人工智能技术进行规划和控制的机器人，通过机器视觉感知环境信息，进行独立思考、识别、推理，并做出判断、规划和决策，不用人的干预自动完成目标，成为生产体系的主体，如云服务机器人。未来通过弥补环境感知能力的短板，增强机器视觉、意图判断能力，将能大大提高柔性和对工作环境的反馈能力。

深度学习推动机器人摆脱预编程序的束缚，真正走向智能化。深度学习使机器人可以像人一样通过学习掌握新的技能，适应未知的工作环境。深度学习在工业机器人的应用分为三个层次：机器人通过试错学会新技能；多台共享经验提高学习效率；机器人可以预防并且自行修复故障。如果机器人出现故障将会面临停机待修，导致产能损失，因此，在未来，机器人应该具有自我修复的能力。

因此，应研究综合运用深度学习和人工智能方法，包括参数自整定、抑振算法、转矩波动补偿等构成综合控制算法，提高运动稳定性，实现高动态多轴非线性条件下的精密控制。

（5）细分产业专用工业机器人

汽车产业的机器人应用被国外机器人巨头占据重要份额，这与汽车产业本身在发达国家发展较早相关。在我国，物流、高铁、陶瓷、3C（Computer，Communication and Consumer Electronics，计算机、通信和消费类电子产品）、新能源等新兴产业是我国机器人最富有竞争力的领域，为我国本土的机器人企业带来了更多机遇。其中3C产业发展迅速，且全球70%以上3C产品在中国生产，属于国内工业机器人企业与国外工业机器人巨头竞争的蓝海区域。3C产业流程复杂多样，通过专利网络分析发现3C领域的工业机器人越来越趋向微型化，针对3C行业的微型化工业机器人将会是一个有望突破的细分领域。此外，国内应用于物流行业的智能仓储机器人和无人机技术已经有所突破。在这些新的应用场景中，国外机器人和国内机器人都处于同一起跑线，国内机器人公司可以通过技术创新率先布局。

因此，应研究面向细分领域的需求研发专用工业机器人，走差异化的道路。例如，开发全自动机器人白酒酿造生产线，用于各种香型白酒的生产；开发高精度的、具有误差自动补偿和实时跟随等功能的钣金折弯机器人，用于提高五金厂的产品质量和生产效率；轨迹精度达0.3mm的电子制造精密涂胶机器人满足智能手机产线的高精度装配需求；重复定位精度达±0.03mm的轻量式桌面型手臂机器人能在狭小工作空间内进行柔性作业。

6.4　实践案例：金宝力的精细化工云监控平台

广东金宝力化工科技装备股份有限公司（以下简称金宝力）是为涂料、油墨、树脂和胶黏剂以及化工建材等五个细分行业提供化工工艺包设计、自动化控制方案设计、化工设备选型设计、制造安装、工艺管线设计施工和电气工程设计安装的化工装置系统集成供应商。

装备制造业是我国国民经济的支柱产业，复杂装备是高端制造的重要载体。近年来，随着现代精细化工的生产装备朝着大型化、连续化、系统化及自动化的方向发展，生产体系各个环节之间的联系越来越紧密。精细化工生产具有如下特点：①来自最终消费者的定制需求多，新产品换代快，产品的生产寿命期较短；②多品种、小批量，由于产品用途针对性强，往往一种类型的产品有多种牌号，往往采用间歇式装置生产；③精细化学品大多数为配方型产品，配方和加工技术对产品性能的影响极大，配方通常高度机密，基本靠企业自主研发；④投资少，装置规模也较小，附加价值高、利润大；⑤动设备（具有转动机构的工艺设备）多，设备易磨损，产品颜色变换导致设备需频繁清洗，能耗大；⑥生产管理复杂，设备之间在时间上与空间上关联多且复杂，安全生产压力大，因此需要计算机进行管理与决策支持。

以往，当化工装备出现异常时，作为装备制造商的金宝力公司需要直接派遣技术人员到客户公司进行机器、装备的维修、保养。这种常规化的处理方式在信息化网络化时代已经落后。人为定期地停机检查方式也不再适合自动化连续生产体系的需要。全球化背景下，设备用户分布在全球各个角落，给设备的运行维护带来极大的困难和挑战。服务化背景下，装备制造与服务相互渗透、融合，传统"制造＋销售"的生产型制造单向业态开始向"技术＋管理＋服务"的服务型制造复合业态转型。从生产型制造走向服务型制造已成为当今制造业发展的大趋势。对关键化工装备进行有效的健康监测已成为国内外科学界的研究热点。金宝力公司总经理李强认为："一个行业的工业发展轨迹，普遍都会遵循一个规律：那就是沿着手工—机械化—电气化—自动化—信息化—智能制造这样的道路来发展。"沿着这个轨迹，公司致力于涂料及树脂化工生产方式的自动化、清洁化及过程信息化管理的研发，以原料的输送、控制及生产过程的自动化控制作为切入口，实现对配方的自动化生成和信息化管理，防止错误投料的过程控制，引用条码管理技术实现生产过程的信息化管理。从 2015 年起，公司决定向智能制造方向发展，进行化工装备公共云监控平台的规划设计与开发，推动行业信息化、智能化发展。

1. 价值网络与生态系统协同机制

价值网络是云制造监控业务分析的一个视角，如图 6-6 所示。价值网络中的节点代表 6

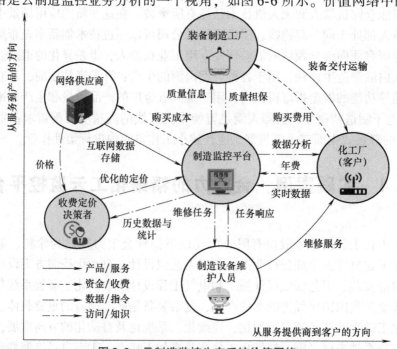

图 6-6　云制造监控生态系统价值网络

个角色：制造监控平台（平台的提供者或所有者）、化工厂（客户）、收费定价决策者（管理决策者）、制造设备维护人员、装备制造工厂（或装备供应商）、网络供应商。节点间通过相互作用，存在有形或无形的产品/服务、资金/收费、数据/指令、访问/知识的流动和交互。

监控平台提供了多种类型的服务的质量（Quality of Service，QoS）以满足不同客户的需求，以及平台提供商的目标平台的收益和最大提升最大化。收费定价决策者首先提供定价规则并根据客户工厂生产与设备规模等数据确定每家客户的定价，然后客户根据自己的生产安全风险、成本及期望等，决定是否参与平台及参与哪一种模式的服务。客户希望最大的安全和最低的安全成本。该平台从故障位置指派最近的维修人员进行维修，以降低成本。维修工人被分为两大类：一类是驻厂的维修工人，他们受雇于工厂或外包给平台，他们的任务是监控设备；另一类是第三方人员，离装备故障位置最近的第三方人员通过响应平台的任务指派或主动承担维修任务。

2. 云监控平台框架

云监控平台框架如图6-7所示。在基础资源层，提供面向故障诊断和健康管理的知识资源、软件资源和硬件资源；在服务接口层，提供数据和知识资源接口、软硬件资源接口及网络通信接口；在云资源层，将资源转变为平台可识别的形式，为后续服务的调用作基础；在支撑技术层，提供技术支持和保障，包括建模技术、平台管理技术、知识服务技术、服务管理技术；在服务层，包含平台的各种服务，服务之间可以独立调用，有逻辑顺序的服务需要组合使用；在用户层，提供人机交互界面，面向设备维护活动中的各类用户。

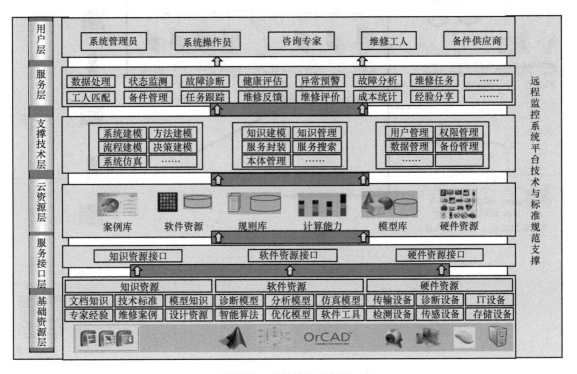

图6-7 云监控平台框架

3. 物理网络架构设计

将客户分为大型客户、中型客户、小型客户三类。要建设的网络系统主要分为三个部分：一是安装在客户现场的传感器网络；二是数据中心，可以自建，也可以通过租赁的方式实现；三是自建的监控中心。

大型客户监测收集的设备信息较复杂，有大型传感器网络、大量视频信息、大型数据库服务器、视频服务器，需要传输的数据量很大，有自己完善的内部网络系统；小型客户有小规模的传感器网络、小型数据库服务器，或直接将所采集的数据发到云端网络上，无须服务器，内部网络系统未成形，需要的传输量较少。

以大型客户为例，现场设备信息的摄像头采集的视频数据通过无线或有线的形式传送到视频服务器，同时部分传感器从设备或 PLC 系统采集到的数据也通过无线或有线传送到数据库服务器。然后视频服务器和数据库服务器都接入交换机，再通过防火墙、路由器将数据传送到网络上。数据中心接收到信息后，经过一系列处理，再将数据信息传送到金宝力监控中心，金宝力便可以根据所获取的信息对设备状态进行诊断。

该云平台结构如图 6-8 所示。监控平台主要包括数据中心和监控中心。这个平台使公司具有监测全球分布生产装备运作情况的能力，可进行实时监测并预测早期故障。

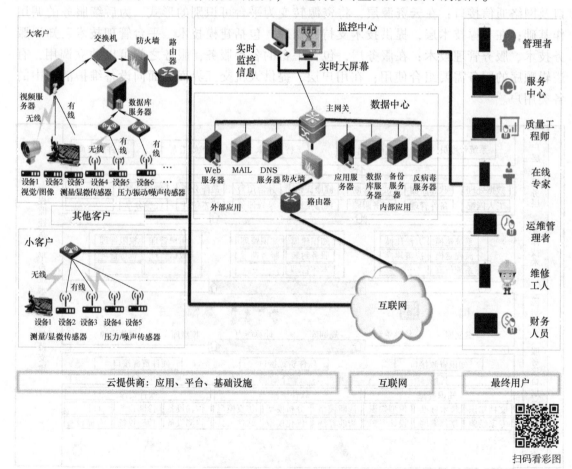

扫码看彩图

图 6-8　云平台物理网络架构设计

4. 数据流向

数据流向如图6-9所示，数据流向分为信息采集、信息处理、信息发布。

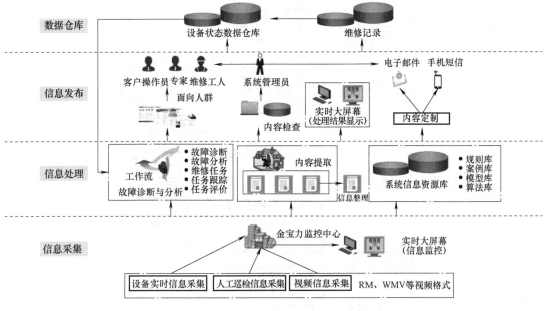

图6-9 数据流向

1）信息采集。无论是系统自动对设备运行参数的采集，还是设备维护人员的定时巡检录入的设备运行参数数据，还是客户公司车间现场的设备运行视频信息，都要以一定的格式，通过一定的物理硬件配置和软件资源的支持，传输到数据服务器当中，由金宝力监控中心进行管理和监控。

2）信息处理。主要是金宝力监控中心通过对采集到的（包括手工录入的）数据信息进行监测、提取、诊断、预警、分析，通过任务生成、维修资源调度、维修任务确认、维修任务评价等环节，对设备远程监控系统收集到的数据进行处理，并做出相应的维修决策。

3）信息发布。经过信息处理，会将处理的结果和相应的维修决策，通过邮件、手机、系统本身推送给对应的人群，如维修工人、个人专家、客户的操作员。客户的操作员只能得到经金宝力公司选择、处理过的信息，而不能得到全部的数据与信息。

5. 系统功能模块设计

系统的功能模块如图6-10所示，平台主要有5大模块，分别是系统管理模块、资源管理模块、知识管理模块、在线监测模块、维修任务管理模块。每一个功能模块下，又可以进一步细分为各个子功能模块。

（1）系统管理模块

平台管理方的系统管理员负责：监控设备异常，进行诊断与预测；在维修决策下达后，将维修任务信息发送给维修工人；在平台上选择购买维修备件，并送至维修地点；维修完成后根据客户的反馈对维修任务进行评价。

维修工人，一部分是平台管理方自身编制内的维修工人，数量不多，他们实行"固定工资＋维修工资"的薪酬模式；另一部分是平台管理方在长期的合作中，从客户当地招募来

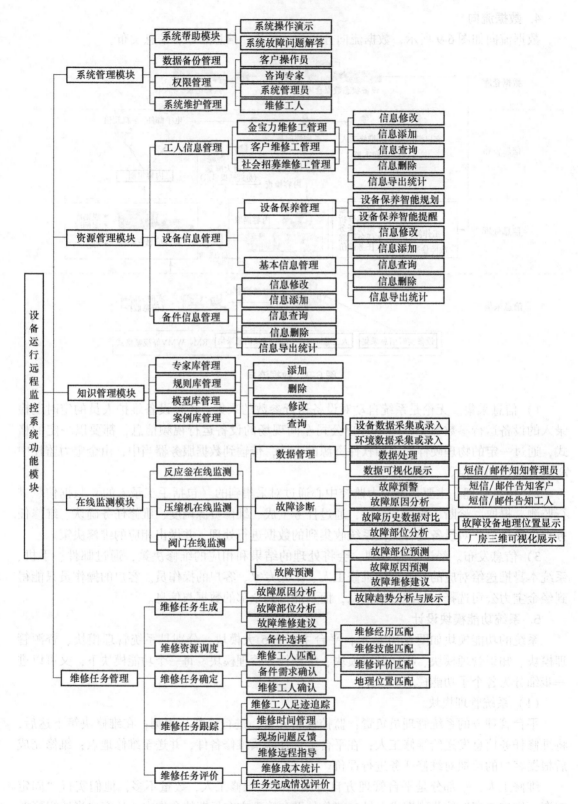

图 6-10　系统的功能模块

的维修工人，他们的维修技能一般比较得到认可；还有一部分是客户自身的维护工人，在平台运行后，在隶属关系上转交给了平台管理方，客户自身可以不再配置设备维护人员。维修工人主要负责及时登录系统，根据自己的实际状态（如空闲状态），及时接收和确认维修任务；负责接收任务之后根据维修任务清单，在规定的时限内，乘坐交通工具，赶赴客户公司现场，根据平台及系统管理员发送的信息，利用送达的备件，进行维修，并自觉接受客户方的监督和检查；负责将发票及成本信息，通过系统上传至系统管理员审核；负责撰写本次维修的总结，并上传到系统中。

咨询专家主要负责系统中诊断知识库、算法库、模型库、维修知识库的丰富、完善、更新，充分保障这些知识库能切实解决实际的问题。

（2）资源管理模块

对于维修备件，将平台管理方的备件库存、客户的备件库存、备件供应商的库存统一整合到平台的备件库中，维修时统一在平台上选择购买。维修备件由配件供应商发布到平台上，所有权归供应商，属于供应商管理库存（Vendor Managed Inventory，VMI）模式。通过备件资源的整合，将减少备件成本，并提高质量。该平台也使得维修备件供应商也集成到金宝力提倡的产业链中。

（3）知识管理模块

知识管理模块是系统功能的必要补充，是系统自动化、智能化运行的保障，也是故障诊断与分析、维修决策的主要依据。它分为专家库管理、规则库管理、模型库管理和案例库管理，这四块都有创建与导入、更新与完善、导出与统计功能。同时，案例库管理除了这三种功能之外，还有维修经验分享与维修心得交流两大功能，这两大功能，主要供维修工人与咨询专家交流、整理、完善。

在组织架构上，金宝力增设了智能制造事业部，计划通过持续的智能制造变革，为客户提供自动化、清洁化、信息化、智能化的生产装置及系统解决方案，令客户实现低污染、低劳动力投入、低劳动强度而高效率的"三低一高"生产模式。

（4）在线监测模块

在线监测模块是系统的关键功能模块，它完成了数据的采集、诊断、预测的功能要求。因为考虑到设备种类繁多且复杂，很难把同一套的算法和模型应用于所有的设备，就必须分门别类、有针对性地对设备的运行进行监控。现在把设备基本分为反应釜（有物理或化学反应的容器）、压缩机、阀门等类别，分别进行运行数据的采集、管理和设备故障的诊断与预测。在设备运行数据管理模块，解决数据的自动采集或者录入问题，解决数据采集或录入之后的可视化、面板化展示的问题。

可视化展示包括不同时段、不同工厂、不同车间、不同设备的参数显示及对比，首先通过对比寻找规律和异常，其次通过算法进行故障诊断与预测。

在故障诊断与分析模块，诊断当前故障、预测未来走向，分析故障的原因和部位，生成初步的维修任务。当产生故障预警时，可以通过短信或邮件等方式，自动通知平台管理方公司、客户公司和维修人员，并可视化展示故障设备的实时地理位置以方便维修人员快速到达指定地点进行维修任务。

（5）维修任务管理模块

维修任务管理模块是本系统的核心与主要功能模块，它完成了维修任务的生成、维修资源的调度、维修任务的确定、维修任务的跟踪和维修任务的评价等功能要求。

在维修任务生成模块,有故障部位和原因分析的结果,有初步的维修任务清单,清单中有:故障部位、故障原因、对维修方式的要求、对备件的要求、对维修时间的要求和设备的地理位置。维系资源调度模块,根据初步的维修任务清单,结合维修资源管理,进行备件的选择。同时,又要根据工人以往的设备维修情况,进行维修任务与维修工人的匹配,有四种方式:维修经历匹配、维修技能匹配、维修评价匹配、地理位置匹配。维修经历匹配,即考察维修工人以往维修过的设备名称、类型是否与本次维修任务清单匹配;维修技能匹配,即考察维修工人所具备的资质证书、专业技能是否与本次维修任务清单匹配;维修评价匹配,即考察维修工人历次维修所获得的评价分数,优先考虑评价分数高的维修工;地理位置匹配,即考察维修工人与需要设备维修的客户公司地理距离的远近,优先考虑地理位置较近的维修工人,这需要通过手机 App 实时地、可视化地共享掌握维修工人的位置。

维修任务确定是在维修资源进行调度后,确认维修工人和所需配件。系统自动匹配好合适的指定数量的工人之后,会通过系统推送到相应的工人的手机上。工人在规定的时间内,根据自身的实际情况,要予以接收与确认。系统管理员可以设置总共的确认人数。超过了这个确认接收的人数,其他工人就不可以接收这次的维修任务。一般情况下,当一名维修工人确认接收任务之后,维修任务的推送就自动终止。一旦某维修工人确认接收维修任务时,就必须执行。

维修任务跟踪阶段,有维修工人足迹(运动轨迹)追踪、维修任务耗时情况跟踪、现场维修任务开展问题反馈、平台管理方远程维修指导。同样地,利用手机 App 对维修工人运动轨迹进行追踪,既便于监督、检查工人的运行路径和轨迹,也可作为核对车费发票的依据之一。对维修任务耗时情况进行追踪,也是为了更好地监督维修工人的执行效率,降低维修成本。对现场维修任务开展进行问题反馈和平台管理方的远程维修指导,是为了充分整合维修资源,提高维修的效率和效果。维修工人维修结束后,客户公司会做出检查,并核对发票信息(车费发票、购买的备件发票等),尤其是数额信息、时间信息,保证发票信息完整、准确地上传到系统中。

维修任务评价阶段,客户公司对维修工人的维修态度、维修质量、备件使用情况、维修效果进行综合评价。平台辅助系统管理员对发票进行管理,对维修成本进行计算和统计。对维修工人的评价分数会永久存档、存储在系统之中,并作为今后系统选择维修工人的重要参考。

金宝力在 2018 年的目标是在保证销售增长不低于 30% 的基础上,在预测维修与自我维修系统、自主计算与大数据云平台等研究方向取得进一步成果,做好预测维修,据此推动商业模式转型,并把完善的设备维保体系培育为公司未来业务增长的新动力。

思考练习题

1. 云架构有哪几种?
2. 云监控平台的收费模式有多少种选项?
3. 云监控能提供多少种服务?有哪些创新的业务模式?
4. 云监控之前需要先进行哪些步骤的工作?
5. 云监控实施之后可以进行哪些衍生的、进一步创造价值的工作?

回顾与问答

1. 3D 打印是如何提高研发效率和制造效率的？3D 打印属于设计数字化还是制造数字化技术？

2. 智能制造各新技术之间有何关系？

3. 智能制造新技术与新的商业模式之间有何关系？

4. 智能制造转型的驱动因素是什么？

5. 为什么 5G 通信技术、区块链、3D 打印对智能制造有重要意义？

6. 在智能技术的推动下，社会变革方向有哪些？

7. 请陈述设计一个新型的工业机器人或服务机器人的基本思路。

参 考 文 献

[1] Rolandberger. The Industrie 4.0 transition quantified [EB/OL]. (2016-06-01) [2019-10-08]. https://www.rolandberger.com/zh/Publications/The-Industrie-4.0-transition-quantified.html.

[2] 胡虎, 赵敏, 宁振波, 等. 三体智能革命 [M]. 北京: 机械工业出版社, 2016.

[3] 美国国家标准与技术研究院. 智能制造系统现行标准体系 (英文) [EB/OL]. (2016-03-30) [2019-10-08]. https://www.innovation4.cn/library/r754.

[4] Deloitte, 美国竞争力委员会. 2016 全球制造业竞争力指数 [EB/OL]. [2019-10-08]. https://www2.deloitte.com/cn/zh/pages/manufacturing/articles/2016-global-manufacturing-competitiveness-index.html.

[5] 李伯虎, 张霖, 任磊, 等. 云制造典型特征、关键技术与应用 [J]. 计算机集成制造系统, 2012, 18 (7): 1345-1356.

[6] 周济. 以创新为第一动力 以智能制造为主攻方向 扎实推进制造强国战略 [J]. 中国工业和信息化, 2018 (9): 16-25.

[7] 周济. 智能制造——"中国制造 2025"的主攻方向 [J]. 中国机械工程, 2015, 26 (17): 2273-2284.

[8] 工业互联网联盟, 工业互联网参考架构 [EB/OL]. (2017-01-31) [2019-10-08]. https://www.innovation4.cn/library/r8349.

[9] 国家标准化管理委员会. 国家智能制造标准体系建设指南 (2018 年版) [EB/OL]. (2018-08-14) [2019-10-08]. http://www.miit.gov.cn/n1146295/n1652858/n1652930/n3757016/c6429243/content.html.

[10] 中国电子技术标准化研究院. 智能制造能力成熟度模型白皮书 (1.0 版) [EB/OL]. (2016-09-23) [2019-10-08]. http://article.cechina.cn/16/0923/10/20160923101809.htm.

[11] LAKHANI K R, IANSITI M, HERMAN K. GE and the Industrial Internet [J]. GE and the Industrial Internet-Case-Harvard Business School, 2014.

[12] 吴晓波, 窦伟, 吴东. 全球制造网络中的我国企业自主创新: 模式、机制与路径 [J]. 管理工程学报, 2010, 24 (S1): 21-30.

[13] 吕铁, 韩娜. 全球智能制造与中国的发展 [J]. 唯实 (现代管理), 2017 (3): 51-54.

[14] 高歌. 新工业革命中智能制造与能源转型的互动 [J]. 科学管理研究, 2017 (5): 45-48.

[15] 周峰, 邵枝华, 陈渌萍. 智能制造系统安全风险分析 [J]. 电子科学技术, 2017, 4 (2): 45-51.

[16] 刘欣. 模块化生产网络下中国制造业升级研究 [D]. 上海: 上海社会科学院, 2016.

[17] 岳维松, 程楠, 侯彦全. 离散型智能制造模式研究——基于海尔智能工厂 [J]. 工业经济论坛, 2017, 4 (1): 105-110.

[18] 周佳军, 姚锡凡, 刘敏, 等. 几种新兴智能制造模式研究评述 [J]. 计算机集成制造系统, 2017, 23 (3): 624-639.

[19] 方毅芳, 宋彦彦, 杜孟新, 等. 产品智能化的特征分析与结构框架 [J]. 中国仪器仪表, 2017 (10):

47-51.

[20] 吕瑞强，侯志霞．人工智能与智能制造［J］．航空制造技术，2015（13）：60-64.

[21] ZHENG N N, LIU Z Y, REN P J, et al. Hybrid-augmented intelligence：collaboration and cognition ［J］. Frontiers of Information Technology & Electronic Engineering, 2017, 18（2）：153-179.

[22] 赖朝安．工作研究与人因工程［M］．北京：清华大学出版社，2012.

[23] 李杰，倪军，王安正．从大数据到智能制造［M］．上海：上海交通大学出版社，2016.

[24] 陈明．智能制造之路：数字化工厂［M］．北京：机械工业出版社，2016.

[25] 斯帕特．工业4.0实践手册：学习工业4.0权威版本［M］．周军，译．北京：北京理工大学出版社，2015.

[26] 彭俊松．工业4.0驱动下的制造业数字化转型［M］．北京：机械工业出版社，2016.

[27] 孙延明，赖朝安．现代制造信息系统［M］．北京：机械工业出版社，2005.

[28] 赖朝安．新产品开发［M］．北京：清华大学出版社，2014.

[29] 陶飞，刘蔚然，刘检华，等．数字孪生及其应用探索［J］．计算机集成制造系统，2018，24（1）：1-18.

[30] 李未．人工智能新时代的群体智能［N］．中国信息化周报，2017-09-18（7）.

[31] AJITH K, SOUMITRA C, ANKIT D. American automobiles limite ［J］. Case-Richard Ivey School of Business Foundation, 2016.

[32] 工业和信息化部．信息化和工业化融合管理体系 要求：GB/T 23001—2017［S］．北京：中国标准出版社，2017.

[33] 法克特．应用服务供应商（ASP）解决方案［M］．孙延明，译．北京：电子工业出版社，2003.

[34] OTTIS R, LORENTS P. Cyberspace：Definition and implications ［C］. Proceedings of the 5th International Conference on Information Warfare and Security, 2010.

[35] YOFFIE D B, BALDWIN E. Apple's Future：Apple Watch, Apple TV, and/or Apple Car? ［J］. Case-Richard Ivey School of Business Foundation, 2016.

[36] 国务院．新一代人工智能发展规划［EB/OL］.（2017-07-08）［2019-10-08］. http：//www. gov. cn/zhengce/content/2017-07/20/content_ 5211996. htm.

[37] UNIDO. Technology Foresight ［EB/OL］.［2019-10-08］. http：//www. unido. org/foresight. html.

[38] 李健民．全球技术预见大趋势［M］．上海：上海科学技术出版社，2002.

[39] 杨超，危怀安．中外机器人技术路线图文本评价比较研究［J］．科学学与科学技术管理，2017，38（4）：24-34.

[40] 路甬祥．前瞻世界发展大势谋划中国科技战略——中国科学院发布《创新2050：科学技术与中国的未来》战略研究系列报告［J］．中国科学院院刊，2009（4）：333-337.

[41] 傅翠晓．基于技术路线图的新兴产业发展战略制定研究——以上海机器人产业为例［J］．创新科技，2012（11）：29-31.

[42] 国家制造强国建设战略咨询委员会．《中国制造2025》重点领域技术路线图（2015年版）［EB/OL］.

[2019-10-08]. http：//www. miit. gov. cn/n1146290/n4388791/ c4391777/content. html.

[43] 工业和信息化部. 产业关键共性技术发展指南（2017 年）[EB/OL]. (2017-12-25) [2019-10-08]. http：//www. miit. gov. cn/n1146290/n4388791/c5884747/content. html.

[44] ZHANG Y, GUO Y, WANG X, et al. A hybrid visualisation model for technology roadmapping：bibliometrics, qualitative methodology and empirical study [J]. Technology Analysis & Strategic Management, 2013, 25 (6)：707-724.

[45] CHOI S, PARK H, KANG D, et al. An SAO-based text mining approach to building a technology tree for technology planning [J]. Expert Systems with Applications, 2012, 39 (13)：11443-11455.

[46] JEONG C, KIM K. Creating patents on the new technology using analogy-based patent mining [J]. Expert Systems with Applications, 2014, 41 (8)：3605-3614.

[47] 吴菲菲, 李倩, 黄鲁成. 基于专利 SAO 结构的技术应用领域识别方法研究 [J]. 科研管理, 2014, 35 (6)：1-7.

[48] 杜玉锋, 季铎, 姜利雪, 等. 基于 SAO 的专利结构化相似度计算方法 [J]. 中文信息学报, 2016, 30 (1)：30-35.